Maucher und Malik über
Management

Maucher | Malik | Farschtschian

Maucher und Malik über Management

Maximen unternehmerischen Handelns

Campus Verlag
Frankfurt/New York

MIX
Papier aus verantwortungsvollen Quellen
FSC® C089473
FSC
www.fsc.org

ISBN 978–3-593-39696-5

Umschlaggestaltung: Hißmann, Heilmann, Hamburg
Satz: Fotosatz L. Huhn, Linsengericht
Gesetzt aus: Scala und Scala Sans
Druck und Bindung: Beltz, Bad Langensalza
Printed in Germany

Dieses Buch ist auch als E-Book erschienen.
www.campus.de

Inhalt

Teil 3
Helmut Maucher und Fredmund Malik im Gespräch – Gedanken über Management und Wirtschaft

Teil 4
Helmut Mauchers Gedanken über die Zukunft und Vorschläge zur Verbesserung unserer demokratischen Verfassungen

Teil 5
Epilog

Teil 6
Anhang

Geleitwort von Farsam Farschtschian

Dieses Buch gehört zu den herausragendsten Werken über Management. Es handelt von einem der größten Erfolge der Unternehmensführung und einem der bisher fähigsten Unternehmensführer der Geschichte. Es enthält die Quintessenz eines beispiellosen unternehmerischen Erfolgs, der in exzellenter Weise durch richtiges Management erzielt wurde.

Dr. Helmut Maucher gehört zu jenen höchst seltenen Spitzenmanagern, die Dreierlei gleichermaßen gut beherrschen: Handeln, Reflektieren und Schreiben.

Die Qualität seines unternehmerischen Handelns zeigt sich daran, wie erfolgreich Nestlé von Maucher über zwei Jahrzehnte vorbildlich geführt wurde. Darüber hinaus beherrscht er auch die Fähigkeit, auf höchstem Niveau über Führung nachzudenken und sein Handeln geistig zu durchdringen. Und schließlich ist Helmut Maucher, wie das Buch zeigt, auch ein Meister darin, sein Denken und Handeln in Wort und Schrift auszudrücken. Bei Maucher kommen diese drei Dimensionen wie zu einem musikalischen Dreiklang zusammen.

Basierend auf Reden, Schriften und Interviews von Dr. Helmut Maucher ist mit dem vorliegenden Werk ein einmaliges Zeugnis für die herausragenden unternehmerischen Resultate entstanden, die durch das richtige

Management geschaffen werden können. Die Beiträge für dieses Buch sind zu verschiedenen Zeitpunkten, für unterschiedliche Zwecke und Zuhörer und in jeweils unterschiedlichen Kontexten entstanden. Sie reichen über den Zeitraum von 1988 bis 2010. Zu den Adressaten gehörten internationale Spitzenführungskräfte der Wirtschaft genauso wie Politiker, Mitarbeiter des Unternehmens, sowie Studenten und auch Gymnasiallehrer – ein Querschnitt der Gesellschaft.

Gewisse natürliche, dem Thema gemäße Redundanzen in Mauchers Schriften wurden belassen, denn so tritt die volle Bedeutung seiner Aussagen klar hervor. Weil aber der Kontext jeweils wechselt, bekommen selbst ähnliche Formulierungen eine neue Bedeutung und bringen das umfassende Spektrum seiner Aussagen zum Ausdruck. Erst so erkennt man den umfassenden Charakter von Mauchers Führungswissen und Führungspraxis – über Zeit, Raum und Zweck. Die Anwendungen sind je ganz verschieden – die Botschaft aber könnte treffender nicht sein.

In diesem Buch, einem erstrangigen Orientierungswerk für neue Führungsgenerationen, wird Helmut Mauchers Management in einer umfassenden Einführung von Prof. Dr. Fredmund Malik kommentiert. Über Malik sagt Peter Drucker, Doyen des Managements, er sei der führende Kopf des Managements in Europa. Malik stellt Mauchers Lebensleistung hier in den Zusammenhang seines eigenen system-kybernetischen Werkes über Richtiges und Gutes Management und arbeitet dabei besonders jene Dimensionen heraus, die in Mauchers Führungsleistung universell gültig sind und daher auch weit in die Zukunft reichen.

Ergänzt und abgerundet wird dieses Buch durch einen Austausch beider Koryphäen über Kernfragen von Management, Wirtschaft und Gesellschaft im Rahmen eines mehrstündigen ausführlichen Dialoges. Mauchers eigene Aphorismen schließen dieses Werk ab, durch die auch komplexeste Themenbereiche prägnant und elegant auf ihren Wesenskern gebracht werden, und so für jedermann nachvollziehbar sind.

In zahlreichen persönlichen Gesprächen habe ich die Ansichten beider Managementvordenker über die letzten Jahre hinweg gründlich kennenlernen und deren Entwicklung eng verfolgen können. In unterschiedlichen sprachlichen Formulierungen und auf je anderen Wegen kommen Maucher und Malik in vielen wesentlichen Punkten zu den gleichen oder sehr ähnlichen Ansichten. Wo sie hingegen unterschiedliche Akzente setzen, kommen sie gemeinsam zu neuen Lösungen, was im ausführlichen Dialogteil brillant zum Ausdruck kommt, der speziell für dieses Buch entstanden ist.

Wo Maucher zu bescheiden ist, sich selbst zu loben, braucht es Malik, der mit seiner Managementexpertise den richtigen Kontext für Mauchers einzigartige Managementleistungen schafft. Mit dem für das Format von Helmut Maucher angemessenen Gewicht zeigt Malik die Bedeutung auf, die Mauchers Management für die Bewältigung der immensen heutigen und zukünftigen Herausforderungen für Wirtschaft und Gesellschaft hat.

Malik selbst hat die heutigen wirtschaftlichen Krisen und ihre maßgebliche Verursachung durch falsches Management schon in ihrer Entstehung vorhergesehen. Früh erkannte er, dass die Haupttriebkräfte dieser Krisen der angelsächsische Ansatz der Corporate Governance und des Shareholder Values waren, weil diese aufgrund ihrer kurzfristigen Orientierung zwangsläufig zu einer der größten geschichtlichen Fehlallokationen von wirtschaftlichen und gesellschaftlichen Ressourcen führen würde. Weit vorausblickend hat Malik auf der Grundlage seiner Erkenntnisse die für das Meistern der heutigen Herausforderungen nötigen Lösungen in Gestalt seiner ganzheitlichen Managementmodelle sowie seiner innovativen Change-Management-Tools entwickelt. In diesem Kontext zeigt Malik die immense Bedeutung von Mauchers Art des Managements für die Führungsgenerationen von heute und morgen.

Entstanden ist mit diesem Buch ein einzigartiges Bild des Lebenswerks von Helmut Maucher, der in diesem Jahr seinen 85. Geburtstag feiert. Es soll für Unternehmer, Führungskräfte und ebenso für die Politik als »Leuchtturm für Seeleute im Sturm« der zuverlässigen Navigation für das Meistern des grundlegenden, weltweiten Wandels dienen. Außerdem soll es in Zeiten großer Missverständnisse über Manager und Management durch das Beispiel von Helmut Mauchers Wirken bei Nestlé einer breiten Leserschaft ein neues Verständnis für die gesellschaftliche Bedeutung des Großunternehmens, von richtigem Management und von sozialverantwortlicher Führung ermöglichen.

Farsam Farschtschian

Teil 1

Einführung von Fredmund Malik

Good Management – Good Food, Good Life

Der Weltkonzern Nestlé und der Name Helmut Maucher sind untrennbar miteinander verbunden. Denn durch Helmut Maucher wurde Nestlé innerhalb von zwei Jahrzehnten mit atemberaubender Dynamik zum größten Nahrungsmittelkonzern der Welt und gleichzeitig zu einem der wenigen wirklich globalen Unternehmen.

Unter Mauchers Leitung hat sich der Umsatz von Nestlé verdreifacht, und ohne negative Währungseinflüsse wäre er noch um ein Vielfaches höher gewesen. Der Aktienkurs ist ex Dividende um mehr als das 15-fache gestiegen. Er hat zukunftsträchtige neue Produktbereiche erschlossen, insgesamt 250 Unternehmen akquiriert und erfolgreich integriert, einige der bis dahin größten Akquisitionen aller Zeiten getätigt und zahlreiche neue Märkte rund um den Globus erschlossen. Weit mehr noch: Nicht nur hat Maucher diese gewaltige Expansion hocherfolgreich gemanagt, es ist ihm dabei auch kein Fehler unterlaufen.

Möglich wurde dies durch die beispielgebende Art des Managements, das Helmut Maucher bei Nestlé einführte. *Good Food, Good Life* ist das Motto des Unternehmens. Mauchers *Good Management* hat Nestlé zu dem gemacht, was es heute ist.

Management wird heute weithin falsch und teilweise auch gefährlich missverstanden. Zum Beispiel als das Mittel, reich, berühmt und mächtig zu werden. Dazu gehört auch das Missverständnis, Unternehmen seien in erster Linie Gewinnmaximierungsmaschinen. Wenn man will, kann man sie so missbrauchen. Verantwortungsvoll und zukunftsträchtig verstehen kann man Management und die Wirtschaft damit aber nicht.

Ich selbst sehe Management folgendermaßen: Management ist der Beruf des Funktionierens. Es ist Management, das die gesellschaftlichen Organisationen zum Funktionieren bringt, oder dabei versagt. Daher gehört Management zu den wichtigsten Funktionen einer modernen Gesellschaft.

Manager sind die Menschen, die so verstandenes Management als einen Beruf auf den verschiedenen Führungsebenen der Organisationen ausüben.

Daher hängt von der Kompetenz und Qualität von Management fast alles ab, was uns in den modernen Gesellschaften lieb und teuer sein muss, und was diese auch lebenswert macht – vom wirtschaftlichen Wohlstand, dem Bildungs- und Gesundheitsniveau, über Wissenschaft und Forschung, Innovationskraft und Kreativität bis letztlich zur Lebensqualität.

Management ist somit die gesellschaftliche Funktion, die alles andere zum Funktionieren bringt. Es ist auch die Funktion, die wirtschaftliche und gesellschaftliche Ressourcen in Resultate und in Nutzen für die Gesellschaft transformiert.

Dafür muss Management aber richtig gemacht werden und es muss gut gemacht werden. Vieles, was landläufig als Management bezeichnet wird, erfüllt diese beiden Anforderungen bei Weitem nicht oder nur schlecht. Das Allgemeinverständnis von Management ist ein Minenfeld von Irrtümern und Irrlehren. So konnte es auch zu den heutigen wohlstandsbedrohenden Krisen kommen, die zum wesentlichen Teil durch falsches Management verursacht wurden und werden.

Dieses Buch hat daher den Zweck, anhand des Beispiels von Nestlé und Helmut Mauchers einzigartiger Führungsleistung zu zeigen, was richtiges und gutes, ja exzellentes Management in der Praxis ist und was dieses bewirken kann. Deswegen habe ich Helmut Maucher vorgeschlagen, seine Reden und Schriften geschlossen zu veröffentlichen, diese in den Kontext der großen gegenwärtigen und zukünftigen Herausforderungen zu stellen, und so den Führungsgenerationen von heute und morgen als universell gültige Navigationshilfe zu dienen.

Das Buch zeigt die Managementphilosophie und Managementpraxis von Helmut Maucher in seinen Originaltexten, im Rahmen dieser Einführung in den Kontext meiner eigenen Managementlehre gestellt. Es verdeutlicht, warum das Management von Maucher richtig ist und er damit als langjähriger CEO von Nestlé so erfolgreich war.

Damit soll Helmut Mauchers in vielfacher Hinsicht ganz außergewöhnliche Führungsleistung weit über eine bloße Fachleserschaft hinaus sichtbar werden, und es soll darlegen, was ihn als Person in den vielen Jahrzehnten seiner Laufbahn bis an die höchste Spitze von Nestlé von anderen Topmanagern unterschieden hat.

Maucher steht aber nicht nur für eine glanzvolle Führungsleistung in der Vergangenheit, sondern – noch weit wichtiger – auch für eine neue Zukunft des gesellschaftlich verantwortungsvollen, richtigen und guten Managements. Dies ist deshalb von größter Bedeutung, weil Wirtschaft und Gesellschaft inmitten einer der größten Transformationen stehen, die es geschichtlich je gab. Ich nenne sie seit langem die »Große Transformation 21« und meine damit den globalen Wandel des 21. Jahrhunderts. In gewissen Zügen ist sie vergleichbar mit dem Wandel von der Agrar- zur Industriegesellschaft vor rund 200 Jahren, in ihren atemberaubenden Ausmaßen aber weit größer und tiefgreifender.

Es ist nicht übertrieben, diese Transformation als den Übergang in eine zum Teil noch völlig unbekannte Welt zu verstehen, in der vieles radikal neu und revolutionär sein wird. Die gegenwärtigen Krisen können über bloße Ökonomie hinaus weit besser verstanden werden als die Geburtswehen dieser neuen Welt. Die »Große Transformation 21« stellt die Strukturen aller Gesellschaften und zuvorderst deren Organisationen und ihr Management schon jetzt vor gigantische Herausforderungen.

Über revolutionäre Technologien hinaus ist diesmal richtiges Management, wie es in Mauchers Erfolgen bei Nestlé so eindrucksvoll zu sehen ist, plötzlich der wichtigste Schlüssel für den friedlichen, organischen und humanen Wandel. Die Kraft von richtigem Management wird heute begründet und vielfach verstärkt durch innovative Change-Management-Tools und ganz neue Methoden für das Meistern der großen Herausforderungen.

Dieses Buch gewährt einen einzigartigen Einblick in das Denken und Arbeiten eines der besten und erfolgreichsten Unternehmensführers, die es je gab. Es zeigt, wie Maucher mit seiner Art der Führung innerhalb von nur zwei Jahrzehnten Nestlé aus einer der damaligen Konkurrenz unterlegenen Position zum größten und erfolgreichsten Nahrungsmittelkonzern der Welt machte. Darüber hinaus sorgte er dafür, dass der Konzern auch nach seinem altersbedingten Rücktritt weiterhin erfolgreich und dynamisch geblieben ist, und seinen Erfolg weiterhin noch deutlich ausbauen konnte.

Im Jahr 1981 wird Helmut Maucher Delegierter des Verwaltungsrats und übernimmt die Gesamtleitung. Damit steht erstmals ein Nicht-Schweizer an der Spitze des größten Schweizer Unternehmens, ein Novum in mehrfacher Hinsicht, das nur profunde Kenner der Schweiz in seiner ganzen Bedeutung ermessen können. Nestlé stand 1981 bei einem Umsatz von rund 28 Milliarden Schweizer Franken, machte einen Nettogewinn von knapp 1 Milliarde und beschäftigte 146 000 Personen. Ab 1990 ist Maucher zugleich Delegierter und Präsident des Verwaltungsrats bis 1997. Sein Nachfolger als Delegierter wurde 1997 Peter Brabeck-Lethmate mit einem vorzüglichen Topmanagementteam. Bis 2000 ist Helmut Maucher weiterhin Präsident des Verwaltungsrats, wo ihm Rainer E. Gut als langjähriges Mitglied und

Vizepräsident des Nestlé-Verwaltungsrats nachfolgt, während Helmut Maucher seitdem dessen Ehrenpräsident ist.

Als Helmut Maucher an der Generalversammlung 2000 auch vom VR-Präsidium zurücktritt, beträgt der Umsatz für das Geschäftsjahr 1999 rund 75 Milliarden Schweizer Franken, der Nettogewinn steht bei fast 5 Milliarden und das Unternehmen beschäftigt gut 230 000 Menschen.

Mauchers Nachfolger übernahmen kraftvoll von ihm die Stafette und setzten den Erfolg des Unternehmens fugenlos fort. Im jüngsten Geschäftsjahr 2011 erzielt Nestlé bei einem Umsatz von rund 84 Milliarden Schweizer Franken einen Nettogewinn von fast 10 Milliarden und beschäftigt 328 000 Personen. Das Unternehmen betreibt rund 500 Fabriken in über 80 Ländern und ist mit seinen fast 100 internationalen Marken praktisch in allen Ländern der Welt tätig.

In zweifacher Hinsicht dürfen wir zum Teil diesen fortdauernden Erfolg auch Helmut Maucher selbst zuschreiben: Erstens wurden einige der nötigen Voraussetzungen für den anhaltenden Geschäftserfolg schon früh noch in seiner operativen Aktivzeit geschaffen, insbesondere die strategische Ausweitung des Produktportfolios sowie der geografischen Präsenz. Im Gegensatz zu Managern, die primär die Maximierung ihrer Jahresergebnisse anstreben, hatte Maucher die seltene Größe, auf den Ausweis von kurzfristigen Ergebnissen zu verzichten, um dafür langfristig das Unternehmen umso stärker zu machen. Richtschnur war für Maucher dabei die Vorstellung des »gesunden Unternehmens«, die weit über kurzfristige, gar nur finanzielle Ergebnisse hinausreicht.

Zweitens waren da seine Nachfolger, insbesondere der neue CEO, Peter Brabeck-Lethmate, seine früheren langjährigen Mitarbeiter und Schüler, die sich unter seiner Leitung über Jahre auf die erfolgreiche Nachfolge vorbereitet hatten. Dabei haben diese sogar die Fähigkeit erlangt, dort über ihren Vorgänger noch hinauszugehen, wo veränderte Umstände und Chancen dies erforderten. Schüler zu haben, die noch besser als der Meister werden, gehört zu den vornehmsten Erfolgen von Leadership.

Geheimnisse in Helmut Mauchers Management

Geheimnisse im engeren Sinne des Wortes gibt es in Mauchers Management zwar nicht, denn er hat über seine Auffassungen, Prinzipien und die Praxis seines Handelns ganz offen und freizügig gesprochen, wie aus seinen in diesem Buch enthaltenen Reden und Schriften zu ersehen ist. Aber es gibt darin vieles, was den meisten Führungskräften so nicht bekannt ist, weil es in ihrer eigenen Ausbildung nicht vorkam, denn in den herkömmlichen Business Schools wurden seit Beginn der 1990er Jahre weitgehend andere, zum Teil auch ausgesprochen falsche Inhalte als ultimative Wahrheiten gelehrt, die oft das Gegenteil von Mauchers Managementprinzipien sind.

Darin liegt eine große Herausforderung für das Um- und Neulernen von Management. Dieses Buch ist dafür eine unschätzbare Hilfe und ein Wegweiser aus dem Labyrinth von Irrtümern über richtiges Management. Einige der Hauptpositionen von Helmut Mauchers Managementverständnis greife ich für das Folgende heraus, weil mir diese für das Meistern der Zukunft besonders wichtig erscheinen.

Unter anderem lässt sich daran gut erkennen, wie früh schon – und auch wie eindrucksvoll – die Denkweise von Helmut Maucher dem entsprach, was wir heute integrierendes, system-kybernetisches Denken nennen. Es ist ein ganzheitliches Denken in mehrdimensionalen Zusammenhängen, das über die einzelnen Unternehmensbereiche und deren Fachgebiete weit hinausgeht und diese erst zu einem funktionierenden Ganzen verbindet.

Für Maucher ist es, wie man sehen wird, ganz normal und selbstverständlich, die Dinge in ihrer Ganzheit und in ihrem Zusammenwirken zu sehen, in ihren inneren und äußeren Vernetzungen, und so auch ihre Komplexität und Dynamik zu erkennen. Im Vergleich zu vielen Top-Führungskräften ist dies eine seiner herausragenden Stärken.

Multiplizieren der obersten Führungsintelligenz

In meinen Managementforschungen entdeckte ich früh die Bedeutung der kybernetischen Steuerungsintelligenz im Sinne der Selbstregulierung und auch deren praktische Verwirklichung durch Prinzipien, die ich als *Master Controls* bezeichnete.

Diese *Master Controls* sind funktionell vergleichbar mit Naturgesetzen wie dem genetischen Code in der Biologie, den Gesetzen der Harmonie in der Musik, oder den Prinzipien der Bionik, woraus ich sie unter anderem für die Zwecke von richtigem Management ableitete. So ergaben sich Naturgesetze des Funktionierens, über die ich vielfach publizierte, damit deren Kraft für das Topmanagement nutzbar wird.

Helmut Maucher beherrscht wie nur wenige andere die hohe Kunst der Anwendung dieser kybernetischen Steuerungsintelligenz. Was bedeutet das?

Maucher ist ein Mann der Grundsätze und des ganz langfristigen und großräumigen Denkens. Schon lange bevor der etwas unscharfe Begriff »nachhaltig« erst als Reaktion auf die dominierende Kurzfristigkeit aufgekommen ist, hat er mit durchdachten, klaren Prinzipien geführt – und zwar sich selbst sowie das gesamte Unternehmen. Darin ist Helmut Maucher einer der seltenen Großmeister.

Für Nestlé hat er jene Prinzipien ersonnen, die ein konzernweites Handeln in *offenen* Zeithorizonten ermöglichten, was weit über bloße Langfristigkeit hinausgeht, die unter den heutigen Komplexitätsbedingungen längst nicht mehr genügt. Damit gab er dem Unternehmen und seinen Menschen Orientierung und Richtung bis in die äußersten Kapillaren der Organisation, die damit selbstständig nach Mauchers eigener Führungsintelligenz handeln konnten.

Wenn Firmen zum Beispiel nicht genügend wachsen, obwohl ihre Märkte dies möglich machen würden, so liegt dies meistens daran, dass ihre Manager nicht gelernt haben, mit Grundsätzen, Prinzipien und Policies zu führen, und deshalb das Wachstum ihrer Firmen vorzeitig und unnötig limitieren.

So verstandene Master Controls ermöglichen das Multiplizieren der Führungsintelligenz der obersten Spitze mit der Anzahl sämtlicher Führungskräfte, welche die Master Controls in der Organisation anwenden. Dadurch verbreiten sie die Intelligenz der Spitze bis an die äußersten Grenzen der Organisationsreichweite und machen sie dort in ihrem Handeln wirksam. Die intelligentesten Master Controls umfassen vorsorglich auch Regeln für das Abweichen von Regeln, also für das Eingehen von klugen Kompromissen, und sie enthalten selbst Regeln für das Ändern von Regeln.

Einzig solche Grundsätze oder Regeln dieser allgemeinen Art ermöglichen in einem Unternehmen die zuverlässig funktionierende Dezentralität, und somit weitgehende kybernetische Selbstregulierung und Selbstorganisation, die wiederum unverzichtbare Fähigkeiten in komplexen und dynamischen Verhältnissen sind.

Mehr als bloß langfristig

Der Begriff »langfristig« allein genügt also für diese enorme Wirkung bei Weitem nicht. Hier gelingt Helmut Maucher etwas noch viel wichtigeres: Er bringt so das unternehmerische Analogon zum Kategorischen Imperativ von Immanuel Kant, dem großen Philosophen der Ethik, bei Nestlé zur weltweiten Wirkung, denn er prüft seine Entscheidungen an der Leitfrage: *Wie muss ich jetzt entscheiden, damit mein Handeln vom Prinzip her auf unbegrenzte Zeit richtig sein kann?* Praktisch heißt das: So lange richtig, bis erste Anzeichen für sich grundlegend ändernde Umstände ein Überdenken von Politiken und Strategien nötig machen und unter Umständen auch neue Entscheidungen erfordern.

In der Fassung von Kant lautet der Imperativ: *Handle so, als ob die Maxime deiner Handlung durch deinen Willen zum allgemeinen Naturgesetz werden sollte.*

Im Kontext der Unternehmensführung heißt das »Konzerngesetz« statt »Naturgesetz«. Genau dies ist die Wirkung richtiger Policies.

30 Jahre bevor die allgemeine Ethik-Mode unter anderem aufgrund der Managerbonus-Exzesse ausbricht, und allenthalben versucht wird, Ethik im Nachhinein künstlich aufzupfropfen, gelingt es Maucher so, die richtige Ethik fugenlos in das Konzerngeschehen zu integrieren und sie mit diesem in organischer Harmonie zu verschmelzen.

Immun gegen Moden durch die bessere Governance Logik

Damit enthüllt sich auch ein anderes »Geheimnis« Mauchers. Unter anderem weil er die Kraft solcher Prinzipien nutzte, hatte er gegenüber anderen Unternehmensführern den großen Vorteil, völlig immun zu sein gegen die ständig wechselnden Moden im Management sowie auch gegen die finanzwirtschaftlichen Verlockungen des Zeitgeistes – der in den Boomperioden eher ein Zeit-Ungeist war. Dieser forderte aber in der aktiven Zeit von Mauchers Gesamtführung in fast jeder Dimension das Gegenteil von dem, was er selbst als CEO für richtig hielt. Diesen Versuchungen bot er gerade in den wichtigsten Fragen erfolgreich und souverän die Stirn, wie ich später noch zeige.

Maucher denkt ganz natürlich in großen Zukunftsbögen. Das Wort »Vision« verwendet er dafür allerdings selten, unter anderem weil er keine Konzessionen an die Sprachwolken machen will, die mit den Hypes des Börsenbooms aufkamen.

Die großen Bögen wiederum zeigen sich in seinem umfassenden Verständnis für die ganzheitlichen wirtschaftlichen, sozialen und politischen Zusammenhänge – und vor allem auch für die gesamtgesellschaftliche Verantwortung eines Unternehmens. Folgen dessen sind seine weitreichenden unternehmenspolitischen und strategischen Entscheidungen, die er ganzheitlich sieht und in denen er deswegen auch immer die gesamten Dimensionen einer Herausforderung berücksichtigen kann.

Dies wiederum stand konträr zur neoliberalen Doktrin des Shareholder Values, die Maucher gelegentlich ironisch auch als Share-Fetischismus bezeichnete. Denn dass Konzerne primär Gewinnerzielungsmaschinen für die Aktionäre seien, entsprach nicht Mauchers Verständnis eines funktionierenden Unternehmens. Vielmehr verstand er das Funktionieren des Unternehmens konsequent vom Markt und vom Kunden her.

Damit konnte er zwei der ehernen Fixpunkte fest im Auge behalten, die eine richtige Corporate Governance überhaupt ermöglichen. Die Gründe dafür stehen in meinen Büchern, wo ich sie als die »Polarsterne« der Führungsnavigation bezeichne. Dies sind die Zwillinge »Customer Value« und »Konkurrenzfähigkeit«, die einzigen nicht manipulierbaren Orientierungsgrößen in der Wirtschaft. Im Gegensatz dazu entsprechen »Shareholder Value« und »Wertsteigerung« bildlich gesprochen den ständig wechselnden »Planetenpositionen«. Sie sind den Launen der Börsen unterworfen und ihrem weitgehenden Unverständnis für die realwirtschaftliche Führungslogik. Daher sind sie auch leicht manipulierbar, wie die Skandalfälle um Enron, Worldcom und viele andere beweisen.

Richtige Führung anhand der »Fixsterne« Customer Value und Konkurrenzfähigkeit zielt zuallererst auf das Schaffen der Wirtschaftsleistung und erst als dessen Folge auf deren Verteilung – dann selbstverständlich auch an die Aktionäre. Gerade weil Maucher genau dieses Verständnis des Wirtschaftens hatte, machte Nestlé unter seiner Leitung die noch weit größeren Gewinne und schuf mehr Shareholder Value, als jene CEOs, die sich allzu häufig liebedienerisch dem Diktat des Shareholder Values und seiner Apostel direkt unterwarfen.

Auf diesen Grundlagen praktizierte Maucher, wie später noch zu sehen ist, eine beispielgebend gut funktionierende Corporate Governance, die den damals aufkommenden Corporate-Governance-Codes weit voraus und überlegen war.

Profunde Sachkenntnisse des Geschäftes

Als letztes der »Geheimnisse« von Mauchers Erfolg greife ich etwas heraus, worüber in Managementbüchern kaum je zu lesen ist, und das – weil unverstanden – häufig mit Bauchgefühl und Intuition verwechselt wird.

Dieses »Geheimnis« sind seine exquisiten, geradezu perfekten *Sachkennt-*

nisse über das eigentliche Geschäft von Nestlé. Maucher kannte Nestlé in- und auswendig, so profund, wie kaum ein anderer. Mit diesem Geschäft war er aufgewachsen und groß geworden und hatte selbst vieles bis in die Details hinein mitgestaltet. Daher wusste er bestens Bescheid über die zahllosen Dinge, die ein Geschäft ausmachen – über Produkte, Märkte, Endverbraucher, Marken, Marketing, Werbung und Verpackung, auch über Rohstoffe, Qualität, Preise, Kosten und Herstellverfahren, über den Handel, Lieferanten und Banken, über Finanzen, Risiken, Börse und Aktionäre, über die Medien, lokale und internationale Politik – und zuvorderst über die Menschen.

Intime Sachkenntnisse des Geschäfts machen exzellentes Management überhaupt erst möglich. Selbst noch so gute Manager können nicht ohne Weiteres jedes beliebige Unternehmen führen, wie man so häufig annimmt – ganz zu schweigen von anderen Organisationsarten. Sinngemäß kann man sagen: Um Pferde richtig zu führen, muss man sehr viel von Pferden verstehen.

Daher sollte man auch dem erfolgreichsten Stahlmanager nicht die Führung einer Bank aufbürden, und andererseits tun sich auch hervorragende Bankenmanager mit dem Verstehen von produzierenden Unternehmen eher schwer.

Die frühe Einsicht in solche Tatsachen machte es mir möglich, in meine eigene Managementlehre gerade jene Elemente richtigen und guten Managements aufzunehmen, die unabhängig vom Organisationstyp universell nötig sind. Erst dadurch wurde es mir auch möglich, Management zu einem Beruf mit seiner eigenen Handwerklichkeit zu machen, mit seinen typischen allgemeingültigen Grundsätzen, Aufgaben und Werkzeugen, der deswegen in höherem Grade erlernbar ist, als die meisten heute noch glauben. Nachdem es auch noch gelungen war, diese Ergebnisse in leicht zu erlernende Modelle für richtiges Management zu fassen, konnten neue und zum Teil revolutionär wirksame Formen der fortgeschrittenen Management- , Leadership- und Governance-Education entwickelt werden.

Je besser man gerade als CEO das Geschäft versteht, desto besser kann man seine Managementfähigkeiten ausspielen und in Kundennutzen und Konkurrenzvorteile umwandeln. Man versteht die Dinge schneller und besser als andere. Man braucht keine langen Analysen, man erfasst Zusammenhänge oft mit einem einzigen Blick, wo andere erst lange Berichte studieren müssen, und man kann daher – gewissermaßen aus der Hüfte schießend – blitzschnell, treffsicher und richtig entscheiden und handeln. Was Laien oft vorschnell als Bauchgefühl und Intuition verstehen, hat seine Quelle weit öfter in gründlichen Geschäftskenntnissen.

Ohne Beherrschung von professionellem Management stößt man besonders in komplexen Geschäften schnell an Grenzen; ohne Kenntnis des Geschäftes jedoch hat es sich bald ausgemanagt. Daher braucht es beides, in flexibler Balance, die je nach Lage rasch und unvorhersehbar ändern kann.

Seine immense Sachkenntnis synergetisch kombiniert mit hervorragenden Managementfähigkeiten waren maßgebliche Gründe, weswegen Helmut Maucher ein so kraftvoller, in wesentlichen Punkten auch genialer CEO war, und darüber hinaus auch ein Unternehmer im besten Sinne.

Wider den Mainstream, und deshalb erfolgreicher

Für dieses Buch ist wichtig, dass Helmut Maucher seinen so außergewöhnlichen unternehmerischen Erfolg auf eine Weise erzielte, die dem seit Beginn der 1990er Jahre und bis heute vorherrschenden Managementverständnis in fast allen wichtigen Punkten beinahe diametral entgegengesetzt ist. Heute wird nun durch Finanz-, Schulden- und Wirtschaftskrise immer deutlicher, wie gigantisch die Fehlsteuerungen durch den Mainstream waren.

Ab der Hälfte der Aktivzeit Mauchers begann in Managementlehre und Managementpraxis mit Wucht eine Periode der größten Irrtümer und Irrlehren, die es geschichtlich je gab. Ab etwa 1992 begannen Realwirtschaft und Finanzwirtschaft auseinanderzudriften, zuerst unmerklich, dann immer stärker, bis daraus buchstäblich zwei verschiedene Welten wurden.

Die unverzichtbaren Größen der unternehmerischen Navigation wurden verdrängt durch rein finanzwirtschaftliche, kurzfristig orientierte Kenngrößen. Entscheidungen wurden immer stärker an den Börsenbewegungen und den Bewertungen der Finanzanalysten ausgerichtet, statt an Kundennutzen und Konkurrenzfähigkeit. Die Meinungen der Finanzmedien zählten mehr als die Kaufentscheidungen der Kunden. Shareholder Value wurde wichtiger als Technologie-Innovation und Real-Investition. Die Maximierung der Eigenkapitalrendite wurde höher gewertet als gesunde Finanzierung und Liquiditätsreserven. Die Beachtung von sozialverträglichen Vorgehensweisen bei großen Restrukturierungen und von sozialer Verantwortung wurde häufig arrogant als »romantische oder linke Spinnereien« abgetan.

Es begann die systematische Fehlallokation von finanziellen und gesellschaftlichen Ressourcen von der Realwirtschaft in das Finanzsystem. Kapital floss bis zum 100-fachen geleveragt in die Finanzmärkte, und die besten

Köpfe gingen in die Wallstreet-Industrien, statt in Unternehmen mit Fabriken.

Seinen einzigartigen Erfolg hat Helmut Maucher also mit gerade der grundlegend gegenteiligen Art von Management geschaffen, als es für Generationen von Studenten an vielen Universitäten und besonders an den zahlreichen Business Schools gelehrt wurde. Ein guter Teil dieser Business Administration ist direkt kausal für die Entstehung der heutigen Finanzkrise, für die steigende Arbeitslosigkeit insbesondere bei Jugendlichen und für die sich verschärfenden sozialen Spannungen. Die Verstärkermechanismen der einschlägigen Consulting-Industrien, darunter auch Corporate Governance Consulting, Executive Search und Executive Compensation, haben die Irrtümer tausendfach verstärkt und dadurch in der Wirtschaft wirksam gemacht. Bis heute wurde deren Verantwortung noch nicht einmal thematisiert.

Mit der breiten Anwendung von Mauchers Führungswissen hätte hingegen eine Finanz-, Schulden- und Sozialkrise vom heutigen Typ gar nicht entstehen können. Im Gegenteil hätten wir dann bis ins Mark hinein gesunde Unternehmen und somit auch eine gesunde, starke Real- und auch Finanzwirtschaft.

In dieser gesellschaftlich vielleicht bedrohlichsten Lage seit den 1920er Jahren mit ihrer noch überhaupt nicht richtig wahrgenommenen Deflationsgefahr, ist das Beispiel Helmut Mauchers eine große Hoffnung, denn es geht über exzellentes Management noch hinaus. In dieser Dimension steht Maucher für echte Leadership im besten Wortsinn, die weit über die Wirtschaft hinaus beispielgebend für andere Gesellschaftsbereiche ist.

Deshalb ist dieses Buch auch außerhalb der Wirtschaft wichtig. Für die obersten Entscheidungsebenen in den zahlreichen öffentlichen Organisationen, in der Politik und ebenso in der breiten Öffentlichkeit wird es viele Missverständnisse über das Wirtschaften und Managen aufklären und beseitigen. Bonusexzesse, Großbankrotte, Banken- und Börsenskandale und insgesamt die Krisen im Finanzsystem wären bei richtigem Management nicht entstanden.

Durch dieses Buch wird auch überzeugend sichtbar, dass die Wirtschaft nicht pauschal den vielen medialen Klischees entspricht, sondern dass es hervorragend funktionierende Unternehmen gibt, darunter auch internationale Konzerne wie Nestlé, die es verstehen, sowohl geschäftlich erfolgreich zu agieren, als auch ihre sozialen und ökologischen Verantwortungen zu erfüllen, ja dort sogar beispielgebend initiativ sind. Dadurch können weit aufgerissene Gräben zwischen Wirtschaft und Bevölkerung überbrückt und teilweise wieder zugeschüttet werden.

Begegnungen

Schon bei unserer ersten Begegnung ist mir aufgefallen, dass Maucher grundlegend anders als die Mehrheiten dachte und handelte, und dass seine Grundsätze und Leitlinien von fundamental anderer Art waren, als sie im Allgemeinen vertreten wurden. Um das zu sehen, muss man freilich wissen, worauf man achten muss, um richtiges von falschem und gutes von schlechtem Management zu unterscheiden.

Persönlich haben Maucher und ich uns nur selten getroffen. Bis zur Entstehung der Idee zu diesem Buch waren es nur drei Begegnungen.

Ein erstes Mal trafen wir uns im Herbst 1998 bei einer Veranstaltung für geladene Gäste, wo es unter anderem auch um das damals dominierende Modethema des Shareholder Values ging. Ein Jahr zuvor war die erste Auflage meines Buches *Die Richtige Corporate Governance* erschienen, in dem ich darlegte, dass der aus den USA kommende Shareholder Value Approach eine Fehlentwicklung ist und auf Missverständnissen über richtige Unternehmensführung beruhte, aber ebenso auch auf Missverständnissen über die amerikanische Wirtschaft und ihre nur scheinbaren Stärken und Erfolge, die keineswegs eine Folge von besonders beispielgebendem Management waren, wie man damals allgemein unkritisch angenommen hatte.

In diesem Buch zeigte ich, dass mit diesem Ansatz fundamentale Führungsfehler unvermeidbar programmiert waren und langfristig auch die bereits erwähnten massiven Fehlallokationen von wirtschaftlichen und auch menschlichen Ressourcen die Folge sein würden. Zu diesem Thema hatte ich bereits jahrelang publiziert und zahlreiche Vorträge und Seminare gegeben. Meine damaligen Erfahrungen sind in dem erwähnten Buch zusammengefasst.

Es war die Zeit, als der New-Economy-Boom seinem Höhepunkt zustrebte, ein Großteil der Wirtschaftswelt um die »Goldenen Kälber des Internets« tanzte, und das neue perverse Erfolgsmerkmal die sogenannte »Money Burn Rate« war. Der Shareholder Value, Finanzkennziffern sowie überhaupt angelsächsisches Management galten als die neuen Wahrheiten für die Unternehmensführung, und deren Akzeptanz hatte sich bereits global verbreitet.

An mich gerichtet meinte Helmut Maucher in seinem Referat unter anderem sinngemäß: »*Da bin ich bei Ihnen. Bei Nestlé machen wir zur Zeit wegen des Shareholder Values einen Riesenspagat. Denn am Morgen muss ich zur Finanzwelt das sagen, was diese gerne hören möchte, und am Nachmittag muss ich in der Firma dafür sorgen, dass wir das Gegenteil davon tun, ohne dass die Finanzwelt es merkt.«*

Noch nie hatte es jemand vorher so klar und eindeutig formuliert. Damals allerdings verstanden nur wenige Gäste die Pointe, denn mental war die Mehrzahl zu dieser Zeit so einseitig auf den Shareholder Value fixiert, dass man sich Alternativen dazu kaum vorstellen konnte. Maucher allerdings gehörte zu jenen wenigen CEOs, die die Auseinandersetzung mit der Finanzwelt nicht scheuten und dieser seine oft diametral unterschiedlichen Auffassungen ungeschminkt mitteilte, zum Beispiel wenn es um den Preis von Akquisitionen ging, von denen er einfach um ein Vielfaches mehr verstand, als junge Aktienanalysten.

Das zweite Mal begegneten wir uns 2006 anlässlich eines Abendessens, das ein bedeutender süddeutscher Unternehmer gab. Maucher und ich saßen uns am Tisch gegenüber, und kamen im Gespräch auch auf die Kraft von Marken sowie auf Markenstrategie und Marketing zu sprechen. Zu meiner Überraschung stellte sich heraus, dass Helmut Maucher, der Architekt des weltgrößten Nahrungsmittelkonzerns, sich zu seiner Aktivzeit um diese Fragen persönlich und höchst detailliert gekümmert hatte. In der Mehrzahl der Fälle überlassen CEOs solche Fragen ihren Fachleuten und den einschlägigen Agenturen. Nicht so Helmut Maucher.

Mit Schalk in den Augen erzählte er mir, seine Leute hätten das Ur-Logo des Unternehmens aus Modernisierungsgründen abschaffen wollen. Das Nestlé-Logo ist ein kleines Vogelnest, in dem eine fürsorgliche Vogelmutter ihre drei Jungvögelchen füttert. Es leitet sich aus dem Namen des Firmengründers, Henri Nestle, ab, der schwäbischer Herkunft war, wo Nestle »kleines Nest« bedeutet. Gegen diese Absicht habe er jedoch entschieden sein Veto eingelegt, denn dieses Logo sei ein konstitutionelles Identitätselement des Konzerns. Jedoch habe er aus Designgründen auf eines der drei Vögelchen verzichtet, damit auch bei kleinen Schriftgrößen die Proportionen des Logos noch besser zum Ausdruck kommen. In diesem hochinteressanten Gespräch kam hervor, mit welcher Sorgfalt und auch mit welchem Sachverstand der CEO von Nestlé sich um Kernfragen des Geschäfts kümmerte. Dies ist, wie ich erwähnte, eines der charakteristischen Merkmale seiner Art der Unternehmensführung.

Die Idee zum vorliegenden Buch entstand dann bei der dritten Begegnung, als wir von Dr. Farsam Farschtschian, einem meiner Doktoranden, aus Anlass seiner Promotion zu einem gemeinsamen Abendessen eingeladen waren. Ich hatte das Thema der Dissertation vorgeschlagen, und diese gemeinsam mit Prof. Hilb betreut. Die Hauptperson in der Forschungsarbeit ist Helmut Maucher, denn es ging um seine beeindruckenden Akquisitionserfolge, und in diesem Zusammenhang vor allem auch um seinen so überaus professionellen Umgang mit dem Verwaltungsrat.

Dynamik und Wachstum durch erfolgreiche Akquisition

Der Titel der Doktorarbeit von Farsam Farschtschian lautet: *The Secret of Successful Acquisitions – Abandoning the Myth of Board Influence.* Sie gehört zu den besten meiner akademischen Tätigkeit.

Ihr Thema ist, warum Nestlé mit seiner langjährigen Akquisitionsstrategie so enorm und auch so nachhaltig erfolgreich war, während die damalige Swissair mit genau derselben Strategie so kläglich scheiterte und schließlich unterging, und vor allem, welche Rolle die Verwaltungsräte in diesen Firmen dabei spielten.

Der Grund, weswegen ich für die Dissertation genau dieses Thema vorgeschlagen hatte, war die Besonderheit, dass dafür eine Sternstunde genutzt werden konnte, die den Vergleich der beiden Unternehmen einzigartig machte, weil dafür beinahe kontrollierte Laboratoriumsbedingungen herrschten, wie in den Naturwissenschaften. Denn beide Firmen operierten weitgehend unter denselben Rahmenbedingungen, waren derselben Rechtsordnung unterstellt, agierten global, waren demselben Zeitgeist und denselben Moden ausgesetzt, hatten ihre Hauptsitze im selben Land mit denselben Medien, und beide hatten Boards, die mit hochrangigen Persönlichkeiten exquisit besetzt waren.

Der entscheidende Unterschied war die Qualität ihres Managements. Es war die Professionalität von Maucher als CEO von Nestlé und dessen souveränes Zusammenwirken mit dem Verwaltungsrat. Erneut ist daran zu erinnern, dass nur richtiges Management die Dinge zum Funktionieren bringt.

Bei seinen Akquisitionen hat Maucher nach seinem strategischen Grundsatz »Be first, be daring, be different« beispielgebend gelebt. Akquisition ist jene Strategie, die am häufigsten von allen Strategien scheitert und dies meistens dramatisch. Unter Fachleuten gilt sie daher als die schwierigste aller Strategien. Helmut Maucher hat die Herausforderungen der Akquisitionsstrategie aber so glänzend gemeistert, dass dabei nicht ein einziger Misserfolg zu verzeichnen war.

Einer der Gründe dafür ist, dass Maucher nicht nur das Management des Akquirierens selbst beherrschte – was andere mit vollen Kassen oder großen Krediten auch tun können –, sondern zusätzlich beherrschte er brillant auch das Management des Integrierens der neuen Firmen in die komplexe Marken- und Organisationsstruktur von Nestlé, und dabei vor allem das Zusammenführen der Unternehmenskulturen, die bei seinen Akquisitionen großteils unterschiedlicher kaum hätten sein können.

A fast moving company

Nestlé ist im Geschäft für »*fast moving consumer goods*«. Durch Maucher wurde Nestlé aber auch und vor allem eine »*fast moving company*«.

Denn einer der Erfolgstreiber des Unternehmens war eben Mauchers kühne Akquisitionsstrategie, die er zwischen 1980 und 2000 betrieben hat. Insgesamt wurden in seiner Zeit bestehende Geschäfte für 9 Milliarden Schweizer Franken verkauft und neue für 40 Milliarden erworben. Wie schon erwähnt, war es insgesamt die enorme Zahl von 250 Unternehmen. Das entspricht rund 13 Unternehmen pro Jahr – eine gewaltige Herausforderung für das Nestlé-Management.

Darunter waren einige der zu seiner Zeit größten und spektakulärsten Akquisitionen, wobei es nach damaligen Maßstäben um enorme Summen ging. Zum Beispiel kam 1985 die amerikanische Carnation für 3 Milliarden Dollar zu Nestlé – bis dahin eine der größten Übernahmen, die es je gab. Kurz darauf, bereits 1988, wurde die englische Rowntree akquiriert, die 4 Milliarden Dollar kostete. Es war die größte Übernahme einer UK-Firma durch Ausländer. Im selben Jahr kam die italienische Buitoni, und später dann auch die französische Perrier hinzu – um nur einige der bekannteren Marken zu nennen.

Damit hat Helmut Maucher unter anderem die einseitige Abhängigkeit von Nescafé stark reduziert und mit hohem Tempo den Eintritt in neue Produkte, wie Eiscreme, Schoko-Riegel, Teigwaren, Tierfutter und Wasser vollzogen. Außerdem war diese Strategie ein maßgeblicher Hebel für die erweiterte geografische Präsenz unter anderem in den USA und in dem ehemals kommunistischen Osten.

Bei all der Verschiedenartigkeit der Produkte und dem Tempo der Akquisitionen verlor Nestlé niemals seine Identität. Diese wurde im Gegenteil ständig gestärkt, weil Maucher die Kunst beherrschte, eine funktionelle Grundlogik zu schaffen. Er gab Nestlé die Gesetze, die das Unternehmen im Innersten zusammenhalten, was man in der Biologie den Genetischen Code nennt. Hier könnten wir es den Maucher-Code nennen, eines der universellsten und wichtigsten Master Controls.

Beim Abendessen, das der soeben gekürte Doktor der Wirtschaftswissenschaften anlässlich seiner Promotion gab, hatten Helmut Maucher und ich erstmals Zeit, vor dem Hintergrund der ergebnisreichen Dissertation ausführlich über seine Führungsphilosophie und Führungspraxis zu sprechen, deren Ergebnisse in dieser Forschungsarbeit für seine Strategie und seine Zusammenarbeit mit dem Board so beeindruckend dargestellt sind.

Der Plan für dieses Buch

Als ich Maucher an diesem Abend dann spontan das Projekt des vorliegenden Buches vorschlug, winkte er zunächst ab. Er habe schon alles geschrieben und gesagt, und erst kürzlich sei auch sein *Management-Brevier* erschienen, indem er noch einmal das Wichtigste zusammengefasst habe.

Maucher ist in solchen Dingen überaus bescheiden. So hat er zum Beispiel auch nie daran gedacht, die Mode nachzuahmen, seine Biografie zu schreiben oder schreiben zu lassen. In Zeiten, in denen viele schon mit 50 glauben, dass ihre Biografie jemanden interessieren könnte, ist das eine beispielgebende Ausnahme.

Das *Management-Brevier* von Maucher hatte ich bereits mit Gewinn gelesen, und gerade deshalb war mir klar, dass er noch viel mehr zu sagen hatte. Für mich war das leicht zu erkennen, denn nicht nur hatte ich ein geschärftes Auge für Mauchers Einzigartigkeit aufgrund meiner Wissenschaft, sondern auch wegen meiner fast 40-jährigen Zusammenarbeit mit vielen Hunderten von Top-Führungskräften sowie meiner aktiven Tätigkeit als Mitglied und Vorsitzender in Corporate-Governance-Gremien. Nicht zuletzt half mir auch meine Führungserfahrung mit meiner eigenen Organisation, die seit 1984 an der vordersten Linie mit bahnbrechenden Managementinnovationen wegweisend ist.

CEO, Verwaltungsrat und richtige Governance

Helmut Maucher war ein außergewöhnlich starker CEO. Auf die dazugehörigen Freiräume und Vollmachten legte er größten Wert. Wie erwähnt, war er für lange Zeit Delegierter und Präsident des Verwaltungsrats zugleich, was nach Schweizer Gesellschaftsrecht zulässig ist, nach deutschem Recht jedoch nicht möglich wäre.

Beinahe kompromisslos hat Maucher die Figur des CEO, den starken Mann an der Spitze, als einziges funktionierendes Führungsprinzip für das Topmanagement vertreten. Gelegentlich konnte das auch etwas dogmatisch wirken.

CEO und Alleinherrschaft

Dies ist eines der wenigen Themen, bei dem er und ich vordergründig gesehen unterschiedliche Meinungen hatten. Ich selbst vertrete zwar auch ein starkes *CEO-Prinzip*, wie ich es nenne. Praktisch heißt das: Es muss jederzeit zuverlässig gesichert die uneingeschränkte Entscheidungs- und Handlungsfähigkeit des Unternehmens gegeben sein. Dafür gibt es aber nicht nur die Lösung der unlimitierten Alleinherrschaft durch eine einzelne Person, wie es so oft verstanden wird.

Die Lösung der Ein-Mann-Alleinherrschaft findet dort ihre Grenze, wo ein mehr oder weniger alleinherrschender CEO sich, egal aus welchem Grund, schlichtweg als Fehlbesetzung erweist.

So war es zum Beispiel beginnend mit den frühen 1990er Jahren gängige Praxis, dass oft durch Executive Searcher Quereinsteiger als CEOs in die Firma gebracht wurden. Mit zwangsläufig oft nur geringer Geschäfts- und Firmenkenntnis können solche CEOs bereits in sehr kurzer Zeit irreparable Fehlentscheidungen für das Unternehmen treffen.

Andererseits decken sich die Meinungen von Maucher und mir, dass dort, wo tatsächlich ein starker, verlässlicher und vor allem kompetenter Mann an der Spitze des Unternehmens steht, die Erfolge unübertroffen sein können. Viele der wirtschaftlichen Imperien sind aufgrund dieser Konstellation entstanden und konnten auch nur so entstehen.

Schaut man nun genauer hin, tritt auch klar hervor, dass Maucher seine formal ausgesprochen starke CEO-Stellung weit souveräner praktizierte, als es der herrschenden Meinung, dem Lehrbuch und dem in vielen Medien kolportierten Bild des CEOs entspricht. Vor allem handelte er als CEO ganz anders, als viele seiner Zeitgenossen in obersten Führungspositionen es damals taten, und damit oft auch der Versuchung erlagen, ihrer eigenen Egomanie freien Lauf zu lassen. Die höchst lehrreiche, spezielle Praxis von Maucher als CEO haben wir in unserem Gespräch behandelt, das als Transkript in diesem Buch enthalten ist.

Mit seiner prinzipiell fast uneingeschränkten Macht und Alleinstellung ging Maucher viel klüger und daher weit wirksamer um, als es der Praxis in vielen Top-Etagen entspricht. Weil er wusste, dass Macht korrumpiert und absolute Macht bekanntlich absolut korrumpiert, hatte er die Größe, seine uneingeschränkte Macht freiwillig einzuschränken.

Die Sachkenntnisse über das Nestlé-Geschäft hatte er selbst. Und daher war es nur konsequent, dass er das meiste auch selbst und ohne Verwaltungsrat entschied.

Aber er holte Persönlichkeiten in den Verwaltungsrat, die andere Qualitäten hatten, die stark, fähig und unabhängig genug waren, um ihn vor den Gefahren der Machtfülle zu schützen, falls es nötig gewesen wäre. So etablierte er unter anderem auch ein Verwaltungsratskomitee, das bei großen Investitionen ein Vetorecht gehabt hätte.

Mauchers Governance-Prinzipien gingen weit über die damals aufkommenden Governance-Codes hinaus. Zu diesen stand Mauchers Praxis in wichtigen Punkten sogar in Opposition und war viel besser, als die Empfehlungen der gebräuchlichen Codes. So ist er unter anderem ein entschiedener Gegner der damals üblich gewordenen überhöhten Managereinkommen, insbesondere wenn diese auch noch mit Personalabbaumaßnahmen in Zusammenhang stehen oder gebracht werden können. Auch für die Honorierung des Verwaltungsrats geht er andere als die üblichen Wege und bevorzugt ein fixes Honorar anstelle von variablen erfolgsabhängigen Tantiemen, die immer das Risiko bergen, im Interesse des eigenen Einkommens für kurzfristige Ergebnisverbesserung zu entscheiden.

Seine formale Machtstellung brauchte Maucher gar nicht einzusetzen, denn er hatte eine hohe natürliche Autorität aufgrund seiner anhaltenden Erfolge durch sein richtiges Management und aufgrund seiner so profunden Geschäftskenntnisse. Hinzu kam sein wertschätzender Umgang mit den Mitgliedern des Verwaltungsrats. Er genoss hohen Respekt und man vertraute ihm als Spitzenmann des Unternehmens und auch als Mensch.

Spitze mit Team statt Team als Spitze

Einer von Mauchers ehernen Grundsätzen ist *Spitze mit Team* – und nicht, wie es viele lieber sehen, *Team als Spitze*. Dies ist ein universell gültiger Grundsatz für die Organisation des Topmanagements, denn kaum etwas lähmt ein Unternehmen mehr als die potenzielle Unentschlossenheit von Teams, ihre häufige Selbstblockade und auch ihre Mediokrität.

Wie erwähnt, hat Maucher viele der lange Zeit dominierenden »Grundfesten« der angelsächsischen Coporate Governance abgelehnt oder nur der

Form halber vertreten, wie Shareholder Value, kurzfristige Börsenwertsteigerung, und die Führung mit rein finanzwirtschaftlichen Kennziffern oder mit Quartalabschlüssen. Denn diese Elemente sah er für richtige Führung als objektiv hinderlich an, wie im bereits verwendeten Zitat zum Shareholder Value schön zum Ausdruck kommt.

Gerade deshalb hat aber sein Verwaltungsrat so exzellent funktioniert, und deshalb hatte er auch dessen uneingeschränktes Vertrauen, was Farsam Farschtischan in seiner Dissertation eindrucksvoll darstellt.

So durften die Mitglieder des Verwaltungsrats sich darauf verlassen, dass Maucher sie jederzeit offen, uneingeschränkt und tatsachengetreu über alles informierte, sei es positiv oder negativ. Wenn es um große Investitionen ging, wie die erwähnten Akquisitionen, so erhielten die Verwaltungsräte von Maucher dazu rechtzeitig ein knappes, aber umfassendes Exposé, das der CEO höchstpersönlich verfasst hatte. Länger als zehn bis zwölf Seiten war es kaum. Hierin stand alles, was auf der obersten Ebene entscheidungsrelevant war. Keine langatmigen Diskussionen und keine Folien-Orgien, sondern glasklare Führungsinformation, weshalb Entscheidungen im Nestlé-Verwaltungsrat professionell und auch schnell getroffen werden konnten.

Des öfteren betonte Maucher im Gespräch, dass der Verwaltungsrat wusste, dass er zurückgetreten wäre, wenn das Gremium Grund gehabt hätte, zwei oder dreimal seine Anträge abzulehnen. Ein höheres Maß an persönlicher Integrität kann es kaum geben, als sein eigenes Schicksal mit einer obersten Führungsentscheidung zu verknüpfen.

Wahrheit und Offenheit als Werte der Unternehmenskultur und einer geradlinigen Moral waren Maucher gerade in der Zusammenarbeit mit den Nestlé-Verwaltungsräten besonders wichtig. Auch Aktionären gegenüber betonte er die Bedeutung von Werten für eine richtige Corporate Governance. So pflegte er ihnen zu sagen: »*I hope we share more value than just share value …*«

Eine Besonderheit der Nestlé-Corporate-Governance ist auch, dass Maucher selbst keinen Dienstvertrag hatte. Man stelle sich vor, der CEO des größten Nahrungsmittelkonzerns der Welt arbeitet ohne Vertrag … Wenn man die kunstvollen und hochkomplexen Vertragswerke kennt, die auf obersten Ebenen zumeist als unverzichtbar gelten, dann ist das schwer zu glauben und man fragt sich, welchen Sinn das hat.

Maucher wurde jedes Jahr neu bestellt, und daher hätte man sich auch jedes Jahr formfrei und problemlos von ihm trennen können, falls es Gründe dafür gegeben hätte. Damit dies auch praktisch möglich war, aber auch für den Fall, dass ihm etwas zugestoßen wäre, teilte er jährlich dem Verwaltungsrat mit, welche Personen er für seine Nachfolge empfahl. Seine große Machtfülle drückte sich auch in der fast zehn Jahre praktizierten Doppelfunktion als Delegierter und gleichzeitig als Präsident des Verwaltungsrats aus. Solange man sich aber jedes Jahr vom CEO trennen kann und gleichzeitig die Nachfolge jederzeit geregelt ist, verliert die Machtfülle viel von ihrer befürchteten negativen Seite. Es bleibt aber der Vorteil eines starken CEOs, der das Unternehmen und das Geschäft bis ins Detail kennt, der die Entscheidungsvollmachten hat, und dem der Verwaltungsrat vertraut.

Menschen und Unternehmenskultur

Ganz anders als die meisten Lehrbücher es wollen, sind auch Mauchers Prinzipien der Personalpolitik, der Förderung des Managernachwuchses, der Aus- und Weiterbildung sowie des Management Developments.

Schon sein eigener Karriereweg war beinahe das Gegenteil dessen, was heute von Personalfachleuten und Executive-Search-Experten als zwingend angesehen wird, denn zeitlebens war Helmut Maucher »nur« bei Nestlé. Ab 1964 hatte er verschiedene Positionen in der Direktion in Frankfurt inne, bis er 1975 Generaldirektor der Nestlé-Gruppe Deutschland wurde. Am 1. Oktober 1980 wurde er Generaldirektor und Mitglied des Exekutiv-Komitees der Nestlé AG Schweiz, und 1981 Delegierter des Verwaltungsrats. Von 1990 bis 1997 war er gleichzeitig Präsident und Delegierter des Verwaltungsrats. Nach seinem Rücktritt als Delegierter blieb er weiterhin Präsident des Verwaltungsrats bis 2000, als er zum Ehrenpräsidenten ernannt wurde.

Nach diesem Prinzip hat er auch die Schlüsselpositionen des Konzerns vorzugsweise mit Personen desselben Karrierewegs besetzt. Für seine eigene Nachfolge hat er Persönlichkeiten in Position gebracht, die immer »nur« bei Nestlé waren. So hatte auch sein direkter Nachfolger, Peter Brabeck-Lethmate, bei seiner Bestellung mehr als 30 Jahre Nestlé-Erfahrung, wo er als Produktspezialist begonnen hatte. Durchwegs waren diese Führungskräfte aber gerade deshalb so hocherfolgreich. Nach 30 Jahren Nestlé, getestet und bewährt durch immer größere und anspruchsvollere Aufgaben, kennt der Mann die Firma und die Firma kennt den Mann. Als Maucher die Führung an Peter Brabeck-Lethmate übergibt, verlässt er die Zentrale in Vevey und geht zurück nach Frankfurt. Der Nachfolger müsse sich freischwimmen können, sagt Maucher ...

Auch in anderen Belangen der Personalpolitik hat Maucher grundlegend andere Prinzipien im Vergleich zur herkömmlichen Human-Resources-Praxis und -Lehre. Als Richtlinie für seine Personalauswahl sagt Maucher: »*Look more in the eyes than in the files* ...« Das ist nur eine der zahlreichen, so treffenden Formulierungen, für die Maucher bekannt ist.

Er legt großes Gewicht auch auf die Ausbildung der Führungskräfte, was sich unter anderem in seinem persönlichen Engagement für das unternehmenseigene, internationale Nestlé-Trainingszentrum Rive Reine mit seinen wegweisend innovativen Management-Entwicklungsprogrammen ausdrückt, und sich auch in seinem Einsatz für die Spitzenstellung des International Institute for Management Development (IMD) in Lausanne zeigt.

Noch mehr Gewicht legt Maucher allerdings auf die *Auswahl* der richtigen Menschen. Von Assessments, die im Mainstream weithin als unverzichtbare Methode für die Personalauswahl gelten, hält Maucher allerdings wenig. Desto mehr ist er um ein verlässliches Urteil bemüht. In die Augen schauen kann man den Menschen aber nur, wenn sie lange genug im Unternehmen sind, denn sonst ist man auf die Files angewiesen.

Entscheidend sind für Maucher Persönlichkeit und Charakter. Wie kann man diese aber bei Neulingen beurteilen? Im Grunde gar nicht. Erfolge von quereinsteigenden Kandidaten in vorherigen anderen Unternehmen können zwar gewisse Hinweise geben. Durch nichts kann man aber die Zuverlässigkeit des Urteils ersetzen, das sich auf eine lange Zugehörigkeit von Führungskräften zum Unternehmen stützt und auf die Ergebnisse, die ein Mitarbeiter erzielt, der über Jahre und Jahrzehnte immer wieder größere Aufgaben und Verantwortung erhalten hat.

Unternehmenskultur der Glaubwürdigkeit und des Vertrauens

Mehr als vielleicht alles andere begünstigte diese Personalpolitik die starke Unternehmenskultur des Vertrauens und der Glaubwürdigkeit, die unter Maucher bei Nestlé wuchs, sowie auch der Wahrheit und der Offenheit. Denn Menschen, die befördert werden, weil sie sich bewährt haben, und nicht weil sie von außen kommen, brauchen niemandem etwas vorzumachen. Sie sind authentisch. Die Kulturwerte Vertrauen, Glaubwürdigkeit, Wahrheit und Offenheit sind ihr Autoritätskapital.

Mit Vertrauen ging Maucher besonders sorgfältig und behutsam um. Von Peter Drucker, dem Doyen der Managementlehre des 20. Jahrhunderts, übernimmt er die Maxime: »*Man kann Vertrauen in einer Minute verlieren, aber es dauert zehn Jahre, bis man es wieder aufgebaut hat.*«

Über die Unternehmenskultur im engeren Sinne hinaus misst Maucher übergreifenden soziokulturellen Werten eine hohe Bedeutung zu, die dem Unternehmen ebenfalls als Master Controls langfristige und grundlegende Orientierung geben. Zu diesen wichtigsten Werten gehören für ihn Freiheit, Gleichheit, Effizienz und Solidarität.

Führungseigenschaften

Wiederholt erwähnt Maucher in seinen Vorträgen auch jene Eigenschaften, die man nach seiner Auffassung zum Führen braucht. Hier wird er sehr konkret. Je nach Vortragszweck nennt er eine verschieden große Anzahl von wichtigen Eigenschaften: mal sind es elf, mal können es auch fünfzehn sein. Die Zahl hängt davon ab, wie er die Eigenschaften je nach Vortragsthema und rhetorischen Gesichtspunkten zusammenfasst.

Zu solchen Eigenschaften gehören Mut, Nerven und Gelassenheit, Lernfähigkeit, Vorstellungskraft, das Denken in Zusammenhängen, Glaubwürdigkeit, Entscheidungsfreude, Verantwortungsbewusstsein, Bescheidenheit mit Stil, aber auch gutes Benehmen und beispielgebendes Auftreten.

Kenner meiner eigenen Schriften werden hier einen gewissen Widerspruch zwischen Mauchers und meinen eigenen Auffassungen insofern zu entdecken glauben, als ich weniger auf die Eigenschaften, als viel mehr auf das *Handeln* von Führungskräften abstelle.

Allerdings ist der Widerspruch eher oberflächlich und resultiert eher aus dem unterschiedlichen Gebrauch von Begriffen als aus der Sache selbst. Insoweit jemand Eigenschaften, aber auch Begabungen tatsächlich hat, tut er sich fraglos leichter, als jemand, dem diese fehlen.

Für jene Menschen, die man zu führen hat, kommen Eigenschaften weitgehend in der Art des Handelns ihres Chefs zum Ausdruck. Daher ist meine Aufmerksamkeit stärker auf das Handeln von Managern gerichtet, und auf die Prinzipien, die sie dabei beachten, als auf die Eigenschaften selbst, denn diese hat man oder man hat sie nicht. Jedoch kann man eine bestimmte Art des Handelns bis zu einem gewissen Grad erlernen, wodurch – innerhalb von Grenzen – auch schwach ausgeprägte oder sogar fehlende Eigenschaften kompensiert werden können.

Charisma

Hatte Helmut Maucher das viel geforderte Charisma? Es kommt darauf an, was man darunter versteht und wie man Charisma definiert. Ob er »die göttliche Gnadengabe« hatte, als welche der Begriff »Charisma« in religiöser Sicht definiert wird, oder ob er die »außeralltägliche revolutionäre Macht« hatte, wie Max Weber die charismatische Herrschaft unter anderem sieht, und ob solches Helmut Maucher gar angeboren war, mag offen bleiben. Jedoch handelte Helmut Maucher über Jahrzehnte hinweg in einer Weise, die von vielen anderen Menschen als charismatisch empfunden wird und auf diese so wirkt. Peter Drucker sagte: »A leader is someone who has followers.« In diesem Sinne war Maucher, wie schon erwähnt, ein Leader. Aber das genügt noch nicht, denn es kann viele Gründe geben, warum Menschen jemandem folgen, zumindest eine Zeitlang – Neugier, Show, Geld, Macht und mehr. Helmut Maucher folgten die Menschen, weil ihm eine natürliche und sympathische Art von Leadership gegeben war, und vor allem weil sie ihm vertrauten und ihn respektierten, und weil er sie zu den richten Ergebnissen führte. In diesem Sinne war er ein echter Führer, im Gegensatz zu den vielen Ver-Führern.

Ungewöhnlich auch in der Arbeitsweise

Wie man gesehen hat, waren unter der Führung von Helmut Maucher die Geschäftserfolge von Nestlé in praktisch allen Dimensionen anhaltend hervorragend. Wie aber hat Maucher selbst konkret gearbeitet, um diese Erfolge herbeizuführen? Wie war seine persönliche Arbeitsmethodik? Oder anders gefragt: Was tut so ein Mann, wenn er morgens ins Büro kommt?

Stäbe habe er wenige gebraucht, sagt Maucher im Gespräch, auch kaum Consultants, außer für Spezialaufgaben. Maucher hatte auch keine persönlichen Assistenten, eine Sekretärin hat ihm genügt, aber er betont: eine langjährige und sehr gute. Er könne gut mit dem Diktiergerät umgehen. Geführt habe er über die Linie, denn dort seien das Know-how und die Infrastruktur.

Für diese direkte Führung sei er viel unterwegs gewesen, draußen in den Märkten. Wieviel? Etwa 60 Prozent seiner Zeit. Dort habe er mit den örtlichen Geschäftsführern, zum Teil auch gemeinsam mit deren wichtigsten Mitarbeitern, das Geschäft besprochen, speziell die lokalen Besonderheiten der Märkte und Produkte, denn zwar sei Nestlé ein Weltunternehmen mit globalen Marken, das Geschäft hingegen sei weitgehend lokal.

Im Gegensatz zu vielen anderen Unternehmen habe Nestlé keine eigenen Firmenflugzeuge unterhalten, obwohl das Unternehmen in praktisch allen Ländern der Welt präsent ist und in über 80 Ländern fast 500 eigene Fabriken betreibt. Und obwohl er die erwähnten 60 Prozent seiner Zeit in den Märkten gewesen sei, habe man das eigentlich nicht gebraucht, sondern er sei mit der Linie geflogen, und wenn das nicht möglich gewesen sei, dann habe man ja jederzeit eine Maschine chartern können. Bei Nestlé sei man bescheiden – dies aber mit Stil ...

Beispielgebend und ebenfalls in der Arbeitsweise ungewöhnlich, ist auch Mauchers Vorbereitung des Markteintrittes von Nestlé in China. Sechsmal habe er höchstpersönlich China besucht, bevor Nestlé dort die erste Fabrik errichtete. Dafür sei diese aber vom Start weg profitabel gewesen und geblieben. En passant und mit einem Lächeln vergleicht er dies mit anderen Vorstandsvorsitzenden, die im Anfangsstadium nicht selbst vor Ort gingen, sondern ihre zweite Garde hinschickten. Folgerichtig kam diese in China dann auch nur mit den dortigen zweiten Garden zusammen. Selten kommt dabei das heraus, was man braucht, schon gar nicht das nötige robuste Vertrauen der höchsten Stellen und teilweise sogar dauerhafte Freundschaften, wie sie Maucher bis in obersten Regierungskreise und zu chinesischen Ministerpräsidenten hatte.

Bei meinen eigenen schon seit den 1990er Jahren zahlreichen Besuchen in China habe ich auf höchsten Ebenen den Namen Nestlé oft gehört. Noch öfter aber den Namen von Maucher ... Und mit großem Respekt wurde jeweils hinzugefügt, der CEO von Nestlé, Helmut Maucher, sei ein wahrer Freund Chinas. Für die Chinesen war auch zunehmend wichtig, dass Mauchers Auftreten und Management ganz anders war, als das der meisten CEOs. Da ich selbst in all den Jahren den Chinesen in Wirtschaft und Politik, und auch mehrfach in der zentralen Parteischule geraten hatte, sich nicht einseitig auf den angelsächsischen Management Approach einzulassen, wurde ich oft gefragt, wie ich als Experte Helmut Mauchers Management einstufte.

Keine großen Worte, aber große Unterscheidungen

Helmut Maucher ist ein scharfer Denker, der den Dingen intellektuell auf den Grund geht. Noch stärker fällt mir jedoch auf, dass er auch ein Meister der Kommunikation ist.

Er hat eine klare, eindeutige und kraftvolle Sprache, bereichert mit ausdrucksstarken Sprachbildern, treffenden Bonmots und köstlichem, auch ironischem Witz. Eine Auswahl von Aphorismen ist dem Buch am Schluss beigefügt. Wohltuend fehlend in der Sprache Mauchers hingegen die für Management so typischen Wortwolken und Modewörter.

In den Medien-Interviews, die im Buch abgedruckt sind, fällt auf, wie souverän, klug und geschickt Helmut Maucher mit den so typischen sprachlichen Polaritätsfallen umgeht, in die die meisten Führungskräfte fast regelmäßig hineintappen. Die von Journalisten gern gestellten Entweder-Oder-Fragen beantwortet Maucher nicht mit dem üblichen, meistens inhaltlosen »Goldenen Mittelweg«, und auch nicht mit spaltender Parteinahme für eine der sich gegenseitig ausschließenden Alternativen, sondern mit geschickter Synthese auf einer höheren Integrationsebene. So hören wir etwa von ihm, Firmen bräuchten zwar Banken-Know-how, aber keine Bankenmentalität; ein gutes Arbeitsklima Ja, friedliche Idylle hingegen Nein. Querdenker Ja, Querköpfe aber Nein ...

Besonders klar und inhaltlich bedeutsam tritt das hervor, wenn er von Journalisten etwa mit Fragen zu den Zielen des Personalabbaus konfrontiert wird, so etwa im Interview mit dem *Spiegel*, das auch im Buch enthalten ist. Jobabbau für mehr Rendite? Nein; Jobabbau hingegen Ja, aber für die Stärkung der Wettbewerbsfähigkeit. Nicht um mehr Geld zu verdienen also, sondern um durch die Verbesserung der Marktposition noch nachhaltiger Geschäfte zu machen, was für Maucher eben gerade nicht dasselbe ist, auch wenn so viele andere es nur so sehen können, weil sie die feinen Nuancen von Management auf Mauchers hohem Niveau nicht kennen, erkennen oder nicht verstehen.

Menschenverstand, Pragmatismus, Weisheit

Mauchers Art der Führung, seine langfristige Orientierung und sein an unternehmenspolitischen Grundsätzen ausgerichtetes Entscheiden und Handeln finden ihre Fundamente in seiner Herkunft und Familie, seinem umfassenden Weltbild, in seiner klaren Wertestruktur, in bemerkenswert guten Kenntnissen der Geschichte und auch in seiner Liebe zur Musik.

Maucher ist belesen, wie wenige oberste Führungskräfte. Schon eine kleine Auswahl von Autoren, die Maucher wie selbstverständlich zu zitieren pflegt, umfasst so bedeutende Denker wie den Soziologen Max Weber, den wichtigsten Managementdenker des 20. Jahrhunderts Peter F. Drucker, den Kanzler der sozialen Marktwirtschaft Ludwig Erhard; die Denker der Freiburger Schule des Ordoliberalismus sowie antike Denker wie Epiktet und Aristoteles. Dazu gehört auch der vielleicht bedeutendste Erkenntnis-Philosoph des 20. Jahrhunderts, Karl R. Popper, ebenso Schopenhauer, Descartes, Cicero, Thomas Hobbes, Goethe, Eduard Mörike und viele andere.

Er hat ein unter Top-Führungskräften ungewöhnlich gutes Verständnis für gesamtwirtschaftliche und gesamtgesellschaftliche Fragen. So ist er ein außergewöhnlich guter Kenner der ordoliberalen Wirtschaftsordnung, kennt die Vor- und Nachteile der Marktwirtschaft und ihres Funktionierens besser als mancher Ökonomieprofessor, und er weiß fundiert Bescheid auch in komplexesten wirtschaftspolitischen Fragen. Dies gehört auch zu den Grundlagen seiner Glaubwürdigkeit und Überzeugungskraft als Unternehmensführer. Schon nach wenigen Sätzen weiß man, dass hier jemand spricht, der sich auskennt, der großzügig und ganzheitlich denkt und deshalb von einer höheren Stufe der Einsicht und Weisheit aus handelt.

So gab es überzeugende, ja zwingende Gründe, Helmut Maucher zur maßgeblichen und leitenden Mitwirkung in allerhöchsten Gremien einzuladen, wie im Anhang detailliert ausgeführt ist. Beispielgebend engagiert sich Helmut Maucher für Gesellschaft und Politik, unter anderem durch sein Engagement in Verbänden und auf höchsten Ebenen für die Politik, was auch Thema des Schlusskapitels über Verbesserungen unserer demokratischen Verfassungen ist, das Maucher eigens für dieses Buch geschriebenen hat. Unter anderem wirkte er als Präsident der Internationalen Handelskammer (ICC, Paris) sowie als Leiter des European Round Table, eines Gremiums von etwa 50 Spitzenmanagern, die den Sachverstand aus den Top-Etagen der Wirtschaft in den Integrationsprozess der Europäischen Union einbringen.

Aber er engagiert sich nicht nur für die ganz großen Fragen, sondern beispielgebend für auch scheinbar kleinere, und doch oft ebenso wichtige Aufgaben, wie zum Beispiel für die Chancen Oberschwabens und für die Erziehung der Jugend in einem Vortrag vor Lehrern des Wirtschaftsgymnasiums in Wangen im Allgäu – der Gegend, wo Helmut Maucher im kleinen Dorf Eisenharz im Westallgäu geboren und aufgewachsen ist. Dort wurde er durch Elternhaus und Großfamilie, durch Dorfleben, Schule und auch durch seine frühe Arbeit in der später von Nestlé übernommenen lokalen Molkerei geprägt, geformt und gebildet.

Die zahlreichen Auszeichnungen bezeugen Helmut Mauchers Ausstrahlung und die ihm entgegengebrachte Wertschätzung. So erhielt er unter anderem drei Ehrendoktorate der Universitäten München, Guadalajara und

Oestrich-Winkel, den Scopus Award der Hebräischen Universität Jerusalem und den Appeal of Conscience Foundation Award, New York, sowie die höchsten Auszeichnungen den International Institute for Management Development (IMD). Er wurde mit den höchsten politischen Orden Deutschlands, Österreichs und Mexikos sowie des Landes Baden-Württemberg ausgezeichnet, er erhielt die Fortune Magazine Gold Medal und den INTERNORGA-Ehrenpreis und wurde in die Hall of Fame des deutschen *manager magazins* gewählt. Für sein unternehmerisches Gespür und gesellschaftliches Engagement hat ihm die Konrad-Adenauer-Stiftung 2004 den Preis Soziale Marktwirtschaft verliehen.

Zu seinen Anliegen gehörte es, direkten Kontakt zu den Menschen zu haben, um diese und ihre soziale Wirklichkeit zu verstehen und um persönlich zu erfahren, was und wie Mann und Frau denken. Marktstudien allein haben ihm dafür nicht genügt. Ein großes Anliegen war ihm auch, den Menschen das Wirtschaften verständlicher zu machen und ihnen vor allem auch Einblick zu geben in die Realität von Großkonzernen, denen so oft mit Skepsis, Ablehnung und häufig dumpfer Angst begegnet wird.

Goethes *Natur und Kunst*, eines der Lieblingsgedichte von Helmut Maucher, bringt im zweiten Teil dessen Wesen und Streben treffend zum Ausdruck:

»[...] So ist's mit aller Bildung auch beschaffen:
Vergebens werden ungebundne Geister
Nach der Vollendung reiner Höhe streben.
Wer Großes will, muss sich zusammenraffen:
In der Beschränkung zeigt sich erst der Meister,
Und das Gesetz nur kann uns Freiheit geben.«

Teil 2

Aus Helmut Mauchers Reden, Schriften und Interviews

Editorische Notiz

Einleitend zu den folgenden Aufsätzen und Interviews steht jeweils eine kurze Darstellung von Dr. Farsam Farschtschian, in welcher er die wesentlichen Argumente hervorhebt. Diese Anmerkungen sind kursiv gesetzt.

Unternehmenspolitik, Unternehmensführung und Organisationspolitik

Auf schmalem Grat

In der folgenden Kolumne spricht Helmut Maucher über die wichtigsten Aufgaben der Unternehmensführung. Es wird zudem darauf eingegangen, wie sehr der Führungsstil die Firmenkultur beeinflusst, und wie wichtig die Aufgabe für Unternehmer ist – trotz dem Druck der Finanzwelt für kurzfristige Gewinnmaximierung – langfristig zu handeln.

»Firmen befinden sich im Dilemma wachsender gegensätzlicher Anforderungen.«

Firmen befinden sich im Spannungsfeld vielfältiger Anforderungen und Interessen. Die Balance zu halten, ist nicht einfach, dafür aber umso wichtiger:

Die wichtigsten Aufgaben der Unternehmensführung bestehen meiner Meinung nach in der Festlegung der Strategie einschließlich der Kontrolle über die Umsetzung, der direkten Führung der zugeordneten Abteilungen, der Koordination der verschiedenen Unternehmensbereiche, der Festlegung der Organisationsstruktur, der Corporate Governance sowie in allem, was mit Personalentwicklung zu tun hat.

Oft wird bei der Aufzählung der Aufgaben einer Firma etwas vergessen, das von großer Bedeutung ist: der Einfluss des Führungsstils auf die Unternehmenskultur. Immer wichtiger werden überdies Aufgaben, die nach außen wirken. Dazu gehören die Öffentlichkeitsarbeit ebenso wie die Mitwirkung an der Verbandsarbeit und an anderen Interessenvertretungen der Wirtschaft.

In einer überregulierten Firma muss man gegen die Bürokratie angehen und ihr Gewicht mindern. Wo hingegen nichts geregelt ist und Schlamperei herrscht, muss man Systeme und Regeln schaffen und darauf bestehen, dass sie konsequent eingehalten werden.

Dabei bewegt sich das Unternehmen stets in einem Spannungsfeld zwischen verschiedenen Anforderungen und Interessen. Der Unternehmer befindet sich heute in zunehmendem Maß in einem Dilemma. Er ist einerseits mit ständig wachsenden Anforderungen hinsichtlich von Ethik, Ökologie und sozialem Verhalten konfrontiert und andererseits dem Druck der Finanzwelt und des globalen Wettbewerbs ausgesetzt, der auf Kurzfristigkeit, Orientierung am Shareholder Value und Gewinnmaximierung ausgerichtet ist. Hier die Balance einer langfristigen Unternehmenspolitik zu halten, ist nicht einfach – aber überaus wichtig.

Es gibt weitere Gebiete, auf denen die Unternehmensführung zwei gegensätzliche Gesichtspunkte in ein Gleichgewicht bringen muss. Dabei gilt es, sowohl langfristige als auch kurzfristige Aspekte zu berücksichtigen. Die Aufgabe besteht darin zu zentralisieren oder zu dezentralisieren. Offensives Marketing steht eher defensivem Controlling und Kosteneinsparungen gegenüber. Wann ist Diversifikation, wann Fokussierung angesagt? Regeln und Vorschriften müssen sein, aber ohne individuelle Spielräume geht es auch nicht. Das Unternehmen muss auf Leistung und Wettbewerbsorientierung getrimmt sein, darf dabei jedoch seine soziale Verantwortung nicht vergessen. Und obwohl ihm eine nationale und kulturelle Identität eigen ist, muss es auch internationalen Ansprüchen genügen, wenn es weltweit tätig sein will.

Außerdem muss das Unternehmen mit dem Gegensatz zwischen Shareholder- oder Stakeholder-Orientierung umgehen. Wobei dieser Gegensatz bei einer langfristig ausgerichteten und damit nachhaltigen Unternehmenspolitik gar nicht existiert. Er entsteht hauptsächlich bei kurzfristiger Betrachtungsweise. Will man den Shareholder Value langfristig optimieren, kommt man gar nicht umhin, die Interessen verschiedener gesellschaftlicher Gruppen, also der Stakeholder, zu berücksichtigen und Maßnahmen zu treffen, die das Image des Unternehmens stärken. Bei einer langfristigen Wahrnehmung der Aktionärsinteressen werden also die Stakeholder-spezifischen Gesichtspunkte automatisch mit einbezogen.

Quelle: Maucher, Helmut: »Auf schmalem Grat«, in: *Bilanz, Ausgabe* 20/2010.

Von der Kunst, ein Unternehmen zu führen

Im folgenden Interview geht Helmut Maucher auf Fragen zum Begriff »Management« ein. Er spricht über die Rolle der Intuition in Zusammenhang mit Führungsaufgaben, verrät die drei Hauptführungsgrundsätze bei Nestlé und verdeutlicht, worauf es bei der Organisation eines Unternehmens ankommt.

»Ich sehe als eine meiner wichtigsten Funktionen an, dauernd den Laden alert zu halten, für neue Entwicklungen, für neue Fragen ...« – eine der Maximen Helmut Mauchers in Sachen Unternehmensführung. Ansonsten favorisiert der Nestlé-Chef scheinbar traditionelle Werte: Vertrauen, Engagement und Verantwortung. Dies umso mehr, als sie in modernen Unternehmensstrukturen erst recht zur Geltung kommen können: bei flachen Hierarchien und dezentraler Organisation.

EW: Herr Maucher, den Begriff »Management« übersetzen Sie mit »Führungskunst«. Und Sie sagten einmal dazu: Dies sei einer der wenigen Fälle, wo das deutsche Wort treffender sei.

Maucher: Führung ist eben mehr als bloße Technik; da ist ein Teil Kunst dabei.

EW: Das müssten Sie erläutern.

Maucher: Es wird oft zwischen dem Manager und dem Unternehmer unterschieden. Der Manager sieht mehr seine Aufgabe, der Unternehmer mehr die Chancen. Der Manager ist mehr ein Verwalter und Optimierer, der Unternehmer Stratege und Unternehmensentwickler. Der Manager hat fachliche Kompetenz, der Unternehmer Charisma. Der Manager macht Prognosen und langfristige Pläne und glaubt sogar daran. Dagegen hat der Unternehmer eben mehr Ideen, Vorstellungen über die Zukunft, er denkt langfristig. Der Manager arbeitet mit Kennziffern und Checklisten, sichert die Risiken ab, definiert Ziele und Maßnahmen unter Abwägung von Pro und Contra. Der Unternehmer nimmt Risiken in Kauf, und er hat die Kraft, sie durchzustehen. Er hat sehr oft fast brutal einfache Konzepte, die er allerdings hartnäckig verfolgt. Der Unternehmer steht auch oft vor schwierigen Fragen, schwierigen Entscheidungen, die nicht eindeutig rational oder aufgrund von Analysen gefällt werden können.

EW: Sie spielen Fertigkeiten und Begabungen gegeneinander aus. Braucht die Wirtschaft also mehr Künstler, mehr Instinkt in den Vorstandsetagen?

Maucher: Ab und zu, wenn ich nicht mehr weiß, ist es so oder so richtig, dann sage ich: Jetzt verlasse ich mich auf meinen Kompass. Ich wurde einmal gefragt, arbeiten Sie mit betriebswirtschaftlicher Führung oder mit Intuition? Ich weiß es nicht, für mich ist beides wichtig.

EW: Was verstehen Sie unter Intuition?

Maucher: Intuition ist für mich die kreative Verwertung von Informationen, denn auch wo wir glauben, etwas sei rein intuitiv, fließt eine Summe von Erfahrung und Wissen ein. Allerdings verstehen es nicht alle, Informationen kreativ zu verwerten. Sie machen Erfahrungen, ohne davon zu profitieren. Dabei möchte ich keine der beiden Funktionen abwerten. Ich glaube, dass es heute notwendig ist, dass einer Unternehmer und Manager ist. Und die Kombination dieser beiden ist vielleicht die Essenz der Führungskunst.

EW: Das klingt sehr idealtypisch, erst recht im Vergleich zu der unübersehbar großen Maße von Ratgeberliteratur, die den Managern sagen will, worauf es in Sachen Unternehmensführung ankommt: von Lean- über Self- bis Chaos-Management, von Kundenorientierung bis Kaizen.

Maucher: Wenn Management by Chaos tatsächlich ein so gutes Konzept wäre, hätten viel mehr Unternehmen Erfolg. Das alles sind furchtbar große Worte, und natürlich steckt überall auch ein Stück Wahrheit drin. Aber für Leute, die schon immer ordentlich gemanagt haben, handelt es sich dabei in der Regel um nichts absolut Neues.

Etwa »Consumer focus«, Kundenorientierung – da empfiehlt jemand die phantastisch neue Idee, sich als Geschäftsmann auf die Kunden auszurichten. Und es gibt große Unternehmen, die sagen, das müssen wir jetzt auch machen. Was tun sie? Anstatt drei Verkäufer einzustellen, die sich um die Kunden kümmern, gründen sie eine Abteilung für kundenorientiertes Marketing. Ist das Problem damit gelöst?

Die neueste Weisheit habe ich in »Fortune« gelesen: »Future Of Success – Neglect Your Customer«. Auch daran ist natürlich wieder etwas Wahres.

EW: Den Kunden zu missachten?

Maucher: Wenn ich nur noch wie das Kaninchen nach der Schlange dauernd nach dem Kunden schiele und nicht mehr meine Fähigkeiten, meine Ideen, meine Technologie und meine Forschung nutze, um etwas Neues herauszubringen, von dem der Kunde vielleicht noch gar nichts weiß, kann das auch nicht funktionieren.

Oder nehmen wir »self management«. Das ist auch so eine tolle Sache, die alle zehn Jahre einmal irgendwo versucht wird, als eine Mischung aus Urchristentum und Kulturrevolution. Natürlich, auch hier ist etwas Wahres dran. Wir brauchen ja nicht überall Aufpasser und Vorarbeiter; viele Leute könnten viele Aufgaben selbständig erledigen. Was ich rate, ist, etwas vorsichtiger zu sein und nicht naiv und illusionär an solche Dinge heranzugehen.

EW: Und der Manager als Coach?

Maucher: Sicherlich besteht Management in etwas mehr als nur in Coaching. Hierzu sind beispielsweise auch Führungs- und Entscheidungswillen notwendig. Reine Betreuungsaufgaben sollten wir getrost einem Psychiater überlassen, der kann das auch. Wahr ist allerdings, dass man sich um die Leute wirklich kümmern muss.

Angesichts all dieser Schlagworte und Konzepte ist mein Rat, dass wir lernen zu unterscheiden zwischen echten neuen Ideen und bloßen Trends und Modeerscheinungen, die mehr den Autoren dieser Theorien nützen als uns. Im Übrigen ist es manchmal ganz gut, dass man abwartet, bis die Schmerzen nachlassen. Ich bin einem Infarkt nahe, wenn ich sehe, was PR-Abteilungen, Designer, selbsternannte Gurus, Personalabteilungen etc. soliden, guten Unternehmern einzureden versuchen. Wir müssen selber überlegen, was richtig ist, was für unser Unternehmen passt, was Sinn macht.

EW: Wie macht man es bei Nestlé?

Maucher: Wir haben drei Hauptführungsgrundsätze:

1. Wir sind eine Firma, die mehr menschen- und produktorientiert als systemorientiert arbeitet.
2. Nestlé wird weitgehend dezentral geführt.
3. Wir denken langfristig.

EW: Da bitten wir um Erläuterung.

Maucher: Zum Thema Menschen- und Produktorientierung. Natürlich brauchen wir in einem komplexen Unternehmen, das weltweit tätig ist, Systeme. Es stellt sich jedoch die Frage der Priorität und außerdem dürfen Systeme nie zu einem Ziel an sich erhoben werden. Systeme sollen uns als Mittel zum Zweck dabei helfen, das Unternehmen besser zu führen.

Zum Thema Dezentralisierung. Wir alle wissen, dass Dezentralisierung Flexibilität und mehr Identifizierung mit dem eigenen Unternehmen schafft.

Deshalb bemühen wir uns in unserem Unternehmen um das richtige Maß von Zusammenarbeit und Dezentralisierung zwischen Zentrum und Tochtergesellschaften. Wir bauen an der Idee eines weltweiten Networking und nützen »centers of excellence«, wo immer wir sie finden. Das ist eine etwas andere Philosophie als beim traditionellen Mutter-Tochter-Denken.

Zu den für mich wichtigen organisatorischen Aspekten gehören die Dezentralisierung, die Delegation von Verantwortung, flache Hierarchien und die Fähigkeit zur horizontalen Kommunikation (um nicht wie beim Staat die Pyramide fortwährend rauf und wieder runter zu gehen).

EW: »Flache Hierarchien« – auch das ist ein Trendbegriff. Aber wie setzt man das im Unternehmen um?

Maucher: Flache Hierarchien gehören natürlich zur Dezentralisierung. Das führt zu größeren Kontrollspannen, und damit haben Chefs automatisch weniger Zeit, jedem jeden Tag auf die Füße zu treten.

Dezentralisieren heißt auch zu delegieren. Dies bedeutet aber nicht, dass man sich um einmal Delegiertes nicht mehr kümmert. Wenn ich die Entscheidung über die Mütze des Empfangschefs delegiert habe, heißt das noch lange nicht, dass ich nicht über die Mütze meckere, wenn sie sich in einen Karnevalshut verwandelt hat.

Dezentralisierung scheitert allerdings dann, wenn man sich nicht darüber im Klaren ist, was das automatisch mit sich bringt: Notwendig ist erstens eine gute Selektion der Leute, denen man weit entfernt vom Hauptsitz Verantwortung überträgt, zweitens eine Unternehmenspolitik, bei der die Leute wissen, was diese Firma im Prinzip will und welche Einstellung sie hat. Eine gemeinsam getragene Unternehmenskultur hilft dabei, weil die Leute dann automatisch richtiger handeln, ohne dauernd Detailvorschriften zu brauchen.

EW: Wie definieren Sie Unternehmenskultur im Zusammenhang mit Dezentralisierung?

Maucher: Jemand hat einmal gesagt:

»Unternehmenskultur ist die Summe aller Selbstverständlichkeiten in einem Unternehmen«.

Das Problem ist, nicht nur zu sagen: »Wir dezentralisieren«. Zu unserer Unternehmenskultur gehört, dass wir andere Kulturen verstehen. Wir integrieren uns in die Mentalität der Japaner und der Brasilianer. Und darüber hinaus gibt es einige wesentliche Essentials, die überall passen. Dass wir keine Faulenzer dulden, ist überall richtig. Dass wir eher pragmatisch als dogmatisch sind, dass wir großen Wert auf Vertrauen legen und nicht darauf, dass jeder sich ständig mit zig Notizen absichert, dass man einen eher persönlichen Führungsstil hat, anstatt nur schriftlich zu kommunizieren.

Wir müssen also beides haben: Den Willen, andere zu verstehen und uns in deren Kultur zu integrieren, und darüber hinaus die Fähigkeit, eine allgemeine Kohäsion zu bilden. Diese Kombination scheint mir in einem großen internationalen Unternehmen wichtig zu sein.

Und schließlich muss man bereit sein, rasch die Konsequenzen zu ziehen, wenn die Qualität der Führungsperson nicht mehr stimmt oder wenn das Vertrauen missbraucht worden ist. Vertrauensmissbrauch ist in einem großen dezentralen System der einzige Punkt, in dem man hart und brutal vorgehen muss. Vertrauen zu missbrauchen gehört für mich zu den Sünden wider den Heiligen Geist, und da gibt es bei mir kein Pardon. Im Übrigen aber bin ich eher dafür, den Leuten einen gewissen Vertrauensvorschuss einzuräumen

EW: Kontrolle ist gut, Vertrauen besser?

Maucher: Ich meine, wir können uns Vertrauen leisten, sonst entwickelt man die Leute nicht. Lenin hat es umgekehrt gesagt. Bis zu einem gewissen Grad mögen wir Kontrollmechanismen ja brauchen, mir aber liegt da schon eher Goethes Aussage näher, die da lautet:

»Wer die Menschen behandelt, wie sie sind, macht sie schlechter, wer die Menschen aber behandelt, wie sie sein könnten, macht sie etwas besser.«

EW: Gehört das schon zum langfristigen Denken bei Nestlé?

Maucher: Angesichts der kurzfristigen Pressures, des harten Wettbewerbs und der vielen Anforderungen ist es nicht einfach, immer langfristig zu denken und dieses Denken in die Entscheidungen mit einzubeziehen. Langfristiges Denken funktioniert natürlich besser, wenn ich weiß, dass meine nächste Gewinn- und Verlustrechnung einigermaßen stimmt – daher rührt auch die Wichtigkeit der kurzfristigen Rechnung. Andererseits soll langfristiges Denken keine Ausrede sein für kurzfristige Misserfolge. Es bleibt jedoch unbestritten, dass nur langfristiges Denken auf Dauer zu guten Entwicklungen von Unternehmen führt – und zwar über Jahre und Jahrzehnte hinweg.

[…]

EW: Ein Plädoyer fürs Gefühl im Management?

Maucher: Und für Sensibilität, ja. Inzwischen wissen wir, dass diese Dinge viel wichtiger sind, als wir seit Descartes geglaubt haben. Ohne Sensibilität spürt man nichts und weiß nicht, was vorgeht. Soft darf man aber auch nicht sein. Für die Unternehmensführung brauchen wir Kraft, Nerven, Mut und teilweise sogar Härte. Es wird aber sicher niemand reüssieren, der kalt ist, ohne Herz und unmenschlich.

Was wir außerdem nicht brauchen, sind Leute, die die Balance verloren haben zwischen eigener hedonistischer Lebensoptimierung und ihrem Engagement fürs Unternehmen. Leute, die bei ihrer Anstellung sofort an ihre Pensionsansprüche denken. Ich möchte Mitarbeiter haben, die sich bei uns engagieren; haben sie Erfolg, dann sollen sie auch besser leben. Mit Leuten aber, die mehr über sich selbst nachdenken als über ihre Aufgaben und das Geschäft, kann ich den zukünftigen Wettbewerb nicht gewinnen.

EW: Nestlé steht im weltweiten Wettbewerb. Das gilt vielleicht weniger für die Führung dezentralisierter Companies, viel eher für die in der Zentrale. Wie kann man diese Größenordnung noch managen?

Maucher: Meines Erachtens kann man jede Größenordnung managen. Es ist eine Frage des Führungsstils, des Managements und der Organisation. Es gibt Leute die scheitern, wenn sie von ein auf zwei Millionen Umsatz wachsen. Meist haben sie nicht begriffen, dass Wachstum Änderungen von Organisationselementen und Führungsstil bedeutet. Ich bin für ein Team mit Spitze und nicht für ein Team als Spitze. Das heißt, ich bin sehr wohl auch für das Team, für einen kollegialen Führungsstil, aber nicht dafür, dass Verantwortungen verwischt werden. Ich glaube, dass wir uns das heute im Wettbewerb nicht leisten können. Von Zeit zu Zeit muss ein Unternehmen so oder so mal wieder darüber nachdenken, welche neuen Organisationsformen es braucht.

EW: Wann hat Nestlé zuletzt über Organisation nachgedacht?

Maucher: Bei uns stellte sich diese Frage vor einigen Jahren, nachdem wir seit der letzten Reorganisation viel größer geworden waren. So hatten wir uns mit neuen Marktstrukturen auseinanderzusetzen, es wurden neue Produktgruppen zu unserem Sortiment hinzugefügt, die globale Kommunikation hatte zugenommen, die Globalisierung der Märkte hatte sich weiter vertieft, und es waren gemeinsame Wirtschaftsräume entstanden. Wir mussten überdenken, ob wir angesichts all dieser Änderungen noch richtig organisiert sind. Ein Problem bei uns war zum Beispiel, dass wir in sehr vielen Nahrungsmittelbereichen aktiv sind und zum Teil mit Firmen konkurrieren, die groß und kräftig sind, aber nur ein oder zwei Nahrungsmittelbereiche abdecken. Unsere Antwort war, dass wir zwar das regionale Konzept beibehalten, aber zusätzlich auf Generaldirektionsebene strategische Einheiten für Produkte und Produktgruppen entwickeln und etablieren. Das ist dann mehr als nur Marketing.

EW: Aber sicher noch nicht alles, was zu tun ist, wenn ein Unternehmen sich verändern will?

Maucher: Wandel bedingt mehr als logische und technokratische Entscheidung. Das ist eine echte Führungsaufgabe. Und es besteht kein Zweifel, dass Führung, verbunden mit Charisma, den Wandel besser bewältigt als ohne. In diesem Zusammenhang komme ich auf einen Punkt zurück, der sehr wichtig ist: das Vertrauen.

Wenn die Leute zum Management und zur Firma insgesamt Vertrauen haben, sind sie viel eher bereit, zuzuhören und dann gemeinsam zu tragen, was zu tun ist. Fehlt dieses Vertrauen, sagen die Leute: Was ist denn denen schon wieder eingefallen? Ein Trick, eine Schweinerei? Nur mit Vertrauen können wir eine Kultur des Wechsels schaffen und jene Leute fördern, die bereit sind, sich ständig auf neue Sachen einzustellen, und außerdem fähig sind, den Wechsel zu managen. Ich sehe es als eine meiner wichtigsten Funktionen an, dauernd den Laden alert zu halten, für neue Entwicklungen, für neue Fragen etc. An der Trägheit sind einige Firmen schon kaputtgegangen. Mindestens so wichtig ist der Zeitfaktor. Man kann nicht zehn Jahre nichts tun und dann wandeln.

EW: Es gibt nicht wenige Unternehmen, die offenbar bis zur letzten Chance warten, bis auch der Lebenszyklus ihrer besten Produkte ausgereizt ist.

Maucher: Wandel ist eine tägliche Aufgabe. Wer das nicht ständig tut, der kommt irgendwann in Situationen, in denen nur noch allergrößte Anstrengungen helfen, was mit schlimmen Konsequenzen für die Mitarbeiter verbunden ist – so geschehen in einigen großen Firmen in den letzten Jahren.

Die Theorie der »life cycles« von Produkten haben uns eher pessimistische Leute eingeredet: Erst nehmen die Verkäufe zu, dann wieder ab. Ich glaube nicht an »life cycles«.

EW: Stattdessen?

Maucher: Innovation ist – wie das Marketing – Chefsache. Ich glaube an ständige Veränderungen von Produkten auf der Basis neuer technologischer Entwicklungen. Es gibt nichts Schlimmeres für ein Unternehmen, als wenn die Leute nicht ständig überlegen, wie sie ein Produkt verändern können, welches die neuen Dinge sind, mit denen sie ein Produkt verbessern können, bevor sie es aufgeben.

[...]

EW: Zum Schluss: Unternehmertum und Optimismus werden zumeist in einem Atemzug genannt. Sind Sie optimistisch?

Maucher: Ohne Optimismus und ohne eine gewisse Risikofreude kann man unternehmerisch nicht tätig sein. Wer keine Risiken eingeht, geht am Schluss das größte Risiko ein. Optimismus sollte allerdings nicht mit »wishful thinking« verwechselt werden.

Quelle: »Von der Kunst, ein Unternehmen zu führen«, in: *Ernährungswirtschaft*, Ausgabe 01/1996 vom 05. Februar 1996.

»Ich habe keine Sehnsucht nach einfachen Lösungen. Aber ich sehe viele Dinge einfacher.«

Helmut Maucher spricht folgend über die Komplexität des Topmanager-Berufs. Er thematisiert des Weiteren Aktivitäten der Nichtregierungsorganisationen, Auseinandersetzungen mit den Aktivisten sowie Strategien zur Konfliktbewältigung.

[...]

brand eins: Dem Außenstehenden erscheint der Beruf des Topmanagers entweder als überfordernd oder als so herausfordernd, dass ihn nur Ausnahmetalente schaffen. Wie groß ist die Komplexität wirklich?

Maucher: Wir müssen zunächst zwei Ebenen unterscheiden: zum einen die Komplexität des Unternehmens, das ein Manager führt, und zum anderen die Komplexität des Jobs.

Fangen wir mit dem Job an.

Der ist sicher in den vergangenen Jahren immer komplexer geworden, was am Wettbewerb, an den modernen Techniken, an der Internationalität und an allem anderen liegt, das auf das Unternehmen einwirkt. Das größte Dilemma aber, in dem heute jeder Manager steckt, ist der Konflikt zwischen den kurzfristigen Zielen der Shareholder-Value-Fetischisten einerseits und den Anforderungen der Gesellschaft andererseits. Also den ethischen und sozialen Anforderungen, denen ein Manager verpflichtet ist.

Gab es die zu Ihrer Zeit nicht auch schon?

Doch, Mitte der 90er Jahre gab es eine regelrechte Shareholder-Value-Welle, anlässlich der sich jeder CEO entscheiden musste, wie viel Zeit er für die vielen Finanzanalysten und Finanzmedien aufwenden wollte. Damals hatte ich ein Interview mit einem Ihrer Kollegen von einem wichtigen Finanzmedium, der mir vorhielt, ich würde die Finanzanalysten nur zweimal im Jahr treffen, während dem meine Kollegen das viel häufiger machten. Ob ich denn den Aktionär nicht ernst nähme. Ich habe ihm geantwortet, dass ich meine Pflicht tue. Ich würde die Analysten zweimal im Jahr sehen und ihm hier ein Interview geben. Darüber hinaus sei ich aber der Meinung, dass es im Interesse der Aktionäre liege, wenn ich mehr Zeit auf mein eigentliches Geschäft verwende und die Aufgaben die Investor-Relations betreffend an meinen Finanzkollegen delegierte. Dieser könne das genauso gut erklären wie ich, die Geschäfte vermöge ich aber etwas besser zu führen als er. Das wiederum diene den Zahlen und dem Shareholder-Value und nenne sich langfristiger Erfolg. [...]

Klingt plausibel. Hat er das eingesehen?

Ich weiß es nicht. Kurzfristig besehen sind Meinungen wichtiger als Tatsachen – langfristig besehen sind Tatsachen wichtiger als Meinungen. Daran habe ich mich immer gehalten und versucht, dementsprechend meine Zeit einigermaßen gerecht aufzuteilen.

Man hat als erster Mann in einem Unternehmen natürlich Pflichten: Wir müssen uns in Verbänden bewegen, unsere Meinung äußern, unsere Standpunkte einbringen, selbstverständlich das Unternehmen transparent machen und all die Gruppen bedienen, die an uns als Unternehmen interessiert sind. Beschäftigen wir uns aber nur noch damit, haben wir einen echten Standortnachteil gegenüber Ländern wie China, in denen das alles nicht gemacht werden muss.

Die Chinesen kümmern sich vermutlich auch deutlich weniger um all die Nichtregierungsorganisationen (NROs), die Nestlé seit den 70er Jahren ins Visier genommen haben ...

... und die seither nahezu exponentiell zugenommen haben. Ich hatte es noch mit maximal 10 000 von diesen Organisationen zu tun, von denen ich mich mit vielleicht 300 befassen musste. Inzwischen gibt es gut 30 000 solcher Organisationen, die sich immer wieder etwas einfallen lassen. Aber es gibt ja verschiedene NROs, und manche sind auch nützlich. Was ich von den NROs verlange, ist, dass sie ihre Kritik offen auf dem Marktplatz anbringen, dass sie transparent sind, dass man ihre Finanzierung kennt und dass sie keine Gewalt anwenden. Alles Dinge, die man von uns auch verlangt.

Gerade hat sich wieder ein Tribunal aufgestellt und Nestlé den Public Eye Award verliehen – unter anderem für gewerkschafts- und arbeitnehmerfeindliche Politik in Kolumbien.

Wir können all das widerlegen. Aber es nimmt viel Zeit in Anspruch.

Als Sie 1981 in den Verwaltungsrat der Schweizer Nestlé delegiert wurden, war der berühmte Milchpulver-Skandal auf seinem Höhepunkt. Nestlé wurde vorgeworfen, Mütter in Afrika vom Stillen abgehalten zu haben, um sein Milchpulver zu verkaufen. Das wird auch nicht gerade gemütlich gewesen sein.

Losgegangen ist es, bevor ich nach Vevey kam, Mitte der 70er Jahre. »Nestlé tötet Babys!«, hieß es. Die Schweizer waren vollkommen schockiert und haben das als juristischen Fall behandelt. Ich habe darum gebeten, die Sache, was Deutschland betrifft, selbst regeln zu dürfen. Am nächsten Tag habe ich einen Brief an meine rund 13 000 Mitarbeiter geschrieben und Kontakt mit UNICEF und anderen Gruppen aufgenommen. Verglichen mit den angelsächsischen Ländern sind wir deshalb in Deutschland noch ganz glimpflich davongekommen.

Der Vorwurf hielt sich dennoch lange, zumindest schwebte er noch über dem Unternehmen, als Sie 1980 nach Vevey kamen.

Ich traf dort auf Menschen, die sich zu Unrecht beschuldigt fühlten und in ihre Wagenburg zurückgezogen hatten – was in einem solchen Fall das Falscheste ist, was Sie machen können.

Warum?

Wagenburg-Mentalität an den Tag zu legen bedeutet, die Wagenburg zu schließen, nach außen hin zu verteidigen und drinnen alle in der Überzeugung zu einen, dass »wir« keine Fehler machen. Das ist natürlich Unsinn. Erst muss man sehen, was wirklich los ist, wo es Probleme gibt, an denen man zwar vielleicht nicht schuld ist, die aber aufgrund der Situation in einem unterentwickelten Land so aussehen. Man muss sich fragen, ob man vielleicht doch Fehler gemacht hat und wo. Es gibt keine Firma, die fehlerfrei ist. Wir beschäftigen 250 000 Menschen – da wird immer mal etwas passieren.

Und was war Ihre Strategie?

Ich musste die Aktivisten, die den Vorwurf instrumental gegen die Multis benutzten, von denen trennen, die es gut meinten, die ehrlich besorgt waren und sich fragten: »Die töten Babys? Das kann doch nicht sein?! Was ist das denn für eine Firma?« Diese ehrlich Besorgten wollten wir durch Information überzeugen, und das ist uns in zähen Verfahren schließlich auch gelungen.

Warum haben Sie den Milchpulver-Verkauf nicht einfach eingestellt? Milchpulver in Afrika – das klingt nicht gerade nach dem großen Geschäft.

Es ging um 1,5 Prozent unseres Gesamtgeschäfts – das heißt, unsere jährliche Zuwachsrate war dreimal höher als der Umsatz mit der Säuglingsmilch. Aber das war nicht der Punkt; es ging ums Prinzip. Ich war überzeugt davon, dass das Produkt gebraucht wurde. Was wäre denn passiert, wenn wir die Säuglingsmilch nicht mehr geliefert hätten? Frauen, die nicht stillen konnten, hätten ihre Säuglinge wie zuvor mit dem stärkehaltigen Maniok ernährt – das ist, als würde man ihnen Kartoffeln zu essen geben. Ich war sicher, das Richtige zu tun, und hörte damit nicht auf, nur weil mich ein paar Aktivisten daran hindern wollten.

Haben Sie eine Erklärung dafür, warum Sie NROs mit dieser Haltung nie so recht überzeugen konnten? Und warum Nestlé bis heute einer der Lieblingsfeinde von Attac und anderen Gruppen geblieben ist?

Wir sind eine große und erfolgreiche Firma, wir sind der Prototyp des Multis, und wir haben Produkte, die jeder kennt. Da ist die Verführung schon groß, Nestlé immer wieder mal zu ärgern. Und dagegen helfen auch alle Versuche der Aufklärung nichts.

Aber, komplexe Welt, dem Geschäft scheinen die Angriffe auch nicht wirklich zu schaden?

Damals war ich mir sicher, dass uns diese Geschichte in Amerika, wo der Boykott am heißesten lief, geschadet hat. Aus der Bilanz am Jahresende ging aber nichts Derartiges hervor. Es sind genau diejenigen Produkte schlecht gelaufen, die sowieso schlecht liefen – und alle anderen Produkte sind gut gelaufen. Darauf kann man sich jedoch leider nicht verlassen: Wenn man nichts dagegen unternimmt, kann einen der Langzeit-Effekt doch noch treffen.

Wie setzt man in solchen Situationen die Prioritäten? Alle Kraft auf die Konfliktbewältigung?
Eine Zeit lang müssen Sie sich schon sehr stark damit befassen, aber dann lässt sich das schnell wieder in ruhigere Bahnen lenken. Das ist übrigens ein weiteres Problem des Manager-Jobs, dass man seine Prioritäten nie generell festlegen kann. Jeden Tag geschehen Ereignisse, die es erfordern, dass ich meine Prioritäten ändere, und dann muss ich wissen, wie sehr ich mich

selbst damit befasse, und was ich delegieren kann. Das ist ein wichtiger Teil des Jobs, bei dem die meisten Fehler gemacht werden. Manche halten das nicht aus: Wenn sie keine guten Nerven haben, nicht bei guter Gesundheit sind und sich über jeden und alles ärgern, brennen sie ziemlich rasch aus. Mut, Nerven und Gelassenheit habe ich immer als die wichtigsten Eigenschaften des Managers definiert. Ich kann nicht jeden Tag aufs Neue überrascht sein, wie schlecht die Menschheit ist.

Und wie viel seiner Kapazität sollte der Manager für den Dialog mit der Öffentlichkeit in normalen Zeiten aufwenden, also wenn nicht gerade Greenpeace am Kamin hochklettert?

Hinsichtlich der Transparenz und allem, was dazu gehört, würde ich 25 Prozent der Gesamtkapazität ansetzen. Die restlichen 75 Prozent werden natürlich nicht ‚nur' von der reinen Geschäftsführung eingenommen. Als Manager benötige ich Zeit für die Mitarbeiter, in jeder Form. Wenn ich außerdem ein Unternehmen wie Nestlé leite, das 500 Fabriken umfasst, dann muss ich auf der ganzen Welt herumreisen. Ich war viel unterwegs, habe mir die Fabriken angesehen, mit dem Management diskutiert, habe mir die Verkaufsstellen angesehen, die Produkte, die Werbung etc., aber keine Charts: Die kann man sich im Flugzeug ansehen.

Ich war an den Menschen interessiert, wollte möglichst auch mit den Leuten in der Fabrik in Kontakt treten und, wann immer es ging, einen Abend mit den wichtigsten Vertretern der Wirtschaft oder Leuten, die das Land kannten, verbringen. So habe ich nach zwei Tagen einen ganz guten Überblick gehabt.

Und wann denkt der meist redende oder reisende Topmanager über die große Strategie nach?

Das macht man eigentlich immer, da man dauernd durch Informationen dazu angeregt wird. Die Pflicht, sich zu informieren, gehört mit zur Komplexität dazu. Wenn Sie mit offenen Augen und Ohren durch die Welt ziehen, dann nehmen Sie Unmengen von Informationen auf. Die entscheidende Frage ist, ob und wie Sie das in kürzester Zeit verarbeiten. Mich hat man immer gefragt, ob ich wissenschaftlich oder intuitiv arbeite, doch weiß doch keiner so ganz genau, welche Rollen Hirn und Bauch spielen. Für mich bedeutet Intuition die kreative Verwertung von Information. Damit meine ich im Übrigen nicht nur Statistiken und Resultate der Marktforschung; Informationen gewinnt man auch, indem man mit Leuten spricht und sieht, wie sie leben.

Kann man die richtige Verdauung solcher Informationen lernen?

Ich glaube nein. Das ist ein Talent oder genetisch bedingt. Natürlich soll das nicht heißen, dass Ausbildung keine Rolle spielt, wichtiger aber scheint mir die Auswahl zu sein. Ich war sehr wissbegierig, neugierig aufs Leben. Aber ich hatte nie diese Form der Motivation, die man manchmal bei sehr wohl erzogenen Kindern aus gutem Hause beobachten kann, die ausschließlich von der Frage getrieben werden, wann sie den nächsten Knopf auf die Schulter bekommen ... Daran habe ich nie gedacht.

Es scheint, als seien Sie in Ihrer aktiven Zeit kaum weniger entspannt gewesen als heute als Pensionär.

Stimmt schon, von meiner Warte aus ist es wirklich nicht schwierig, ein derartiges Unternehmen zu führen.

Und warum tun sich dann viele damit offensichtlich schwer?

Ich habe keine Antwort auf diese Frage. Wenn ich mich ansehe, so stelle ich fest, dass ich auf keinem Gebiet ein Einstein bin, aber ich habe zufällig diejenigen 15 Eigenschaften, die man für so einen Job braucht. Es kann nicht sein, dass es unter 80 Millionen Deutschen nicht mindestens 500 gibt, die diese Kombination unterschiedlicher Qualitäten ebenfalls mit sich bringen. Vermutlich liegt es an der falschen Auswahl, keine Ahnung, mir ist das auch ein Rätsel.

Vielleicht sind andere Unternehmen einfach komplexer – Nestlé ist immer schön bei seinem Kerngebiet, Nahrungsmittel, geblieben.

Damit wären wir bei der zweiten Ebene, der Komplexität der Firma, wobei diese auch viel mit der Art zu tun hat, wie jemand seinen Job macht. Ich habe in Zeiten, in denen Diversifikation groß geschrieben wurde, keine Fahrradfabrik gekauft, deshalb musste ich sie auch nicht verkaufen, als das Kerngeschäft wieder Mode war. Ich war immer überzeugt, dass wir darin am erfolgreichsten sind, wovon wir etwas verstehen.

Trotzdem hat Nestlé in den 80er und 90er Jahren gewaltig expandiert.

Wir waren zu abhängig von Nescafé, zu stark auf Europa konzentriert und hatten in Restaurants und andere Geschäftsfelder investiert, bei denen wir nichts Besonderes zu bieten hatten. Also haben wir neue Produktfelder dazu genommen: Tierfutter, Wasser, Eiscreme, Schokoriegel usw. Und wir haben uns zunächst Amerika und dann viele andere Länder vorgenommen. Insgesamt haben wir damals Unternehmen für sechs Milliarden Schweizer Franken verkauft und für 35 Milliarden eingekauft.

Das klingt nun doch schon nach echtem Portfolio-Management, was gemeinhin als komplex gilt.

Nein, es handelt sich vielmehr um seine strategische Ausrichtung. Bei Akquisitionen in Amerika habe ich mir beispielsweise angesehen, welche Fehler die Europäer in Amerika gemacht haben und umgekehrt. Dann habe ich mir Mühe gegeben, die Amerikaner zu verstehen. Ich habe Amerikaner als Chefs eingesetzt, habe mit ihnen geredet und ihnen versprochen, dass ich dafür sorgen werde, dass unsere Stäbe nicht über sie herfallen. Ich habe ihnen versichert, dass wir ihrer Tüchtigkeit vertrauen, weil sie selber wissen, was sie wollen, und wir von ihnen noch etwas lernen können.

[...]

Zu den Besonderheiten Ihres Managements gehörte auch, dass Sie bei Krisen etwa in Russland oder Asien immer im Land geblieben sind.

Das ist der Unterschied zwischen kurzfristigem und langfristigem Denken. Die Amerikaner ziehen sich zurück, wenn die erste Drei-Monats-Bilanz nicht stimmt – dabei wird es nie wieder so günstig, das Geschäft zu etablieren, wie in Krisenzeiten. Das hat zwei Vorteile: Du kannst zu günstigen Preisen zukaufen, und die Leute in der Krisenregion schätzen dich, weil Du nicht weggegangen bist.

Das klingt alles so schlicht – und wird doch so selten gemacht.

Das liegt daran, dass die Manager oft kurzfristig denken und Angst vor der nächsten Bilanz haben.

Vielleicht fehlt ihnen auch diese eine der von Ihnen genannten 15 Eigenschaften, die man braucht, [um] eine komplexe Welt zu verstehen. Denn dass das Umfeld immer komplexer geworden ist, sagen Sie selbst. Und wenn wir zu den NROs auch noch die ganzen technischen Entwicklungen nehmen, kann es doch leicht unüberschaubar werden.

Sie haben Recht, die technische Entwicklung ist so, dass die Menschen sie nicht mehr verstehen und deshalb verunsichert sind. Überall, so meinen sie, lauern Gefahren, die sie nicht greifen können. Da wäre Aufklärung nötig, aber wer soll sie leisten? Unternehmen vermögen dies nur begrenzt zu tun, weil sie interessengebunden operieren. Da würde es gleich heißen: Die reden nur über ihr Geschäft.

Bei der Gentechnik haben Sie es trotzdem versucht ...

... und bin nach dem »Stern«-Interview vor neun Jahren von den eigenen Leuten verprügelt worden. Ich habe gesagt, der Prozess ist irreversibel, in Deutschland wird es nur zehn Jahre länger dauern als anderswo. Und langsam bröckelt die Front, weil man einfach nichts Nachteiliges über Gentechnik finden kann.

Was Ihre Gegner in den NROs anders sehen.

Tatsache ist, dass zwar 70 Prozent der Deutschen dagegen sind, aber 99 Prozent der Wissenschaftler dafür. Was allerdings kontraproduktiv war, war damals das Verhalten von Monsanto, die glaubten, das Problem mit amerikanischen PR-Methoden lösen zu können.

Und Nestlé?

Uns ist es im Prinzip egal, ob Gentechnik kommt oder nicht, denn wir verkaufen an die Konsumenten, was sie von uns wollen. Aber wir dürfen uns nicht damit abfinden, dass 800 Millionen Menschen hungern und wir kaum ein Prozent der Pflanzen für die Ernährung von Menschen nutzen. Mithilfe der Gentechnik könnten wir den Wasserverbrauch um die Hälfte reduzieren. Wir produzieren immer noch viel zu viel Nahrung, die den Umweg über das Tier macht. Für die Lösung dieser Probleme setze ich mich ein; mit Nestlé hat das nichts zu tun.

Haben Sie sich eigentlich jemals überfordert gefühlt?

Nein, nie.

In diesem ganzen langen Managerleben nicht?

Ich weiß, das glaubt mir keiner, aber es ist so. Allerdings habe ich auch nie eine wirkliche Katastrophe erlebt. Das hätte mich natürlich bedrückt, wenn ich einen Laden gegen die Wand gefahren hätte. Glücklicherweise ist mir das aber nie passiert.

Vielleicht ist das eines Ihrer 15 Talente, Krisen nicht gleich als Katastrophe zu sehen: Tatsächlich ging es Nestlé während Ihrer Zeit nicht immer gut, es gab auch Rückschläge, schwierige Situationen.

Als ich mit 35 Jahren Findus übernommen habe, schrieben wir 24 Millionen Mark Verlust. Da habe ich zwei Jahre lang Tag und Nacht gearbeitet, sämtliche Schubladen aufgemacht, am Montagmorgen alle Lager abtelefoniert, bis ich wieder ein System in der Organisation aufgebaut hatte. Sicherlich, das muss man aushalten – und das habe ich getan.

Ob der Umgang mit Komplexität auch damit zu tun hat, wie man die Dinge sieht?

Ja, ganz sicher. Wenn ich mir das heute so ansehe, habe ich oft das Gefühl, dass alles immer und immer wieder analysiert wird. Ich habe mich darin wohl etwas unschuldiger bewegt. Natürlich ist ein Unternehmen wie Nestlé komplex. Ich habe mir aber früh mit dem folgenden Spruch zu helfen gewusst:

»System befreit, Bürokratie behindert.«

Sie sind seit 52 Jahren verheiratet. Was ist die komplexere Aufgabe – eine so lange Ehe oder Nestlé gut zu führen?

Oh, was für eine schwierige Frage! Also ... Ehemann zu sein ist entweder ganz einfach und schön, oder es geht schief.

Ist das beim CEO anders?

Nein; nur dass eine Ehe viel intimer und persönlicher ist.

Quelle: Fischer, Gabriele: »Ich habe keine Sehnsucht nach einfachen Lösungen. Aber ich sehe viele Dinge einfacher.«, in: *brand eins*, Ausgabe 01/2006.

Unternehmensführung in einer globalen Wirtschaft – Gedanken über zukünftige Führungsbedingungen und notwendige Führungseigenschaften

Der folgende Vortrag handelt von der Schwierigkeit der Unternehmensführung, besonders in Zeiten zunehmender Globalisierung. Es werden zentrale Eigenschaften genannt, die Führungskräfte unter diesen verschärften Bedingungen haben sollten, um erfolgreich zu sein. Maucher geht zudem auf unternehmenspolitische Grundsätze ein, wie beispielsweise die soziale Verantwortung, die Organisationspolitik und die Personalpolitik eines Unternehmens. Er behandelt die Frage, was ein Unternehmen global und was lokal machen sollte, und schließt seine Rede mit Anmerkungen bezüglich Marketingstrategien und der Kommunikationspolitik eines Unternehmens.

Ich thematisiere heute also nicht die Unternehmensführung im Allgemeinen, sondern was sich an ihr verändert, und welches die zukünftigen Schwerpunkte in der Unternehmensführung im Hinblick auf die Globalisierung sein werden.

Zukünftige Veränderungen oder neue Schwerpunkte ergeben sich aber nicht nur durch die Globalisierung, sondern auch durch andere Veränderungen, die teilweise mit der Globalisierung zusammenhängen und teils durch diese verstärkt werden.

Ich erwähne in diesem Zusammenhang die folgenden Punkte stichwortartig:

- Zunehmende Mobilität von Menschen, Kapital und Ideen und Meinungen.
- Beschleunigte Zunahme des Wissens (Verdoppelung alle drei oder fünf Jahre) sowie des technologischen Fortschritts und dessen internationale Verbreitung.
- Zunahme des Freihandels (WTO und Marktwirtschaft bzw. marktwirtschaftliche Elemente).
- Verstärkte internationale Zusammenarbeit (G8 bis G15) trotz vieler weiterhin bestehender Probleme, gegensätzlicher Interessen und trotz des Fortbestehens von regionalen Konflikten.
  (Mit dem Terrorismus werden wir noch lange Zeit leben müssen.)
- Fragen der Integration von Ausländern und die zukünftige Migration.
- Entstehung oder Verstärkung von regionalen Wirtschaftsräumen (EU, Mercusor, Asien usw.)

- Demographische Entwicklungen.
- Verschiebung der Bedeutung einzelner Länder und Regionen hinsichtlich der Bevölkerung, des Sozialprodukts und der politischen Bedeutung (China, Indien, Asien generell, Russland, Brasilien, Mexiko, USA, Afrika).
- Fragen des Klimaschutzes und andere ökologische Fragen.
- Drohende Knappheiten auf der Welt (Energie, Wasser, Getreide).
- Zunahme der kritischen und aufgeklärten Verbraucher und Bürger – und in diesem Zusammenhang auch die Forderung nach mehr Demokratie sowie die zunehmend zentrale Rolle der Medien.
- Zunahme der Bedeutung von Kapitalmärkten, der Finanzwelt, von Investor Relations usw.

Aus all diesen Veränderungen ergeben sich zum einen Anforderungen und Wünsche an die allgemeine Regierungs- und Wirtschaftspolitik, also an die Rahmenrichtlinien, und zum anderen Anforderungen an die Unternehmenspolitik.

Auch wenn es heute nicht direkt zu meinem Thema gehört, so möchte ich doch gerade in diesem Kreis einiges zu den Rahmenbedingungen sagen.

Ganz allgemein gesprochen müssen wir wieder vermehrt auf eine wirklich soziale Marktwirtschaft zurückkommen, die diesen Namen auch verdient.

Ich erinnere in diesem Zusammenhang an die Ursprünge: die Freiburger Schule, den Ordoliberalismus und auch an Erhard.

Wir alle wissen, dass diese soziale Marktwirtschaft heute zum Teil denaturiert ist aufgrund von bürokratischer Gängelung und aufgrund der Ausweitung des sozialen Netzes in eine soziale Hängematte. Wir wissen, dass es zu viele Hemmnisse und Erschwerungen gibt, wirtschaftlich sinnvolle Dinge durchzusetzen. (Erinnerung an Autobahn Lindau-München, Ausbau der Flughäfen und Ähnliches).

Wir brauchen ferner eine ausgewogene Politik in der Abwägung zwischen Ökonomie und Ökologie. Manches mag ökologisch sinnvoll sein; wenn wir aber diese gewissen Dinge nur in Deutschland machen, werden wir dadurch an Wettbewerbsfähigkeit gegenüber den anderen europäischen Ländern ebenso wie im globalen Wettbewerb verlieren.

Zurzeit ist der Klimaschutz das Thema Nr. 1 und wird aus meiner Sicht – bei aller Notwendigkeit, in dieser Richtung etwas zu tun – zu einseitig in den Vordergrund gestellt.

Wir wissen aber, dass manche Dinge auch in der wissenschaftlichen Diskussion umstritten sind. Es ist beispielsweise fast nicht zu begreifen, dass mit der jetzigen Koalition eine verlängerte Nutzung der Atomenergie nicht zu machen ist.

Die Einseitigkeit der Diskussion betreffend möchte ich nur erwähnen, dass andere Dinge zurzeit in der Diskussion vernachlässigt werden, die in Zukunft eine dramatische Bedeutung erhalten werden. Ich erinnere nur an die drei wichtigsten künftigen Ressourcen-Knappheiten, nämlich Wasser, Energie und Getreide.

Einige Worte zum Thema Arbeitsrecht

Was wir bei den vielen bestehenden Einzelbestimmungen sicherlich brauchen, ist ein passendes Arbeitsrecht. In diesem Zusammenhang müssen wir auf mehr Flexibilität drängen, auf flexiblere Altersgrenzen, auf gewisse Modifikationen beim Mitbestimmungsrecht und im Betriebsverfassungsgesetz. Mit der Europa AG sind hier erste Auflockerungen geschaffen worden.

Darüber hinaus sollte auch die Jahresarbeitszeit erhöht werden. Bei den Arbeitskosten haben wir zwar Fortschritte erzielt, aber sie sind immer noch zu hoch.

Wir brauchen schließlich eine Einwanderungspolitik, die sich mehr an unseren Interessen und weniger an sozialen Gesichtspunkten orientiert.

Auch in der Steuerpolitik machen wir Fortschritte, benötigen aber weitere Maßnahmen in Richtung stärkere Besteuerung des Verbrauchs und weniger hohe Besteuerung von Leistung und Vermögen; abgesehen davon, dass der Staatseinfluss, und damit die Staatsquote, reduziert werden muss, also eine Senkung der gesamten Steuerlast notwendig ist. Die Verschuldung steigt immer noch; die Arbeitslosenzahlen sinken, sind aber immer noch zu hoch.

Industriepolitisch hat Ministerpräsident Koch eine wichtige Debatte angestoßen, nämlich inwieweit wir überlegen müssen, wie wir mit Investitionen und Übernahmen von ausländischen Unternehmen umgehen, die in staatlicher Hand sind und über das rein wirtschaftliche hinaus strategische Bedeutung haben.

Viele, die sich kritisch geäußert haben, sind entweder zu fundamental festgelegt oder haben Herrn Koch nicht genau gelesen.

Abschließend möchte ich darauf hinweisen, dass diese notwendigen Veränderungen von Rahmenbedingungen im Zuge der zunehmenden Globalisierung erhöhte Bedeutung für unsere Wettbewerbskraft erlangen und unter diesem Gesichtspunkt diskutiert werden müssen.

Ein paar Worte noch zu den europäischen und internationalen Rahmenbedingungen

In der EU haben wir wieder mäßige Fortschritte gemacht, zumindest wurde der Stillstand vermieden. Was die internationale Bedeutung und unsere Wettbewerbsfähigkeit betrifft, so ist es neben allem anderen besonders wichtig, dass wir vermehrt mit einer einheitlichen Stimme sprechen, dass wir Mehrheitsentscheidungen ausweiten und dass niemandem Blockademöglichkeiten geboten werden. Des Weiteren muss die europäische Bürokratie abgebaut und dem Subsidiaritätsprinzip wieder mehr Beachtung geschenkt werden.

Die zunehmende Globalisierung wird weltweit eine Stärkung der internationalen Gemeinsamkeiten erfordern in Richtung G8 oder vielleicht einmal G15. Die UNO muss gewisse Aufgaben wahrnehmen, damit zum Beispiel das, was wir ursprünglich einmal in unserem Land als Ordoliberalismus etabliert haben, internationale Geltung erlangt.

Dieses Thema betreffend möchte ich abschließend auf etwas hinweisen, was zwar sehr schwierig ist, aber in seiner Bedeutung nicht unterschätzt werden darf. Ich spreche hier von den notwendigen mentalen Änderungen. Viele Änderungen im Bewusstsein der Bevölkerung können wir Gott sei Dank feststellen, aber wir sind noch lange nicht da, wo wir sein sollten. Solange die Gewerkschaften Streiks organisieren, wenn die wöchentliche Arbeitszeit von 35 auf 38 Stunden erhöht werden soll, und außerdem gegen jegliche Modifikation in Fragen der Betriebsverfassung und des Mitbestimmungsgesetzes sind (was bekanntlich weltweit einmalig ist) und Ähnliches, sind wir noch nicht da, wo wir sein sollten. Was wir brauchen, ist eine neue Ausgewogenheit zwischen den notwendigen gebietsübergreifenden Planungen und Entscheidungen einerseits und den möglichen Einsprüchen einzelner andererseits. Wir werden auch in der Grünen Gentechnik irgendwann einmal unsere irrationale Haltung, die sich wider alle wissenschaftlichen Erkenntnisse hält, aufgeben müssen.

Generell müsste unsere Anspruchsmentalität wieder durch eine Haltung ergänzt werden, bei der Pflichtbewusstsein und Verantwortungsgefühl an oberster Stelle stehen.

Position für Europa und Deutschland: das tatsächliche »Reich der Mitte«

Damit komme ich jetzt zu den unternehmenspolitischen Fragen im Rahmen der zunehmenden Globalisierung und anderen erwähnten Veränderungen. Generell möchte ich dazu sagen, dass bezüglich der notwendigen Führungseigenschaften der Topleute Fragen der Persönlichkeit und des Charakters eine zunehmende Bedeutung erlangen im Vergleich zur Ausbildung und zu den professionellen Kenntnissen und Erfahrungen.

Einige davon möchte ich in Zusammenhang mit der Globalisierung und den Veränderungen auf der Welt speziell erwähnen.

Ganz sicher werden Mut, Nerven und Gelassenheit vermehrt erforderlich sein; ebenso Lernfähigkeit, Sensibilität für Neues und ein Vorstellungsvermögen für die Zukunft. Schließlich auch die Bereitschaft zur ständigen Veränderung, die Fähigkeit, den Wechsel zu managen, sowie die Bereitschaft, sich internationale Erfahrung oder wenigstens ein internationales Verständnis für andere Länder und Kulturen anzueignen.

Speziell möchte ich auf die Glaubwürdigkeit als die meines Erachtens vielleicht wichtigste Führungseigenschaft der Zukunft hinweisen. Dies im Hinblick auf den heutigen teilweise eigenartigen Umgang mit der Wahrheit sowie auch im Hinblick auf die Bedeutung der Glaubwürdigkeit für langfristige Vertrauensbildung innerhalb und außerhalb des Unternehmens.

Im Übrigen sage ich immer: »*Wer nicht sensibel ist, kann nicht führen, wer nur sensibel ist, auch nicht.*«

Ganz besonders liegt mir ein Wunsch am Herzen, nämlich, dass die Unternehmer wieder vermehrt und deutlicher zu allen gesellschaftlichen, politischen und wirtschaftlichen Fragen Stellung nehmen. Wir können die Debatte nicht nur allen anderen gesellschaftlichen Gruppen überlassen.

Einige unserer politischen Gegner, oder vielleicht sollte ich in dieser Versammlung sagen, meiner politischen Gegner, scheinen es nicht mehr gewohnt zu sein, dass die Unternehmer deutlich Ihre Stimme erheben.

Wo bleibt hier der von mir geforderte Mut der Unternehmer? (Jeder hat eine Wirbelsäule, aber nur wenige ein Rückgrat).

Angesichts der Globalisierung und der zunehmenden Anzahl internationaler Unternehmen aus allen Teilen der Welt müssen wir uns auch fragen, welche Priorität unsere Unternehmensführer setzen. Leider sind unsere Unternehmenschefs heute gezwungen, sich mehr und mehr mit Dingen zu befassen, die nicht zur eigentlichen Geschäftsführung gehören.

Die Investor Relations und alle damit zusammenhängenden Fragen nehmen immer mehr Zeit in Anspruch. Dazu kommen Fragen der Corporate Governance sowie die Befassung mit sehr vielen kritischen Fragen – berechtigten oder unberechtigten –, die durch die gegenwärtige Medienintensität oder durch die Tatsache entstehen, dass wir heute über 30 000 NGOs haben. Dies ist sicherlich ein Wettbewerbsnachteil gegenüber Unternehmen aus Schwellenländern oder anderen Teilen der Welt, die sich mit diesen Fragen nicht mit der gleichen Intensität befassen müssen.

Lassen Sie mich nun einige unternehmenspolitische Grundsätze erwähnen, die ich seinerzeit für Nestlé formuliert habe, und die heute bei zunehmender Globalisierung, zunehmender Bedeutung von Computern und Technokratie sowie dem ständig steigenden Druck zu mehr Kurzfristigkeit – sei es durch die Financial Pressures und Analysten, sei es durch den Wettbewerb – eine zunehmende Bedeutung erlangen. Diese Grundsätze sind

a) Wir orientieren uns eher an Menschen und Produkten als an Systemen
b) Langfristigkeit in Denken und Handeln
c) Dezentralisierung: Im Zweifel bin ich mehr für eine Dezentralisierung als für eine Zentralisierung.

In diesem Zusammenhang auch ein Wort zu der heute so viel diskutierten sozialen Verantwortung.

Die wichtigste soziale und ethische Verantwortung der Unternehmer ist es, langfristig am Markt und im Wettbewerb erfolgreich zu sein und damit den Ertrag des Unternehmens nachhaltig zu sichern. Damit wird ein wichtiger Beitrag zum Wohlstand und zum Gedeihen der Wirtschaft geleistet, wovon letztlich alle profitieren. Ein gutes Unternehmen zahlt damit die für die Gemeinschaftsaufgaben notwendigen Steuern und schließlich werden über eine erfolgreiche Unternehmensführung auch die Arbeitsplätze gesichert, erhalten und vermehrt. Diese grundlegenden Aufgaben eines Unternehmens sind deshalb seine wichtigste soziale und ethische Verantwortung.

Im Übrigen befinden sich heute die Unternehmen in einem echten Dilemma: einerseits spüren sie den zunehmenden Druck der Financial Pressures sowie der Erfordernis nach kurzfristiger Gewinnmaximierung, und andererseits versuchen sie den zunehmenden Anforderungen, der sozialen Verantwortung und den Pflichten gerecht zu werden.

Überhaupt hat man als Unternehmensführer oft zwei polare Dinge zu berücksichtigen, die beide ihre Bedeutung haben. Ich erwähne die folgenden:

1. Langfristige und kurzfristige Aspekte
2. Zentralisierung versus Dezentralisierung
3. Marketing versus Controlling (Spending or Saving)
4. Vielfalt (Diversifikation) versus Focusing
5. Die Notwendigkeit von Regelungen und Vorschriften versus die Gewährung von individuellem Spielraum
6. Leistung und Wettbewerbsorientierung (besonders in der Personal- und Gehaltspolitik) versus soziale Verantwortung und sozialer Schutz
7. nationale und kulturelle Identität des Unternehmens versus internationale Ansprüche und weltweite Aktivitäten

Eine optimale Balance zwischen diesen Gesichtspunkten zu erreichen, ist einer der wichtigsten Erfolgsfaktoren für ein Unternehmen. Es gilt, sie bei allen Entscheidungen, vor allen den strategischen, im Auge zu behalten.

Nun einige Fragen zur Organisationspolitik in einem global agierenden Unternehmen

Die Bedeutung von Speed nimmt stetig zu, was in der heutigen Komplexität und auch im Hinblick auf die Mentalität großer Organisationen Schwierigkeiten mit sich bringt. Es ist entscheidend, eine richtige Balance zwischen Entscheidungskraft und Führungsfähigkeit einerseits und einer gründlichen Diskussion in Komitees und den involvierten Personen andererseits zu finden.

Mein Leitspruch ist der folgende:

»More pepper, less paper«.

Ferner bevorzuge ich, was sich in der Praxis immer wieder bewährt hat: Ein Team mit Spitze ist einem Team als Spitze vorzuziehen.

Wichtig ist es außerdem, die Organisationsstruktur den jeweiligen Gegebenheiten und Größenordnungen anzupassen. Die Leitfrage muss lauten: »Was muss global gemacht werden, was lokal?« (»Global strategy, local action«, wie auch »local commitment«).

Zentral ist auch die Frage, ob man ein Unternehmen nach Regionen, nach Produktdivisionen oder Funktionen organisiert. Diese Frage hängt von der Struktur des Unternehmens ab und davon, ob die einzelnen Produktdivisionen sehr heterogen oder stärker zusammenhängend sind. Outsourcing ist oft sinnvoll, aber ich warne vor Übertreibung.

Hierher gehört auch die Frage nach einer Good Corporate Governance. Nur so viel hierzu: Wichtig sind selbstverständlich eine klare Aufgabenteilung, weniger Regeln und die richtige Auswahl der entsprechenden Verantwortlichen in Vorstand und Aufsichtsrat. Die Generalversammlung hat wichtige Aufgaben wahrzunehmen, doch sollte die Basisdemokratie reduziert werden, um dem Missbrauch durch einzelne Aktionäre vorzubeugen.

Für den Aufsichtsrat ist wichtig, dass er dem Vorstand gegenüber Langfristigkeit stärker betont, da dieser durch die täglichen Pressures manchmal eher zur Kurzfristigkeit neigt.

Weitere unternehmenspolitische Fragen bei zunehmender Globalisierung

a) Personalpolitik

Bezüglich der personalpolitischen Grundsätze möchte ich im Rahmen meines Themas nur die folgenden stichwortartigen Bemerkungen machen:

- Selektion ist wichtiger als Ausbildung. Checklisten der Personalabteilung für die Selektion sind nützlich. Darüber hinaus rate ich aber immer: »Look more in the eyes than in the files«.
- Von Bedeutung sind sowohl ein professionelles International Management Development als auch die Abwägung zwischen dem notwendigen Rotationsprinzip und der Kontinuität auf einzelnen Posten.

Globalisierung und verschärfter Wettbewerb bedeutet für die, die wirklich etwas leisten, mehr Belohnung, und für die, die in ihrer Performance unterentwickelt sind, eine größere Bestrafung.

Internationalisierung ist generell ein Prozess, der das ganze Unternehmen erfassen muss. Dabei braucht man auf seine ursprüngliche Herkunft, seine Traditionen und gewisse Elemente einer Unternehmenskultur nicht zu verzichten. Die Balance zwischen diesen beiden Punkten macht einen wichtigen Erfolgsfaktor aus. Die Unternehmenskultur muss in einem globalen Zusammenhang so beschaffen sein, dass sie in allen Regionen der Welt angewendet werden kann, ohne lokale Traditionen und Mentalitäten zu verletzen. Sie muss aber andererseits spezifisch genug sein, um nicht unverbindlich zu werden, sodass man beispielsweise die Unternehmenskulturen bei Siemens, Shell, Unilever und Nestlé nicht mehr voneinander zu unterscheiden vermag.

b) Zur Frage, was global und was lokal gemacht werden soll

Mit der Globalisierung entstehen neue Fragen bezüglich des Standorts der Produktion.

Es besteht generell eine Tendenz, die Produktion an diejenigen Orte zu verlagern, an denen am günstigsten produziert werden kann. Hier ist Vorsicht geboten, da nicht Personalkosten allein den Maßstab bilden, sondern auch die Qualität des Personals, die Qualität des Standorts (Infrastruktur, Rechtssicherheit usw.) eine Rolle spielen. Außerdem verändern sich gewisse Standorte mit zunehmender wirtschaftlicher Entwicklung (siehe Japan vor 20 Jahren).

Teillösungen (Outsourcing usw.) können sinnvoll sein, wenn der ursprüngliche Standort für die Erledigung der Kernaufgaben beibehalten wird. Diese schaffen dank der Auslagerung und des zusätzlichen wirtschaftlichen Erfolgs ebenfalls zusätzliche Arbeitsplätze.

c) Marketingpolitische Fragen und Kommunikationspolitik

Zum Marketing nur so viel: Marketing ist eher eine konsum- sowie kundenorientierte Haltung und weniger die Anwendung bestimmter Marketingtechniken. Für mich gilt trotz des immer wieder intellektuellen Marketinggeredes das Folgende:

Back to the basics: Es gilt ein gutes marktgerechtes Produkt zu entwickeln, dafür zu werben und es zu verkaufen.

Trotz aller Strategien bleibt der Aspekt des Verkaufens wichtig, was heute von sogenannten Marketingexperten manchmal vernachlässigt wird.

Marketing darf im Übrigen nicht nur an eine Abteilung delegiert werden, sondern muss die Grundhaltung des gesamten Unternehmens erfassen.

Irgendwo las ich einmal den folgenden Satz: »Die Verkaufsabteilung ist nicht die ganze Firma, aber die ganze Firma sollte eine Verkaufsabteilung sein«.

Im internationalen Konzert müssen Strategien gegenüber ebenfalls international tätigen Wettbewerbern neu durchdacht werden. Es sind dies vielfach Oligopole oder Teiloligopole. Zukünftig wird man mehr Mitbewerber aus den jetzigen Entwicklungsländern haben, was sich bereits heute anhand der Aktivitäten japanischer, chinesischer oder indischer Firmen abzeichnet.

Im Übrigen ist wohl jedem klar, dass die Innovationskraft eines Unternehmens und die Forschung eine große Rolle spielen für die nachhaltige internationale Wettbewerbsfähigkeit.

Die heutige Welt, so wie sie sich mit ihrer Medienintensität, ihren vielen gesellschaftlichen Gruppen und der zunehmenden internationalen Kommunikation präsentiert, erfordert natürlich eine professionelle PR- und Kommunikationsabteilung. Im Übrigen muss der Chef der wichtigste Kommunikator bleiben, weil jede Botschaft, die von ihm kommt, eine größere Aufmerksamkeit erzielt. Zu einer professionellen Corporate Affairs- und PR-Abteilung gehören heute auch die ständige Beobachtung von Issues, die das Unternehmen in irgendeiner Form berühren, und das Management dieser Issues.

Von zentraler Bedeutung ist heute ein sogenanntes Prewarning-System, damit man nicht immer wieder von irgendwelchen Informationen überrascht wird.

Meine Damen und Herren, ich schließe nun meine Ausführungen mit den beiden folgenden Bemerkungen:

1) Trotz aller technologischen Entwicklungen, der berühmten Prozessorientierung und der Computerisierung unserer Welt und unserer Unternehmen sollte man Folgendes nicht vergessen:

»Be close to your people, be close to your customers and be close to your products«.

Wenn man dies richtig macht, kann man schon nicht mehr alles falsch machen.

2) Angst ist bekanntlich ein typisch deutsches Wort; und das Wort Bedenkenträger haben auch wir erfunden. In diesem Zusammenhang möchte ich an den Erbauer der amerikanischen Eisenbahnen, Edward Harriman, erinnern, der schon vor 200 Jahren gesagt hat:

»Es ist nie gut, mit den Augen der Furcht in die Zukunft zu schauen«.

Quelle: Maucher, Helmut: »Unternehmensführung in einer globalen Wirtschaft – Gedanken über zukünftige Führungsbedingungen und notwendige Führungseigenschaften«, Vortrag bei der Frankfurter Gesellschaft für Handel, Industrie und Wissenschaft im September 2007.

Personal- und Führungspolitik

Herausforderungen an die zukünftige Unternehmensführung

Helmut Maucher spricht in diesem Artikel aus seiner Erfahrung über Führungseigenschaften, die wichtig sind. Er behandelt zukünftige Trends, welche die Globalisierung hervorbringt, geht dann auf die Anforderungen an die Unternehmensführung ein, die zukünftig noch wichtiger sein werden. Auch thematisiert er in diesem Vortrag die Personal-, Organisations- und Kommunikationspolitik eines Unternehmens. Abschließend betont er die ethische und soziale Verantwortung eines Unternehmens.

Lieber Herr Professor Wieselhuber,
meine sehr verehrten Damen, meine Herren,

Konfuzius hat bei der Beschreibung seines Lebens gesagt: »Mit sechzig kann ich die Wünsche meines Herzens erfüllen, ohne das Maß zu überschreiten.«

Da wir alle zumindest 20 Jahre älter werden, trifft dies für Herrn Professor Wieselhuber noch nicht zu, ich wünsche ihm aber zu seinem 60. Geburtstag, dass er weiterhin seine Dynamik und Schaffenskraft behält – natürlich ohne das Maß zu überschreiten.

Meine Damen und Herren, ehe ich über die zukünftigen Anforderungen an die Unternehmer etwas sage, möchte ich zunächst über einige Anforderungen an die Unternehmensführung sprechen, die immer gelten.

Zunächst eine Binsenweisheit: Für den Erfolg des Unternehmens ist die Qualität des Managements von entscheidender Bedeutung, weil es letztlich das Management ist, das Impulse sendet und Entscheidungen über alle weiteren strategischen, personalpolitischen und anderen Maßnahmen fällt, die zum Erfolg eines Unternehmens führen.

Aus meiner Erfahrung haben sich folgende Qualifikationen bzw. Führungseigenschaften herausgebildet, die ich neben Ausbildung und beruflicher Erfahrung für wichtig halte:

1) Mut, Nerven und Gelassenheit
2) Lernfähigkeit, Sensibilität für Neues, Vorstellungsvermögen für die Zukunft oder, wie man heute sagt, Vision
3) Kommunikations- und Motivationsfähigkeit nach innen und nach außen
4) Fähigkeit zur Schaffung eines innovativen Klimas (Bedeutung von Innovationen)
5) Denken in Zusammenhängen (trotz bzw. gegen zu viel Spezialisierung).
6) Glaubwürdigkeit (sehr wichtig!)
7) Entscheidungsfreude verbunden mit Verantwortungsbewusstsein
8) Bereitschaft zur ständigen Veränderung und die Fähigkeit, den Wechsel zu managen
9) internationale Erfahrung und Verständnis für andere Kulturen (im Zusammenhang mit unserem Thema besonders wichtig)

Und schließlich auch:

10) Bescheidenheit (besonders wichtig bei der teilweise vorhandenen Maßlosigkeit, auch wenn es sich dabei meist um Einzelfälle handelt, die in den Medien übertrieben dargestellt werden). Aber: Bescheidenheit mit Stil.
11) Ferner sollte kein Beitrag geleistet werden zur Verwilderung der Sitten. Dieser Punkt ist heute umso wichtiger, da andere Institutionen in dieser Richtung versagen. (Siehe Auftritt und Benehmen gewisser Leute, von denen man es anders erwarten würde.)

Außerdem sind Mut und die Kraft, Entscheidungen zu fällen, trotz aller Komitees und Analysen weiterhin zentral. Meine Definition von Komitee lässt sich wie folgt ausdrücken:

»A group of men who keep minutes and waste hours.«

Ich meine auch den Mut, in der Öffentlichkeit zu bestimmten Fragen Stellung zu nehmen, was leider zu wenige tun. Wenn wir das vernachlässigen, überlassen wir die Diskussion zu sehr unseren Opponenten und bestimmten Medien. Zum Thema Mut gehört daher auch das nötige Rückgrat. Nicht umsonst sagt man ja:

»Männer haben alle eine Wirbelsäule, aber nur wenige ein Rückgrat.«

Es stellt sich zudem oft die Frage, was mehr gefordert ist, Intuition oder analytisch-wissenschaftliche Unternehmensführung. (Ich meine, dass beide Eigenschaften notwendig sind; Intuition ist für mich eine kreative Verwertung von Informationen).

Zum Abschluss dieser eher generellen Anforderungen möchte ich hier einen meiner Aphorismen nennen:

»Wer nicht sensibel ist, kann nicht führen, wer nur sensibel ist auch nicht.«

Im Folgenden gehe ich auf einige Anforderungen an die Unternehmensführung ein, die neu sind oder künftig eine größere Bedeutung haben werden.

Hierzu müssen wir uns zunächst die Frage stellen, was sich heute oder in Zukunft ändern wird? Dazu nur stichwortartig die folgende Liste:

- Es ist eine noch stärkere Globalisierung, Internationalisierung sowie Zunahme des Freihandels zu erwarten – und insbesondere auch die Globalisierung der Finanzwelt.
- Die Welt wird vollständig von der Computerisierung plus Internet usw. erfasst werden.
- Es findet eine demographische Entwicklung statt: einmal in Richtung zunehmender Alterung in der Bevölkerung, zum anderen in Richtung Verschiebung der Anteile der Weltbevölkerung in andere Regionen (besonders nach Asien) sowie in Richtung fortschreitender Zunahme der Weltbevölkerung.
- Zu erwarten sind geopolitische Veränderungen durch die zunehmende Bedeutung anderer Regionen außerhalb von Amerika (also China, Russland, Indien, Brasilien usw.), wobei sich hier die Frage stellt, welche Bedeutung Europa künftig haben und welche Rolle es spielen wird.

Im Zusammenhang mit diesen geopolitischen Änderungen marschieren wir ja von G7 in Richtung G20, womit hoffentlich eine Verbesserung der weltweiten Zusammenarbeit einhergehen wird.

- Wir erfahren seit längerer Zeit – und so ist es auch künftig zu erwarten – einen Weltfrieden insbesondere zwischen den Großmächten, wie es ihn noch nie gegeben hat, wenngleich lokale Kriege und Terrorismus nach wie vor vorhanden sind.
- Wir beobachten gewisse gesellschaftliche Entwicklungen im Großen und Ganzen mit der Tendenz zu mehr Demokratie – auch außerhalb der Vereinigten Staaten, Japans und Europas.
- Trotz lokaler oder einzelner Rückschläge bewegen wir uns doch eher in

Richtung von marktwirtschaftlichen Systemen. Diese sind verbunden mit einem Ordo-Liberalismus, wie er in unseren Breitengraden definiert worden ist.

- Wir bewegen uns trotz der derzeitigen Krise hin zu mehr sozialer und ökologischer Verantwortung einschließlich der Fragen des Klimaschutzes.
- Zu diesem Fragenkomplex gehört auch der zunehmende Mangel an Wasser sowie die wachsende Diskrepanz zwischen Angebot und Nachfrage bei Agrarprodukten.
- Im Rahmen des weiteren Wachstums der Weltbevölkerung und der Zunahme des Wohlstands ergibt sich auch die Frage, wie der zunehmende Energiebedarf gedeckt werden kann. Hier geht es einmal mehr um die gesamte Menge an Energie, aber auch um die Forschung und Vermarktung von alternativen Energiequellen außerhalb von Öl, Gas und Atomenergie.
- Im gleichen Zusammenhang geht es um die Bereitstellung des zusätzlichen Nahrungsmittelbedarfs.
- Im Falle der Entwicklungsländer geht es dabei zunächst um zusätzliche Mengen von Getreide und tierischen Produkten, aber auch um eine bessere Qualität dieser Nahrungsmittel. Dies ist ein gewaltiges Problem, da der Preis für Fleisch (also der Umweg über das Tier) sieben Mal höher ist als derjenige für pflanzliche Lebensmittel.
- In den industrialisierten Ländern geht es dagegen um die zusätzlichen Konsumententrends in Richtung von mehr Convenience, Geschmack und Nutrition.
- Tendenziell erleben wir auf der ganzen Welt mehr regionale Zusammenarbeit, auch außerhalb der EU. Wir werden hoffentlich auch zu einer Stärkung der internationalen Institutionen und weltweit gültigen Regeln kommen, um so die Globalisierung ohne Auswüchse wirksam werden lassen zu können.

Was bedeutet dies nun alles für die Unternehmen?

Zunächst muss man ganz lapidar festhalten, dass mehr Globalisierung auch zu mehr Wettbewerb führt. Das bedeutet auch, dass gute Leistungen am Markt stärker belohnt und Misserfolge stärker bestraft werden.

In diesem verschärften Wettbewerb kommt noch mehr zum Tragen, was ich immer schon vertreten habe, nämlich, dass eine rein kollegiale Führung in schwierigen Zeiten nicht funktioniert. Ich bin deshalb für *ein Team mit Spitze und nicht für ein Team als Spitze.*

Für ebenso problematisch erachte ich Doppelbesetzungen und die oft in deutschen Unternehmen gefundene Lösung eines technischen und eines kaufmännischen Vorstands. Hierzu ein türkisches Sprichwort:

»Zwei Kapitäne bringen jedes Schiff zum Sinken.«

Des Weiteren dreht die Welt sich immer schneller, ganz besonders im Bereich von technologischen Veränderungen und wissenschaftlichen Erkenntnissen (das Wissen verdoppelt sich etwa alle drei Jahre). In einer solchen Situation spielt der Zeitfaktor, also die Geschwindigkeit, eine immer größere Rolle. Ich sage deshalb:

»Be first, be daring, be different.«

Wer zuerst, und damit vor den anderen, Trends und Entwicklungen erkennt, frühzeitig über notwendige Änderungen entscheidet und sie konsequent und schnell umsetzt, wird erfolgreicher sein. (Oft wird ein solches Verfahren durch Planungsbürokratie, Einsprüche und lange Genehmigungsverfahren behindert, woraus sich ein Nachteil im globalen Wettbewerb ergibt).

Die zunehmende Bedeutung der Kapitalmärkte, der institutionellen Investoren, der Finanzanalysten usw. sind Punkte, derer sich das Management voll bewusst sein muss. Es muss außerdem das nötige Know-how haben, mit diesen Dingen, einschließlich Investor Relations, umzugehen. Die Gefahr besteht heute darin, dass die Manager dafür zu viel Zeit aufwenden, sich zu sehr davon beeinflussen lassen und zu wenig Zeit haben, um ihr eigentliches Geschäft zu führen.

Hierzu gehört auch das Thema Corporate Governance, eine sehr aufwändige Berichterstattung und vieles andere mehr. Dies sind übrigens echte Nachteile gegenüber den neu entstehenden, multinationalen Unternehmen in den Schwellenländern (in Indien, in China usw.), die sich mit solchen Dingen weniger befassen müssen. Meines Erachtens brauchen wir weniger Regeln als vielmehr mehr gute Leute (mit den notwendigen, leider manchmal vernachlässigten charakterlichen Eigenschaften).

Ein anderer Nachteil, mit dem wir gegenüber Unternehmen in diesen Ländern zu kämpfen haben, ist, dass bei uns absolute Sicherheit verlangt wird – und zwar beginnend bei den Produkten bis hin über den Arbeitsplatz. Und bekanntlich kostet das letzte Prozent Sicherheit am meisten.

Auch steckt das Management heute in einem Dilemma zwischen den Anforderungen des Kapitalmarktes, der tendenziell eher auf Kurzfristigkeit angelegten Finanzwelt und der Pressures der Investoren und Aktionäre einerseits und den zunehmenden Anforderungen betreffend ethisches und sozial verantwortliches Management andererseits. Hier die richtige Mitte und Balance im Sinne langfristiger Unternehmenspolitik zu finden und zu halten ist nicht einfach, aber äußerst wichtig.

Als multinationale Unternehmen in der zunehmend globalisierten Welt brauchen wir zudem eine Neuorientierung hinsichtlich dessen, was wir zentral organisieren und steuern, und was wir dezentralisieren. Im Zweifelsfall bin ich generell für mehr Dezentralisierung und Delegation von Verantwortung hin zum Ort des Geschehens. (Dadurch wird eine höhere Motivation der Mitarbeiter, eine stärkere Identifikation mit den Aufgaben, mehr Flexibilität und eine größere Nähe zum Marktgeschehen erzielt).

Andererseits gewinnen globale Strategien in einer globalen Welt an Bedeutung, wie z. B. Forschung, Innovation, Finanzpolitik, Informationstechnologie, weltweiter Erfahrungsaustausch, Auswahl und Förderung des Führungspersonals. Wir brauchen aber auch eine Flexibilisierung der Organisationen mit mehr Networking, breiteren Kontrollspannen, Projektarbeit usw. Im Übrigen bin ich nicht nur für den Spruch: »*Global strategy, local action*«, sondern ich ergänze dies durch »*local commitment*«.

Daher muss der Leitspruch lauten, nichts zu tun, was nicht auch im langfristigen Interesse des Landes ist, in dem wir agieren.

Ein schwieriger Punkt ist auch der, dass man lokale Anpassungen vornehmen muss, ohne die gesamte Unternehmenspolitik zu gefährden. Ich denke nur an Mitarbeiterbeziehungen und Personalbedingungen einschließlich Gewerkschaften in völlig verschiedenen Welten, die unterschiedlichen Anforderungen an Ökologie, Sicherheit, Fragen der Kinderarbeit oder der Korruption.

Unbedingt zu beachten sind auch Anpassungen im Marketing wie Konsumenten, Handelsstruktur, Wettbewerb und Gesetzgebung, die verschieden sind.

Im Rahmen der Internationalisierung und Globalisierung spielen globale Marken eine größere Rolle. Hinter den globalen Marken stehen natürlich auch globale Produkte, die aber entsprechend der unterschiedlichen Konsumgewohnheiten in ihrer Qualität oft lokal angepasst werden müssen. Dies trifft besonders auf die Nahrungsmittelindustrie zu, weil Essens- und Geschmacksgewohnheiten sehr verschieden sind.

Im Zusammenhang mit den erwähnten Knappheiten an Energie, Wasser, Agrarrohstoffen und Agrarprodukten sind seitens der Unternehmen erhöhte Anstrengungen notwendig bezüglich Einsparungen einerseits und Erhöhung der Produktionseffizienz andererseits. Hierbei wird die Grüne Gentechnologie eine erhebliche Rolle spielen.

Ein Erfolgsfaktor besteht in der geographischen Optimierung der Produktionsstandorte – ein weiteres Feld, auf das ich heute nicht näher eingehen kann. Da spielen Kostenunterschiede, Flexibilität, Economies of Scale und Konsumentennähe eine Rolle. Hierbei ist aber Vorsicht geboten!

Noch einige Fragen zur Personalpolitik.

Im Rahmen der Globalisierung geht es insbesondere um die Beantwortung der Frage, wie viel Einheitlichkeit und viele internationale Differenzierung nötig sind?

Personalpolitik im Generellen, Strategien und Grundsätze müssen natürlich einheitlich gestaltet sein, ansonsten sind jedoch Anpassungen an die Situationen in den einzelnen Ländern erforderlich (beispielsweise in Bezug auf unterschiedliches Lohnniveau, unterschiedliche Mentalität, unterschiedliche Arbeitsgesetzgebung sowie in Bezug auf Mitbestimmung und das Betriebsverfassungsgesetz).

Heutzutage wird viel über die Bedeutung von Schulung, Ausbildung und Personalförderung gesprochen. Das ist im Prinzip richtig, weil die Verbesserung der Motivation und Qualifikation unserer Mitarbeiter entscheidend zur Wettbewerbsfähigkeit beiträgt. Wichtiger als Schulungen ist aber die Selektion. Bei der Selektion gilt es neben den Checklisten der Personalabteilung das Folgende zu beachten:

»Look more in the eyes than in the files.«

Ein Wort zur Organisationsstruktur und Organisationspolitik.

Über die Notwendigkeit einer weitgehenden Delegation von Verantwortung und Dezentralisierung habe ich bereits gesprochen. Nun bietet die moderne Informationstechnologie aber auch die Möglichkeit, Methoden und Informationen einheitlich festzulegen.

Im Allgemeinen bin ich auch der Meinung, dass die zentralen Stabsabteilungen nicht überborden sollten – denn dies reduziert automatisch die Dezentralisierung. Man sagt ja:

»Die Linie weiß alles, die Stäbe wissen alles besser.«

Solchen Stäben gilt es die Frage zu stellen: »Are you helping us to find a solution or are you part of the problem?«

Zu regeln ist auch die generelle Grundstruktur einer Organisation, ob sie also eher anhand von zentralen Divisionen, von Regionen oder von Funktionen organisiert werden soll. Ich kann auf dieses Gebiet heute weiter nicht eingehen.

Zur Kommunikationspolitik

In der heutigen, globalen, von den Medien geprägten Welt wird jede Information, vor allen Dingen jedes Negativereignis, das sich in irgendeinem Land der Erde ereignet, sofort weltweit verbreitet – besonders, wenn es sich um Negativereignisse großer internationaler Konzerne handelt. Wie dem auch sei, ist es heute von größter Wichtigkeit, dass wir transparent kommunizieren – und zwar nach innen und nach außen.

Es wird oft über Transparenz gesprochen, und das ist im Prinzip auch richtig so, doch hier ist Vorsicht geboten. Schließlich haben wir auch Wettbewerber, denen wir nicht alles auf die Nase binden wollen.

Meine Abwandlung des kategorischen Imperativs von Kant lautet deshalb:

»Tue nichts, was nicht morgen in der Zeitung stehen kann.«

Weitere Anforderungen an die Unternehmenspolitik

Im Folgenden möchte ich nun noch einige Anforderungen die Unternehmensführung betreffend beschreiben, die sich nach der weltweiten Krise ergeben haben.

Gründe für die Krise sind bekanntlich die Kurzfristigkeit im Denken und Handeln der Unternehmen, die übertriebene Gier nach dem schnellen Geld und damit verbunden das Eingehen von abenteuerlichen Risiken sowie auch ein Quantum Dummheit. All dies hat dazu beigetragen, dass das Vertrauen in die Unternehmen erheblich gelitten hat. Deshalb ist es vor allem wichtig, durch eine entsprechende Unternehmenspolitik das Vertrauen zurückzugewinnen. Das ist nicht einfach und geht nicht von heute auf morgen. Der berühmte Professor und Unternehmensberater Peter Drucker hat einmal gesagt:

»Das Vertrauen kann man in einer Minute verlieren, und es dauert dann zehn Jahre bis es wieder zurückgewonnen werden kann.«

Es wird heutzutage viel über werteorientiertes Management gesprochen. Hierzu zunächst zwei Bemerkungen:

1) Wir leben in einer Markt- und Wettbewerbswirtschaft, insofern kann werteorientierte Führung nur mit Werten gestaltet werden, die langfristig den Bestand und die Entwicklung des Unternehmens gewährleisten und nachhaltig zum Erfolg des Unternehmens beitragen.
2) Am Anfang einer werteorientierten Unternehmensführung stehen die Auswahl des Führungspersonals und die Qualitäten, die wir von Topleuten verlangen. Keiner kann mit Werten führen, die er nicht selbst verkörpert!

Über die damit notwendigen Führungseigenschaften habe ich bereits gesprochen.

[...]

Wenn es um die Frage der werteorientierten Führung geht, dann gehören hierher – unabhängig von der derzeitigen Gesetzeslage – auch Fragen der Mitbestimmung, der Mitwirkung der Arbeitnehmer usw.

In einem multinationalen Unternehmen müssen wir selbstredenerweise auch beachten, dass wir in verschiedenen Regionen der Welt unterschiedliche Wertvorstellungen haben, die wir, soweit sie nicht unsere allgemein geltenden Werte verletzten, ebenfalls berücksichtigen müssen.

[...]

Ganz allgemein möchte ich zu diesem Thema einen unternehmenspolitischen Grundsatz erwähnen, den ich bei Nestlé zu einer wichtigen Richtschnur gemacht habe, nämlich:

»Wir sind bei Nestlé ein Unternehmen, das eher an Menschen und Produkten und weniger an Systemen orientiert ist.«

Natürlich brauchen wir Systeme, um ein komplexes Unternehmen zu führen, aber Systeme dürfen nicht ein Ziel an sich sein. Im Übrigen ist es eine Frage der Priorität.

In diesem Zusammenhang auch ein Wort zu der viel zitierten und geforderten ethischen und sozialen Verantwortung von Unternehmen. Um es klar zu sagen: Die wichtigste soziale und ethische Verantwortung der Unternehmer ist es, langfristig am Markt und im Wettbewerb erfolgreich zu sein und damit den Ertrag des Unternehmens nachhaltig zu sichern. Damit wird ein wichtiger Beitrag zum Wohlstand und zum Gedeihen der Wirtschaft geleistet, wovon letztlich alle profitieren. Ein gutes Unternehmen zahlt damit die für die Gemeinschaftsaufgaben notwendigen Steuern, und schließlich werden über eine erfolgreiche Unternehmensführung auch die

Arbeitsplätze gesichert, erhalten und vermehrt. Diese grundlegenden Aufgaben eines Unternehmens sind deshalb auch seine wichtigste soziale und ethische Verantwortung.

Dass darüber hinaus generell verantwortliches und ethisches Verhalten notwendig ist, und dass wir soziale Verantwortung praktizieren, ist für mich selbstverständlich und dient im Übrigen auch dem langfristigen Interesse des Unternehmens, weil ohne ein langfristig gutes Image und ohne motivierte Mitarbeiter kein Unternehmen langfristig erfolgreich sein kann.

Meine Damen und Herren, ich fasse zusammen:

Werteorientierte Führung im wohl verstandenen Sinne kann also langfristig zum Unternehmenserfolg beitragen, weil eine solche Führung ein besseres Betriebsklima, mehr Sicherheit, größeres Vertrauen und höhere Motivation mit der damit verbundenen höheren Leistungsbereitschaft schafft.

Wir müssen natürlich abwägen und die richtige Balance finden zwischen direkter operativer Effizienz und Maßnahmen der Wertorientierung. Mit Fundamentalismus oder moralischem Rigorismus kann man nicht führen. In diesem Zusammenhang verweise ich auf den Nationalökonomen und Soziologen Max Weber, der das Problem der richtigen Balance und den Unterschied zwischen *Gesinnungsethik* (Handlungsabsichten und Handlungsgrundsätze, Handeln nach Überzeugung und nicht nach Nützlichkeitsabwägung) und *Verantwortungsethik* (orientiert sich in erster Linie an den Folgen des gesellschaftlichen Handelns und nicht an den ideologischen Zielen) analysiert hat.

Schlussbemerkungen

Neben all den beschriebenen Anforderungen an die Unternehmensführung bleibt am Schluss wie eh und je das, was für den Erfolg entscheidend ist: die Qualität des Managements und die Motivation der Mitarbeiter. Schließlich hängt davon alles Weitere ab. Deshalb ist die Führungs- und Personalpolitik so wichtig. Damit meine ich nicht die damit verbundenen administrativen und sonstigen Systeme, sondern die folgenden beiden Dinge:

1) Bei der Auswahl der Führungskräfte ist der Persönlichkeit und dem Charakter gegenüber den rein professionellen Eigenschaften ein größerer Stellenwert einzuräumen.

2) Damit ist das Folgende verbunden – ich sage es mal auf Englisch:

»More attention to people and less bureaucracy with people.«

Meine Damen und Herren, ohne jetzt die Anforderungen an das Management und an die Unternehmen in einer zunehmend globalen Welt zu wiederholen, möchte ich noch zwei für mich wesentliche Bemerkungen machen, welche die Anforderungen an die Unternehmensführung betreffen:

1) Was immer sich an Technologie und sogenannter moderner wissenschaftlicher Unternehmensführung entwickelt, wir sollten eines im Auge behalten – ich sage es ebenfalls auf Englisch:

»Be close to your people, be close to your products and be close to your customers.«

2) Wenn ich die Managementeigenschaften einmal auf einen ganz einfachen Nenner bringen möchte, dann sage ich immer, man müsse Folgendes haben:

- Herz und Verstand
- Mens sana in corpore sano
- die Grunddevise einhalten: tue recht und scheue niemanden.

Lieber Herr Wieselhuber, ich darf Ihnen sehr herzlich zu Ihrem 60. Geburtstag gratulieren und wünsche Ihnen auch weiterhin alles Gute, Gesundheit, Erfolg und Schaffenskraft. Ad multos annos!

Quelle: Maucher, Helmut: »Herausforderungen an die zukünftige Unternehmensführung«, Rede anlässlich des 60. Geburtstags von Professor Dr. Norbert Wieselhuber im Oktober 2009.

»Man braucht Mut«

Im folgenden Gespräch spricht Helmut Maucher über das Anforderungprofil von Topmanagern und grundlegende Aspekte bezüglich der hohen Kunst der Konzernführung.

mm: Herr Maucher, Sie leiten seit 15 Jahren den größten Nahrungsmittelkonzern der Welt. Haben Sie in Ihrer Amtszeit eine echte Unternehmenskrise erlebt?

Maucher: Nein, auch keine Führungskrise. Ich habe mich in der Anfangsphase von zwei Generaldirektoren, sprich Vorstandsmitgliedern, getrennt. Das war für Nestlé ungewöhnlich genug. Ich musste sicherstellen, dass alle am gleichen Strang ziehen.

mm: Keine Krisen, keine Erschütterungen und obendrein erfolgreich. Was machen Sie anders, was machen Sie besser als die Konkurrenz?

Maucher: Ganz einfach, man muss gut führen. Dazu gehört Mut zur Entscheidung. Man muss sagen, was man will. Man muss offen sein und überzeugen können. Und man muss für Argumente anderer zugänglich sein, mal eingestehen: »Verflucht, daran habe ich nicht gedacht.«

mm: Wer nicht kommunizieren kann, kann auch nicht führen?

Maucher: Ja, die Fähigkeit zur Kommunikation ist heute noch wichtiger als früher. Und es gibt noch etwas, woran ich fest glaube: Jeder Wandel kann leichter herbeigeführt werden, wenn im Unternehmen ein Vertrauensklima herrscht.

mm: Ohne Kontrolle geht's aber auch nicht.

Maucher: Ich nehme lieber in Kauf, in 100 Fällen zweimal betrogen zu werden. Wenn Mitarbeiter das Gefühl haben, dass sich hinter jeder Maßnahme des Managements ein Trick verbirgt, stößt man bei Änderungen auf Widerstand. Der Mensch hat ohnehin keine Lust, sich zu ändern, das ist eine Grundeigenschaft.

mm: Und wie schafft der Manager Vertrauen?

Maucher: Ich muss die Wahrheit sagen. Ich muss praktizieren, was ich predige. Und wenn wir restrukturieren, müssen wir dem Mitarbeiter sagen, was der Umbau für ihn bedeutet und dass wir ihn nicht ins Elend stürzen. Persönliche Katastrophen muss man abfangen.

mm: Gegen den Grundsatz, dass Vertrauen geschaffen werden muss, wird am meisten verstoßen.

Maucher: Ja, da werden große Sprüche geklopft und Leerformeln in die Unternehmensrichtlinien geschrieben nach dem Motto: Der Mitarbeiter steht im Mittelpunkt. In Klammern: Da stört er. Und am nächsten Tag wird zügig anders gehandelt. Das lassen sich die Leute nicht gefallen.

mm: Setzen Sie auf Appeasement?

Maucher: Gutes Arbeitsklima ja, friedliche Idylle – nein. Wir müssen den Mitarbeitern mehr zumuten als früher, weil sich die Zeit schneller wandelt, weil der Wettbewerb uns dazu zwingt. Aber wir können da weder zynisches, brutales Handeln brauchen noch Feigheit, Dinge zu ändern. Beides führt am Schluss in die Katastrophe.

mm: Sie sind offenbar kein Anhänger einer abrupten Umsetzung.

Maucher: Nein. Mit dem Prozess einer Reorganisation nehme ich mir lieber ein, zwei Jahre länger Zeit und gebe zehn Millionen mehr aus, anstatt den radikalen Kahlschlag zu betreiben. Diese Politik ist viel erfolgreicher als alle Human-Relations-Broschüren zusammen. Die Leute entwickeln einfach ein stärkeres Urvertrauen.

mm: Man kann es nicht allen recht machen.

Maucher: Natürlich nicht. Aber wir sind mit unserer Art zu führen immer gut gefahren. Ich gebe Ihnen ein anderes Beispiel. In der Schweiz sind die Arbeitgeberanteile für Versicherungen sehr gering. Als vor einem Jahr die Krankenversicherungsprämien stark erhöht wurden, traf es unsere Mitarbeiter hart. Da habe ich gesagt, die Leute haben ein Problem, wir zahlen die Hälfte.

mm: Ganz freiwillig.

Maucher: Ja. Und man glaubt gar nicht, was das für eine Wirkung hatte. Die Mitarbeiter haben gesagt, der Maucher denkt an uns. Es mag vielleicht banal sein: Jeder weiß, dass wir Gewinne machen, dass wir das Unternehmen langfristig entwickeln, dass wir rationalisieren müssen und dass wir keine Faulenzer dulden, das ist die eine Seite. Und das andere ist: Wenn einer ein Problem hat, weiß er, Nestlé wird ihm vermutlich helfen.

mm: Das klingt nach einem patriarchalischen System.

Maucher: Sie können es nennen, wie Sie wollen.

mm: Natürlich ändert sich ein Unternehmen permanent. Gibt es Augenblicke, in denen Signale deutlich gesetzt werden müssen, in denen Veränderungen in eine andere Qualität umschlagen?

Maucher: Veränderungen werden manchmal brutal umgesetzt. Vor allem dann, wenn man vorher 10 Jahre lang nichts gemacht hat. Oder es kommt ein Schicksalsschlag von außen. Und dann muss die Unternehmensleitung um jeden Preis reagieren. Das versuchen wir zu vermeiden, indem wir ständig Gewinne machen, indem wir Probleme rechtzeitig lösen und indem wir dauernd verändern, dauernd verbessern. Wir warten nicht, bis die Katastrophe da ist.

Ich bin überzeugt, dass die sogenannten Reformen, die unter dem Label Reengineering zum Teil mit Brachialgewalt durchgezogen wurden, einen Dauerschaden für das Betriebsklima und die Motivation verursacht haben.

mm: Warum reagieren viele Unternehmen so spät?

Maucher: Zum Teil aus Bequemlichkeit, nach der Devise: Vielleicht geht der Kelch an uns vorüber. Und zweitens: Trotz aller Marktanalysen und Frühwarnsysteme – ob einer wirklich merkt, was passiert, ist eine andere Story.

Doch die Sensibilität, rechtzeitig zu spüren, was vor sich geht und was das bedeutet, zählt zu den wichtigsten Unternehmereigenschaften. Und der Mann an der Spitze muss auch in der Lage sein, Modeerscheinungen von echten Trends zu unterscheiden.

mm: Gibt es zu viele Modeerscheinungen?

Maucher: Ja, Dinge kommen und gehen immer schneller. Irgendein Consultant findet eine neue Methode, irgendein Professor beglückt uns mit einer neuen Theorie. Und viele werden daran glauben, bis wieder etwas Neues kommt. Das gehört zum Spiel. Nur, wenn einer oben hockt, muss er sortieren können.

mm: Ganz aus dem Bauch geht's aber auch nicht.

Maucher: Ich bin sehr froh, dass es *manager magazin*, Consultants und Professoren gibt, ich lerne jeden Tag wahnsinnig viel. Ich muss dauernd Neues in mich aufnehmen, aber dann muss ich sortieren. Für mich ist Intuition eine kreative Verwertung von Informationen.

mm: Welche Qualitäten müssen Ihre Topleute mitbringen?

Maucher: Je höher die Führungsstufe, desto mehr spielt neben Intelligenz, Ausbildung und Erfahrung die allgemeine Persönlichkeit eine Rolle. Von narzisstischen Intellektuellen, die alles sezieren und genau analysieren, kann man keine Taten und Lösungen erwarten.

mm: Wie finden Sie diese Persönlichkeiten?

Maucher: Ich schaue einem Bewerber lieber in die Augen als in die Zeugnisse. Ich habe mal gesagt, ich bin kein Einstein, aber ich habe zufällig die ca. 17 Fähigkeiten, die man ungefähr braucht, um ein Unternehmen zu führen.

mm: Wenn Sie uns die Hälfte aufzählen, wären wir zufrieden.

Maucher: Man braucht Mut, Nerven und Gelassenheit. Man braucht die Fähigkeit zur Kommunikation und zur Motivation, nach innen und nach außen. Man braucht sicher die Fähigkeit, in einem Unternehmen ein innovatives Klima zu schaffen. Man braucht Leute, die in Kontexten denken können, die sich nicht in eine Geschichte total verrennen. Man braucht die Fähigkeit des Change Managements. Man braucht die Fähigkeit, sich selbst treu zu bleiben, also zu dem zu stehen, was man ist. Gleichzeitig muss man sich in andere Leute hineinversetzen und andere Kulturen verstehen können. Und am Schluss geht es immer wieder um die Glaubwürdigkeit, das ist die wichtigste Eigenschaft.

mm: Wo gibt es diese Universalgenies?

Maucher (lacht): Eines sitzt vor Ihnen. Aber im Ernst: Wir haben bei Nestlé solche Topleute. Leider ist einer von ihnen, mein Stellvertreter Ramón Masip, kürzlich verstorben.

mm: Veränderungsbereitschaft können Sie auch erhöhen, wenn Sie das Management permanent verjüngen.

Maucher: Erfahrung ist leider nur beschränkt übertragbar, und den Jungen fehlt die Erfahrung. Deshalb bin ich für die Ergänzungstheorie: ein Mix aus Alter und Jugend, Fähigkeiten und Temperamenten, lokalem und internationalem Know-how.

mm: Geben Sie jungen Menschen früh Führungsverantwortung?

Maucher: Wichtig ist die langfristige Sicherung der Führung durch ständige Einstellung und Entwicklung von Trainees, die dann nach 10 bis 15 Jahren Managementaufgaben übernehmen können. Dabei legen wir Wert darauf, dass mindestens ein Drittel für einen internationalen Einsatz bereit ist.

mm: Zählt das Teamplaying mehr als die Leistung des einzelnen?

Maucher: Ich bin für einen kollegialen, offenen Führungsstil, aber – und das ist wichtig – mit einer klaren Spitze auf jeder Ebene. Wir halten nichts von Verantwortungslosigkeit, von einer rein kollegialen Führung. Ich bin für ein »Team mit Spitze« und nicht für ein »Team als Spitze«.

mm: Sie sind grundsätzlich der Ansicht, dass vom Mann an der Spitze letztendlich alles abhängt?

Maucher: Ein guter Mann an der Spitze holt sich die richtigen Kollegen. Der kriegt starke Leute, der kriegt Leute, die gerne für ihn arbeiten, der fördert den Führungsnachwuchs. Ich bin jetzt, in dieser Phase meiner Karriere, besonders stolz darauf, dass es mir gelungen ist, einen starken Vorstand zu bilden und mit Peter Brabeck einen Mann zu haben, der wirklich in der Lage ist, Nestlé weiterzuführen.

mm: Das Problem entsteht, wenn der Mann an der Spitze schwach ist, wie viele Beispiele in Deutschland zeigen.

Maucher: Wir brauchen keine neuen Gesetze über Corporate Governance und Aufsichtsräte, wir brauchen aber Leute, die im Zweifelsfall sofort reagieren und Konsequenzen ziehen, wenn es nicht läuft. Und noch etwas: Wer an der Spitze steht, muss akzeptieren, dass er den Job nicht gepachtet hat.

mm: Bei Ihnen scheint es gut zu funktionieren. Sie haben mit 69 Jahren die Pensionsgrenze längst überschritten und sind als Chairman und Chief Executive Officer immer noch in Amt und Würden. Fällt Ihnen der Abschied so schwer?

Maucher: Ich bin gesund. Der Verwaltungsrat ist der Meinung, dass er gut mit mir fährt.

mm: Hat Nestlé keine Satzung, die das Ausscheiden regelt?

Maucher: Wir haben im Verwaltungsrat eine Altersgrenze von 72, und die werde ich bis zum Jahr 2000 ausschöpfen. Bis dahin bleibe ich Verwaltungsratspräsident, ein aktiver Chairman. Mein Amt als Vorstandsvorsitzender übergebe ich im Sommer nächsten Jahres an meinen Kollegen Peter Brabeck.

mm: Es gibt viele Unternehmen, etwa Bertelsmann, wo für alle Topmanager die Altersgrenze 60 gilt. Ist Ihnen das zu schematisch?

Maucher: Bertelsmann und Reinhard Mohn möchte ich ausnehmen. Hier handelt es sich um einen Sonderfall. Ich halte starre Altersgrenzen für falsch. Sie sind nur gut bei schwachen Aufsichtsräten und Managern, die Regeln brauchen, um Leute loszuwerden. Starre Altersgrenzen sind ein Wettbewerbsnachteil. Ich muss in der Lage sein, jemand mit 45 rauszusetzen, wenn er nichts taugt. Ich muss aber auch die Gelassenheit haben oder die Stärke, jemanden mit 65 zu halten, wenn er noch voll im Saft ist.

mm: Das klingt zu schön, um wahr zu sein.

Maucher: Ich habe bei uns für den normalen Vorstand diese Flexibilität durchgesetzt, eine Altersbandbreite von 58 bis 68. Und Für mich selbst nehme ich das Gleiche in Anspruch. Aber das darf nie dazu führen, dass man nicht die Nachfolge aufbaut. Und das habe ich getan.

mm: Wie haben Sie Ihren Nachfolger ausgewählt?

Maucher: Herr Brabeck, gebürtiger Österreicher, ist seit 28 Jahren in der Firma. Er ist jetzt 52 Jahre alt. Wir konnten jahrelang beobachten, wie er sich in schwierigen Situationen verhält, ob er die Kraft hat, Turbulenzen durchzustehen. Herr Brabeck spricht vier Sprachen und kennt als ehemaliger Länderchef die Welt.

mm: Wie viel ist an Führung lernbar? Und wie viel ist sozusagen durch die Gene mitgegeben?

Maucher: Das weiß keiner ganz genau. Aber meine generelle Erfahrung sagt, die Selektion ist entscheidend. Wenn Sie den richtigen Typen ausgewählt haben, der, sagen wir ruhig, genetisch einiges mitbringt, dann bringt jede Ausbildung, jede Erfahrung, die man ihm vermittelt, einen Return von 1000 Prozent. Wenn die entsprechenden Veranlagungen fehlen, kann man einen Mitarbeiter stunden-, tage- und jahrelang durch Schulungen schicken, dann hat man einen Return von 0,3 Prozent. Das ist leider eine Tatsache.

mm: Für General-Electric-Chef Jack Welch, einen der erfolgreichsten Manager der Welt, ist die Vision das A und O. Nun haben die Deutschen mit Visionären nicht unbedingt nur gute Erfahrungen gemacht. Wo liegt die richtige Mischung zwischen Visionärem und Bodenhaftung?

Maucher: Ich nehme das Wort Vision nie in den Mund. Da bin ich wahrscheinlich zu bodenständig. Aber das ist natürlich eine Frage der Terminologie.

mm: Das Wort mögen Sie nicht?

Maucher: Das mag ich nicht, weil es den Aspekt der Phantasterei und der leuchtenden Augen symbolisiert. Und wenn die Augen leuchten, werde ich immer vorsichtig. Wenn man aber die Fähigkeit meint, künftige Entwicklungen zu antizipieren, dafür ein Konzept entwickelt und das Vision nennt, dann bin ich voll einverstanden.

mm: Auch das Wort Charisma wird gern überstrapaziert. In diesem Zusammenhang haben wir ein Zitat des Managementprofessors Fredmund Malik aus St. Gallen entdeckt. Er sagt: »Die langweiligen Vorstandschefs sind mir die liebsten. Die kümmern sich nämlich um ihre Aufgaben und sind nicht fixiert auf den Personenkult.« Hat Malik Recht?

Maucher: Nein. Ich habe mit den St. Gallern über dieses Thema mal in einem anderen Zusammenhang diskutiert. Und die waren der Ansicht, wir brauchen die professionellen Techniken für die Entscheidungsprozesse, all die Analysen und so weiter. Da habe ich geantwortet: Ob ihr wollt oder nicht – wenn einer darüber hinaus noch Charisma hat, dann hat er es leichter, die Leute zu überzeugen. Ich habe dem Professor auch gesagt: Wenn Sie sich jetzt mit Ihren geschliffenen Analysen vor meine Mannschaft hinstellen, was meinen Sie, wird da passieren?

mm: Wie ging der Disput aus?

Maucher: Am Schluss standen die Studenten auf den Stühlen und haben mir Beifall geklatscht.

mm: Charisma bedeutet häufig nicht Führung, sondern Verführung. Das kann leicht in einen Personenkult ausarten.

Maucher: Fast alle Eigenschaften haben positive und negative Ausprägungen. Wenn einer plötzlich beim Reden im Höhenrausch endet und glaubt, er sei der Allergrößte, wenn er nicht mehr merkt, was wirklich los ist, wird es gefährlich.

mm: Sehen Sie eine Gefahr darin, dass die Medien die Topfigur überhöhen?

Maucher: Das ist eine Gefahr. Die Medien konzentrieren sich auf die Spitze, auf den Boss. Das Dilemma ist: Wir sind daran interessiert, dass Nestlé glaubwürdig ist, als Firma anerkannt wird und dass das Image stimmt. Wir wissen auch, dass dieser Imagetransfer am besten über eine Person funktioniert. Und zwar über den, der an der Spitze steht. Jeder andere kann das nicht leisten.

mm: Nestlé, c'est moi?

Maucher: Nein. Ich bin zwar heute in vieler Hinsicht Mr. Nestlé. Aber dennoch bin ich auf dem Teppich geblieben. Niemand kann mir Allüren vorwerfen. Im Übrigen: Die Vorstandsmitglieder von Nestlé werden jedes Jahr neu bestellt. Ich habe nicht einmal einen Vertrag. Denn ich bin der Meinung, dass der Verwaltungsrat frei sein muss, jedes Jahr auch über meine Position zu entscheiden. Dazu ist der Posten zu wichtig.

mm: Herr Maucher, was raten Sie einem Jugendlichen, der an die Spitze eines Unternehmens kommen will?

Maucher: Erstens eine klare Selbstanalyse, ob das Ziel realistisch ist. Und zweitens braucht man neben Ausbildung, Sprachen, Verständnis für andere Kulturen die innere Sicherheit und die Fähigkeit, sich auf die Arbeit zu konzentrieren. Wer nur an die eigene Karriere denkt, der macht keine.

Quelle: Kaden, Wolfgang/Wilhelm, Winfried: »Man braucht Mut«, in: *manager magazin*, Ausgabe 12/1996.

»Tue nichts, was nicht morgen in der Zeitung stehen kann«

Helmut Maucher diskutiert in diesem Artikel die Anforderungen an die Führungskräfte von morgen: »Sie brauchen Mut zur Verantwortung und internationales Denken.«

[...]

DIE WELT: Wie sehen die Leader der Zukunft aus?

Helmut Maucher: Da muss einer zunächst einmal alle die Eigenschaften haben, die in den letzten Tausend Jahren schon gebraucht wurden: Persönlichkeit, Verantwortung, Intelligenz, insbesondere emotionale Intelligenz. Was in Zukunft stärker gefordert wird, sind zwei Komponenten: zum einen Mut, Nerven und Gelassenheit, zum anderen Kommunikationsfähigkeit nach innen und außen.

DIE WELT: Emotionale Intelligenz?

Maucher: Der Mut, nach außen hin Verantwortung zu tragen, ist wichtig geworden. Mit Tricks kann man nicht arbeiten. Solange wir nichts tun, was niemand wissen darf, kann man ein Unternehmen transparent führen, und das ist auch besser so. Ich habe einmal den kategorischen Imperativ Kants übertragen auf die Kommunikation und gesagt: »*Tue nichts, was nicht morgen in der Zeitung stehen kann.*« Das heißt nicht, dass ich immer möchte, dass morgen alles in der Zeitung steht. Aber wir können gut damit leben, solange wir eine ordentliche Politik verfolgen.

DIE WELT: Muss einer die Welt kennen?

Maucher: Wer nicht andere Kulturen versteht, wer nicht international denken kann, wer nicht offen ist und sich nur im eigenen nationalen oder regionalen Umfeld bewegt, der hat Schwierigkeiten.

DIE WELT: Was bedeutet für Sie globales Denken?

Maucher: Die Welt geht enger zusammen, nicht nur wirtschaftlich, sondern in jeder Beziehung: das ist moderne Kommunikation. Wer dafür nicht ein gewisses Gefühl hat und die Welt versteht und weiß, was passiert, der wird den Welt-Konsumenten in seinen verschiedenen Facetten nie verstehen und wird falsche Überlegungen anstellen. Das ist übrigens eines der Probleme der Amerikaner, die tonangebend und führend sind. Aber ihr Land ist so groß, dass sie Mühe haben, Leute zu verstehen, die einen anderen Way of Life, eine andere Kultur oder andere Konsumgewohnheiten haben.

DIE WELT: Eine neue Rolle für den Chef?

Maucher: Natürlich muss er sich auf die Leitung seines Unternehmens konzentrieren. Aber er muss sich auch in der Öffentlichkeit engagieren, in Verbänden und Stellung nehmen. Wenn wir nicht den Mut haben, Dinge beim Namen zu nennen, wer dann? Sonst beherrschen andere die Szene, die nicht unsere Freunde sind. Mut, Verantwortung, Selbstbewusstsein. Das sind für mich die wichtigsten Punkte, die in Zukunft eine Rolle spielen.

DIE WELT: Was zählt mehr: Charakter oder Intellekt?

Maucher: Man muss beides haben. Wenn einer nur Intellekt hat, kann das böse ausgehen. Wenn einer nur Charakter hat, dann ist er »Mr. nice guy«, aber kommt nicht durch. Man muss jene zwölf oder 15 Talente haben, die in ihrer Kombination dazu führen, dass jemand ein erfolgreicher Unternehmenschef wird. Ich bin auf keinem Gebiet ein Einstein. Aber ich habe zufällig eine Kombination von Talenten, die notwendig ist, ein Unternehmen zu führen.

DIE WELT: Wo liegen die Unterschiede zwischen einem industriellen, einem politischen und einem intellektuellen Leader?

Maucher: Ich habe Mühe mit dem Begriff. Ist jemand nur Intellektueller, ist er kein Leader. Vielleicht ist er ein Beeinflusser, weil er durch seine Intelligenz, seine Arbeit, seine Wissenschaft eine Debatte beeinflusst oder wissenschaftliche Dinge weiterbringt und damit indirekt Einfluss nimmt auf die Gesellschaft. Ein industrieller oder ein politischer Leader, bei diesen beiden Begriffen glaube ich, dass sie zu 80 bis 90 Prozent dieselben Eigenschaften aufweisen. Der industrielle Leader ist vielleicht noch mehr auf Pragmatismus, Effizienz und Leadership im wahren Sinne des Wortes ausgerichtet, wo er selbst entscheidet und die Dinge beeinflusst. Er hat weniger Demokratie um sich und muss daher mehr Eigenverantwortung übernehmen. Der Political

Leader muss sensibel sein für die Strömungen, die ihn umgeben. Er hat Parteien, er hat ein Kabinett, er muss die Fähigkeit haben, trotz vieler Schwierigkeiten ein Forum zu schaffen und Überzeugungsarbeit zu leisten. Für einen industriellen Leader trifft das auch zu, soweit es um Konsumenten und Strömungen außerhalb seiner Verantwortungssphäre geht. Aber nach innen hat er mehr Möglichkeiten, nach zwei Stunden Debatte zu sagen, jetzt ist Schluss

[...]

DIE WELT: Waren Sie einmal in Versuchung, in die Politik zu gehen? Nehmen Politiker Ihren Rat an?

Maucher: Ich war immer politisch interessiert, und vermutlich hätte ich in der Politik etwas erreicht. Aber ich habe immer in unserem Unternehmen so viele neue interessante Aufgaben gehabt und mir gesagt, dass das auch etwas wert ist. So bin ich schließlich immer im Unternehmen geblieben. Aber die Versuchung war in mir, und auch andere haben ab und zu gemeint, ich solle in die Politik gehen.

[...]

DIE WELT: Kindheit war früher tödliches Risiko. Wenige wurden alt; es gab fette und magere Jahre, und das war oft der Unterschied zwischen Tod und Leben. Heute lebt die Erste Welt im Überfluss. Aber das hat seinen Preis. Die Menschen sorgen sich.

Maucher: Ja, ich kenne diese Stimmungen der Angst. Im Ganzen ist es doch so, dass die Menschen durch moderne Medizin, Ernährung, Wohlstand länger leben und nicht tauschen wollen mit ihren Altvorderen. Aber natürlich gibt es nichts, was nur positive Seiten hätte. Die moderne Welt ist komplex, anonym. Technologie, die nicht mehr leicht verstanden wird, überfordert die Menschen. Der Mensch ist über eine Million Jahre alt, aber wir haben die ganze technische Entwicklung erst in den letzten 150 Jahren errungen. Zuvor war alles überschaubar. Was einer gefertigt hat an Produkten, das konnte jeder mehr oder weniger begreifen. Die moderne Arbeitsteilung, die komplexen Mechanismen, die moderne Technologie sind etwas, wofür der Mensch nicht programmiert ist. Das schafft Probleme, und es ist die Frage, ob er sich da anpassen kann. Diejenigen, die ängstlich sind, die nicht Mut, Optimismus und Kraft haben, damit zu Recht zu kommen, haben Probleme. Aber einen anderen Weg gibt es nicht. Andererseits aber haben die Leute heute viel mehr soziale Sicherheit, mehr Sicherheit gegen Krankheiten. Der Saldo ist positiv, und für den Rest sollte man sich damit abfinden, nicht mehr alles zu begreifen, seinen Beitrag entsprechend seiner Intelligenz zu leisten. Für den Rest muss ich auch ein gewisses Gottvertrauen haben, wobei man das nicht zu weit treiben sollte. Denn es gibt in der Wissenschaft Scharlatane, wie in der Politik, und man sollte immer durch demokratische Kontrolle dafür sorgen, dass keiner die modernen Mittel dazu benutzen kann, sie zum Verderben einzusetzen.

DIE WELT: IT und Globalisierung verändern jede Industrie. Was bedeutet das für die menschlichen Beziehungen?

Maucher: Nestlé hatte immer schon Ansätze zum globalen Unternehmen. Erstens durch den Ursprung Schweiz, zweitens durch einige Pioniere am Anfang. Sehr früh sind die nach Australien gegangen und haben dort Fabriken gebaut. Nestlé ist nicht erst heute international. Wir haben weniger als zwei Prozent des Umsatzes im Heimatland. Es gab immer eine internationale und multinationale Haltung. Als ich vor 20 Jahren nach Vevey kam, ging es darum, die neue Zeit und die neuen Möglichkeiten zu begreifen und das Unternehmen in diese neue Dimension hineinzuführen: eine globale Präsenz zu entwickeln. Da hat die moderne Kommunikationstechnologie geholfen plus die Entwicklung weltweiter Kooperation, gemeinsamer Märkte. Nach dem Ende des »Eisernen Vorhangs« ist auch der Teil der Welt, der bisher kommunistisch war, stärker.

DIE WELT: Wie verändert sich Führung?

Maucher: Es ist völlig klar, je mehr wir mit Computern arbeiten, mit Intranet und Internet, wächst die Gefahr, dass das Ganze abstrakt wird und nicht mehr »menschlich« ist. Das fing übrigens schon mit dem Diktafon an. Aber der menschliche Kontakt zu den Mitarbeitern ist eine Frage persönlicher Einstellung. Wir können moderne Mittel nicht vermeiden oder verhindern. Das ist immer falsch. Aber man kann die Schwächen, die damit verbunden sind, überwinden. Wir wollen trotz aller Modernität einen persönlichen Führungsstil behalten. Ich halte es für sehr wichtig, dass der Einsatz der Führungskräfte in diese Richtung geht, sodass wir einen persönlichen Approach bewahren. Auch wählen wir Führungskräfte danach aus, dass sie sich für Menschen interessieren und mit ihnen umgehen können. Dann werden die technischen Hilfsmittel eine wunderbare Sache. Aber wenn die Leute nur noch abgeschlossen vor ihrem Computer hocken und die

Welt vergessen – das wird kein Unternehmen zum Erfolg führen, weil die menschlichen Komponenten – Motivation, Engagement, Sicherheit und Atmosphäre – immer eine große Rolle spielen werden für das, was in einem Unternehmen geschieht.

DIE WELT: Als Kind, was hat Sie geprägt?

Maucher: Ich komme aus einfachen Verhältnissen, ich bin in einem Dorf groß geworden. Ich hatte eine glückliche Jugend. Wir haben nie gehungert, nie gefroren, wir waren immer nett angezogen. Als ich 12 oder 13 war, hat der Krieg begonnen. Aber der hat sich in einem Dorf im Süden, im Allgäu nicht so ausgewirkt wie in anderen Gegenden.

DIE WELT: Wer sind Ihre Freunde?

Maucher: Ich habe viele Freunde, einige seit meiner Jugend. Ich habe immer verschiedene Grade von Freundschaften gehabt: Sehr enge, wo man sich genau kennt oder solche, die interessant waren von der Unterhaltung oder von anderen Dingen her.

DIE WELT: Ihre Idee vom glücklichen Leben?

Maucher: Was haben die Menschen für Ideen? Früher sind sie glücklich gewesen, wenn sie vor ihrer Hütte gesessen sind und ein Stück Brot hatten. Je mehr aber die Erwartungsvorstellungen der Menschen hoch geschraubt werden und jedem das Paradies versprochen wird, desto mehr haben sie Probleme, glücklich zu sein. Glück ist immer eine Mischung zwischen Erwartung und Realität. Der absolute Wohlstand spielt keine Rolle.

DIE WELT: Was macht Ihnen Ärger?

Maucher: Fast nichts. Ich weiß inzwischen, wie die Menschheit, wie das Leben ist, und ich kann nicht immer wieder neu überrascht sein, wenn irgendwelche irritierenden Dinge auf mich zukommen. Ich ärgere mich sicher darüber, wenn jemand dumm ist und gleichzeitig vorgibt, wahnsinnig gescheit zu sein.

DIE WELT: Ihre größte Schwäche?

Maucher: Diese Frage, die aus Amerika kommt und immer wieder in Fragebögen gestellt wird, beantworte ich nicht.

DIE WELT: Was wären Sie gern gewesen, wenn nicht Helmut Maucher von Nestlé?

Maucher: Die Frage habe ich mir nie gestellt, weil ich glücklich war. Aber ich kann mir auch vorstellen, dass ich Politiker wäre. In meiner Jugend wollte ich Landrat im Allgäu werden. Ich war immer daran interessiert, eine Aufgabe zu haben, die verschiedene Facetten beinhaltet, bei der man versucht, mit Menschen und Organisationen etwas zu erreichen.

DIE WELT: Bei Nestlé erwarten Sie viel persönliche Loyalität. Ist das eine Himmelsgabe?

Maucher: Auch das hat sich geändert. Früher waren die Leute loyal, weil es als Tugend angesehen wurde. Diese natürliche Loyalität steht heute infrage. Heute muss man für Loyalität etwas tun. Man muss die Menschen motivieren, sie anständig bezahlen, ihnen das Gefühl der Sicherheit geben und das Gefühl, dass wenn sie in Trouble sind, man ihnen auch hilft. Heute sind die Menschen mehr auf Optionen ausgerichtet. Das sehen wir beim Wechsel in den Unternehmen, im Wechsel von Meinungen. Das ist ein Wandel, der einerseits den Menschen befreit, andererseits ist die Gesellschaft, generell besehen, schwieriger zusammenzuhalten.

DIE WELT: Im Mittelalter war Loyalität das Band zwischen Oben und Unten.

Maucher: Das muss von beiden Seiten kommen. Aber heute hat die Führungsseite mehr Verantwortung, Loyalität zu schaffen, weil sie nicht mehr automatisch gegeben ist. Früher war es so, besonders in feudalen Gesellschaften, dass wenn der Obere einigermaßen seine Pflicht erfüllt, die Leute nicht im Stich gelassen und sich um sie gesorgt hat, dass Loyalität da war.

DIE WELT: In Ihrem Lebensweg, was war Glück, was harte Arbeit?

Maucher: Ich weiß es nicht. Ich habe immer viel gearbeitet. Ich war dem Unternehmen verpflichtet und habe die Firma nicht nur instrumental benutzt, um mein eigenes Leben zu optimieren. Natürlich kommen auch glückliche Umstände dazu. Das wird immer so sein. Aber ich kann auch mit einem gewissen Selbstbewusstsein sagen, wenn diese oder jene glücklichen Umstände nicht eingetreten wären, hätte sich etwas anderes ergeben. Es liegt doch zur Hauptsache an einem selbst.

DIE WELT: Sind Sie je enttäuscht worden?

Maucher: Im Allgemeinen nicht, aber ich bin doch ein oder zwei Mal auf einen Menschen hereingefallen. So etwas wird immer passieren, aber die Rate des Irrtums war klein. In den reinen Business-Fragen, welches Geschäft gut ist oder welches nicht, habe ich eigentlich keinen größeren Irrtum begangen.

DIE WELT: Kann man an die Spitze kommen, ohne sich Feinde zu machen?

Maucher: Niemand schafft sich mit Absicht Feinde. Ich glaube, dass eine nachhaltige Karriere und Entwicklung an die Spitze nicht auf Ellbogen beruhen darf, nicht darauf, dass man andere aus dem Weg schafft. Das habe ich nie gemacht. Ich habe immer versucht, durch Leistung weiterzukommen und Anerkennung zu finden bei denen, die entscheidend waren. Die infame Konkurrenz zwischen zwei oder drei Leuten bezüglich dessen, wer nun den Top-Job bekommt, habe ich nie entfacht. Einem solchen Kampf habe ich mich auch nie gestellt. Das passt nicht zu meiner Person. Entweder wurde ich gewählt, oder nicht.

DIE WELT: Könnten Sie sich neu schaffen, was würden Sie anders machen?

Maucher: Ich weiß es nicht. Zunächst würde ich sagen, ich wäre damit zufrieden, wenn es wieder so abgehen würde. Kein Grund, mich zu beklagen.

DIE WELT: Mögen Sie sich selbst?

Maucher: Ich glaube ja.

DIE WELT: Letzte Frage: Was sagen Sie der jüngeren Generation, die jetzt Verantwortung trägt?

Maucher: Ich habe nicht die Absicht, ein Vermächtnis zu machen, an das sich die Leute halten sollen. Die Zeiten ändern sich, und wir mit ihnen. Aber drei Dinge sind wichtig für den Erfolg, unabhängig von allen Sprüchen und Techniken, Computern und Kommunikationsmethoden:

»Bleibt nahe bei euren Leuten, bleibt nahe an euren Produkten, bleibt nahe an euren Kunden«.

Wenn diese drei Punkte richtig gemacht werden, in Bezug auf die zurzeit viele Fehler gemacht werden, dann ist der Erfolg eher garantiert als mit neuen Sprüchen und Schlagworten.

Quelle: Brandwein, Dorit: »Tue nichts, was nicht morgen in der Zeitung stehen kann«, in: *Die Welt*, Ausgabe vom 23.09.1999.

Nachhaltigkeit und Wertorientierung

Lohnt sich Moral im Geschäft? Der Stellenwert von Moral für nachhaltigen Erfolg

Im nachfolgenden Vortrag nimmt Maucher Stellung zur Finanzkrise, insbesondere auch zum amerikanischen Einfluss. Er spricht anlässlich der Bayreuther Dialoge über die Führungseigenschaften der letzten Generation im Vergleich zur heutigen, über die soziale und ethische Verantwortung, die ein Unternehmen wahrzunehmen hat, über unternehmenspolitische Grundsätze bei Nestlé sowie über die Wichtigkeit der langfristig orientierten Unternehmenspolitik und die Bedeutung der Wertorientierung.

Einführung

Bei der Vorbereitung des Themas für die diesjährigen Dialogtage (»Moralisierung der Märkte«) haben die Veranstalter sicher noch nicht gewusst, wie aktuell dieses Thema im Hinblick auf die derzeitige Finanzkrise werden würde, und in welchem Ausmaß Handlungen ohne Moral schließlich auch für das Geschäft schädlich sein können.

Wir haben damit heute also einen schlagenden Beweis in der Hand, welchen Stellenwert die Moral auch für das Geschäftsleben hat. Niemand von uns hat wohl geglaubt, dass sich diese Finanzkrise inzwischen so katastrophal entwickeln würde. Auch hat niemand ahnen können, wie schlimm sich einige der Akteure verhalten würden. Man kann diese Entwicklung aus meiner Sicht ja eigentlich nur mit der Haltung einiger Akteure erklären, die von übertriebener Kurzfristigkeit, maßloser Gier und einem gehörigen Maß an Dummheit zeugt.

In diesem Zusammenhang nebenbei noch eine Bemerkung: Noch nie wurde meines Erachtens so viel über Wertorientierung, Nachhaltigkeit und Ethik gesprochen und zugleich so stark gegen diese Grundsätze verstoßen wie in den letzten fünf Jahren. Man muss sich natürlich fragen, wie eine solche Entwicklung zustande kommt. Zweifelsohne spielt hier die zunehmende Globalisierung und der damit verschärfte Wettbewerb eine große Rolle. Hinzu kommt, dass ein gewisser angelsächsischer Einfluss eines reinen Kapitalismus bei uns in Europa und auch in Deutschland zugenommen hat. Ich erinnere an den zunehmenden Einfluss von Analysten, einigen institutionellen Investoren und Quartalsberichten sowie einer Überbetonung des kurzfristigen Shareholder-Values. Ich habe diese Leute Shareholder-Value-Fetischisten genannt.

Hinzu kommen aber auch mentale Veränderungen, die ich mit aller Vorsicht erwähnen möchte. Verallgemeinerungen sind immer falsch, dennoch möchte ich generell gesprochen kurz sagen, dass es sich bei der früheren Generation von Führungskräften um Leute gehandelt hat, die Commitments hatten. Heute haben wir es vermehrt mit Leuten zu tun, die lediglich die Optionen betrachten. Für uns waren gewisse Dinge non-negotiable. Ich möchte allerdings dazu sagen, dass ich heute gerade bei der jüngeren Generation viele positive Eigenschaften feststelle, die wieder mehr mit Engagement und Leistung zusammenhängen. Wir haben wohl in den letzten 20 bis 30 Jahren zum Teil falsche Kriterien angewendet bei der Auswahl von Aufsichtsräten und Führungskräften. Professionelle Kenntnisse und Cleverness waren zum Teil wichtiger als Charakter und Persönlichkeitswerte.

Ich hoffe aber, meine Damen und Herren, dass aus dieser Finanzkrise und auch aus anderen Skandalen wie zum Beispiel überhöhten Gehältern Lehren gezogen werden. Ich hoffe, dass man einsieht, dass das Verhalten gewisser Hedgefonds-Manager, übertriebene und kurzfristig ausgerichtete Verlagerungen ins Ausland sowie eine übertriebene Outsourcing-Mentalität, aber auch das teilweise brutale Verhalten von Einkäufern sowie die Zunahme von Korruption und schwarzen Kassen letztlich nicht im Interesse der Unternehmen und deren langfristigem Erfolg sind.

Damit ist eigentlich die Frage, ob Moral sich langfristig lohnt, beantwortet. Trotzdem möchte ich anhand einzelner Fragen der Unternehmensführung und der Unternehmenspolitik dem Stellenwert von Moral und ihrem Nutzen für nachhaltigen Erfolg mit den folgenden Bemerkungen nachgehen.

In diesem Zusammenhang bin ich mit dem Grundthema der diesjährigen Dialogtage nicht ganz einverstanden. Der Begriff »Moralisierung der Märkte« ist für mich gewissermaßen zu moralisierend und kann leicht zur

Heuchelei und zur Verlogenheit führen. Und nichts wäre tödlicher für wirkliches und konkretes moralisches Verhalten in der Unternehmenspraxis.

Kommen wir in diesem Zusammenhang gleich zum vielgepriesenen und oft zitierten ethischen und sozialen Verhalten der Unternehmen. Es gibt ja kaum einen Geschäftsbericht oder eine PR-Broschüre, in der nicht steht: »Wir sind uns unserer gesellschaftlichen und sozialen Verantwortung bewusst, und der Mensch steht bei uns selbstverständlich im Mittelpunkt.« Die Praxis sieht aber oft ganz anders aus.

Lassen Sie es mich klar sagen: Meine Damen und Herren, die wichtigste soziale und ethische Verantwortung der Unternehmer ist es, langfristig am Markt und im Wettbewerb erfolgreich zu sein und damit den Ertrag des Unternehmens nachhaltig zu sichern. Damit wird ein wichtiger Beitrag zum Wohlstand und zum Gedeihen der Wirtschaft geleistet, wovon letztlich alle profitieren. Ein gutes Unternehmen zahlt damit die für die Gemeinschaftsaufgaben notwendigen Steuern und schließlich werden über eine erfolgreiche Unternehmensführung auch die Arbeitsplätze gesichert, erhalten und vermehrt. Diese grundlegenden Aufgaben eines Unternehmens sind deshalb auch seine wichtigste soziale und ethische Verantwortung.

Im Übrigen nehmen wir natürlich darüber hinaus unsere soziale, ethische und ökologische Verantwortung wahr. Eine solche Haltung ist auch im langfristigen Interesse des Unternehmens, weil dadurch das wichtige Image eines Unternehmens gefördert wird, und auch die langfristige Motivation der Mitarbeiter erhalten bleibt. Übrigens haben derartige Haltungen, soweit sie zu zusätzlichen Ausgaben führen, da ihre Grenze, wo wir unsere Wettbewerbsfähigkeit gefährden, wenn die Wettbewerber nicht ähnliche Verhaltensweisen an den Tag legen.

Hierbei wird ja oft die Frage gestellt, wie wir uns zur notwendigen Rationalisierung und Restrukturierung eines Unternehmens stellen, die oft auch mit Reduzierung von Arbeitsplätzen verbunden ist. Um es klar zu sagen: Um wettbewerbsfähig zu bleiben, und damit langfristig auch im Interesse der Arbeitnehmer erfolgreich zu sein, müssen alle Möglichkeiten betreffend Rationalisierung und Kostensenkung ausgeschöpft werden. Es kommt aber darauf an, wie man es macht, und wie man damit umgeht. Eine soziale Flankierung solcher Maßnahmen, eine Streckung über mehrere Jahre etc. ist oft die beste Investition in die Mitarbeiter und deren Motivation wie auch in das Image des Unternehmens, das heutzutage ja für das Bestehen im Markt ebenfalls eine wesentliche Rolle spielt.

Ich glaube auch, dass man mit einer solchen Politik betriebsbedingte Kündigungen vermeiden kann, wenn man alle Möglichkeiten nutzt und das Rationalisierungsziel nicht bereits innert kürzester Frist erreicht haben möchte. Man sollte beispielsweise die Erreichung der Pensionierungs- und Altersgrenze nutzen, ebenso wie die normale Fluktuation und Mitarbeitern darüber hinaus durch Umschulungen neue Arbeitsplätze vermitteln.

Nun besteht das Dilemma ja darin, dass sich der Unternehmer heute einerseits mit einer ständigen Zunahme der gesellschaftlichen Anforderungen bezüglich Ethik, Ökologie, sozialen Verhaltens, Sponsoring, Unterstützung von karitativen Einrichtungen und andererseits – wegen der Zunahme der Financial Pressures – mit Kurzfristigkeit, Shareholder-Value und Gewinnmaximierung konfrontiert sieht.

Im Sinne eines Unternehmensinteresses, das auf Langfristigkeit ausgerichtet ist, gilt es hier als Unternehmenschef die richtige Balance zu finden. Dies ist nicht immer einfach, aber sehr wichtig.

Ich habe eingangs bereits gesagt, dass eine langfristige und erfolgreiche Unternehmensführung, und damit auch die Berücksichtigung moralischer Aspekte, in erster Linie von der richtigen Auswahl der Führungskräfte abhängt.

Zum Thema Mut gehört auch das nötige Rückgrat; man sagt ja: »Die Männer haben alle eine Wirbelsäule, aber nur wenige ein Rückgrat«. Mut und Nerven sind vor allen Dingen auch dann gefragt, wenn es darum geht, trotz kurzfristigen Pressures die langfristigen Ziele des Unternehmens nicht aus den Augen zu verlieren.

Wenn es um die Betonung der langfristigen Ausrichtung eines großen Unternehmens geht, haben die Aufsichtsräte eine wichtige Verantwortung wahrzunehmen. Sie im Speziellen müssen prüfen, ob die Maßnahmen und Entscheidungen langfristig gut sind für das Unternehmen. Sie können dies eher tun, weil sie nicht direkt im kurzfristigen, operativen Geschehen tätig sind und daher die Langfristigkeit stärker betonen können.

Es ist im Übrigen ein Vorteil von vielen Familienunternehmen, dass sie automatisch langfristiger denken, weil sie in Generationen denken.

Langfristiges Denken und Handeln muss eingebettet sein in unternehmenspolitische Grundsätze, die nicht jeden Tag geändert werden. Ich habe bei Nestlé die folgenden drei Grundsätze entwickelt:

1. Wir denken und handeln langfristig.
2. Wir sind im Zweifelsfall für mehr Dezentralisierung.
3. Wir sind eher an Menschen und Produkten orientiert als an Systemen.

Zum Grundsatz der Langfristigkeit muss zusätzlich gesagt werden, dass es sich aufgrund des heutigen Drucks durch den verschärften globalen Wettbewerb und durch die Finanzwelt nicht immer einfach gestaltet, langfristig ausgerichtetes Handeln durchzuhalten. Wenig hilfreich sind hierbei Eitelkeiten von Chefs, die kurzfristig Erfolg zeigen möchten. Zum Teil führt auch die Gehaltspolitik zu kurzfristigem Handeln, weil einige Boni und Incentives zu stark auf das Jahresergebnis und weniger auf die langfristige Entwicklung ausgerichtet sind.

Des Weiteren gefährden zu viele Wechsel in den Führungsetagen eine langfristige Unternehmensausrichtung, da die Chefs dann schon nach kurzer Zeit zeigen wollen, was sie für Helden sind. Ich habe in meiner zwanzigjährigen Amtszeit an der Spitze von Nestlé vieles getan, was man nur mit einer auf Langfristigkeit ausgerichteten Sichtweise begründen kann – beispielsweise der Eintritt in neue Länder, gewisse Akquisitionen, die Zeit brauchten bis sie sich rentabilisiert haben, langfristige Personalentwicklung und Personalpolitik usw. Manches kam erst voll zum Tragen, als längst schon mein Nachfolger das Geschäft führte. Er tut jetzt dasselbe und wird also vieles unternehmen und entscheiden, was über seine Amtstätigkeit hinaus reicht.

Eine langfristige Politik ist natürlich umso leichter durchzuhalten, wenn ich auch kurzfristig Gewinne erziele und der Shareholder-Value sich vernünftig entwickelt. Wenn einem kurzfristig das Wasser bis zum Hals steht, ist es mit der langfristigen Politik und der Moral zu Ende.

Zusammenfassend gesagt: Wer langfristig denkt, ist auch an einer Förderung und Motivation der Mitarbeiter interessiert, vermeidet kurzfristige Rationalisierungsmaßnahmen, die die Mitarbeiter verunsichern, und tut nichts, was dem langfristigen Image eines Unternehmens schaden könnte. Eine solche Politik ist am Schluss auch für die Aktionäre interessant, sofern auch sie langfristig mit dem Unternehmen verbunden bleiben. Ich sage in diesem Zusammenhang immer: *»Mir sind Shareholder lieber als Sharetrader«*. Wir können keine Unternehmenspolitik betreiben, die auf die kurzfristigen Jo-Jo-Aktionäre eingeht. Ein Unternehmer darf sich auch nicht durch Quartalsberichte, kurzfristige Forderungen eines Teils der Analysten und Börsianer oder ähnliche Dinge beeinflussen lassen. Auch im Marktgeschehen ist eine langfristige Politik besser. Das erfordert natürlich auch ein starkes Nervenpaket.

Einige Bemerkungen zur Personalpolitik

Neben dem bereits Gesagten ist eine langfristige Entwicklung des Führungspersonals sowie die Investition in die Schulung sehr wichtig. Fast noch wichtiger als die Schulung ist jedoch die Selektion der Führungskräfte. Wenn Sie die falschen Leute haben, können Sie schulen so viel Sie wollen, der Ertrag wird minimal sein.

Was die Bedeutung von so genannten Assessment Centers für die Auswahl von Führungskräften anbelangt, so halte ich persönlich nicht allzu viel davon. Ich bin überzeugt, dass das verlässliche Urteil erfahrener Mitarbeiter im eigenen Unternehmen unerlässlich ist. Ich habe stets den Leitspruch befolgt: *»Look in the eyes and not in the files«.*

Natürlich ist es für eine langfristige Personalpolitik entscheidend, alles zu tun, um langfristig die Motivation der Mitarbeiter zu erhalten.

Zum Umgang mit Mitarbeitern möchte ich eine Story aus meinem Buch »Management Brevier« zum Besten geben, die vom Umgang mit Pferden handelt. Ich habe hierbei einige interessante Gedanken von Jürgen Fuchs aus dessen Buch »Lust auf Deutschland – Ein märchenhafter Roman für Menschen mit Mut« wie folgt zitiert:

» [...] in den Überlieferungen vieler Naturvölker finden sich einige Hinweise für das erfolgreiche Zusammenleben des Menschen mit seinem ältesten Begleiter:

- Das Pferd akzeptiert Führung, wenn sie Autorität ausstrahlt, aber nicht, wenn sie autoritär ist.
- Das Pferd achtet Führung, wenn sie klar und eindeutig ist, aber nicht, wenn die führende Hand zittert.
- Das Pferd vergisst nie, wer ihm in bedrohlicher Situation geholfen hat, aber auch nie, wer es verletzt hat.
- Das Pferd hat Lust auf Leistung, aber nicht, wenn es dazu gezwungen wird.
- Das Pferd lässt sich von einem Menschen führen, aber nur, wenn es Zeit hatte, mit ihm vertraut zu werden.
- Das Pferd schafft unglaubliche Leistungen, aber nur, wenn es seinem Reiter vertraut. Es geht für ihn sogar, im wahrsten Sinne des Wortes, durchs Feuer. Ohne ihn geriete es dabei in Panik.«

Was hier über das Pferd gesagt wird, lässt sich problemlos auf uns Menschen übertragen.

Im Übrigen wird mit der Entwicklung und Pflege des Führungspersonals oft die unterste Führungsschicht vergessen, obwohl sie mitunter noch am wenigsten zur Führung geeignet ist. Die unterste Führungsschicht ist aber diejenige, die mit dem Gros der Mitarbeiter umgeht.

Nachhaltiges und moralisch einwandfreies Verhalten wird auch gefördert durch eine langfristige Wertorientierung.

Bei der Betonung der Wertorientierung müssen wir uns natürlich auch die Frage stellen, welche Werte wir meinen.

Das erfordert zunächst eine Rückbesinnung auf die Hauptwurzeln unserer Werte, nämlich die christlich-jüdischen und die griechisch-römischen Entwicklungen. Schließlich werden diese Werte mit dem Beginn der Neuzeit und der Renaissance ergänzt bis zur Entwicklung des Materialismus, des Individualismus, der Demokratie, der Menschenrechte usw.

Wir müssen natürlich als Führungskräfte und Manager darüber etwas wissen, um unseren Unternehmen selbst Orientierung geben zu können. Schließlich gilt es, bei der Wertorientierung ständig vier Güter gegeneinander abzuwägen, die von unterschiedlichen Menschen, Gesellschaftsformen und Zeiten unterschiedlich gewichtet und beurteilt werden, nämlich: Liberty (Freiheit), Equality (Gleichheit), Efficiency (Effizienz) und Community (Solidarität und soziales Verhalten). Je nach Gewichtung dieser vier Aspekte haben wir unterschiedliche gesellschaftspolitische Lösungen, Verfassungen, politische Programme und Gesetzgebungen und schließlich auch unterschiedliche wertorientierte Führungssysteme. Im Übrigen kann wertorientierte Führung nicht losgelöst sein von der gegenwärtigen gesellschaftspolitischen Situation, von dem jetzigen Meinungsspektrum und vom Zeitgeist.

Anderseits soll Wertorientierung aber auch nicht nur den Zeitgeist reflektieren, sondern Wertorientierung geht über den jetzigen Zeitgeist hinaus. Irgendwie liegt also Führung immer zwischen der Notwendigkeit von Toleranz einerseits und der Ausübung von Autorität und Orientierung andererseits.

In den modernen und entwickelten Gesellschaften, ganz besonders auch in Deutschland, müssen wir uns natürlich auch ständig die Frage stellen, wie wir mit der Mitbestimmung umgehen, mit der Mitwirkung der Arbeitnehmer und mit deren Rechten? Bei aller Berechtigung der Mitbestimmung der Arbeitnehmer in einer modernen Industriegesellschaft glaube ich doch, dass wir in unserem Lande etwas übertrieben haben. Wir haben in keinem anderen europäischen Land so weitgehende Reglementierungen und Mitbestimmungsrechte.

Natürlich müssen wir auch in vielen anderen Fragen wissen, welche Werte wir meinen. Ich nenne einige Beispiele:

- Soll vermehrt entsprechend der erbrachten Leistungen vergütet werden oder stehen eine geringere Differenzierung der Lohnstufen und mehr Gleichheit im Vordergrund?
- Sollen Leistungsträger gefördert oder mehr Mühe darauf verwenden werden, die weniger Guten nachzuziehen?
- Soll man sich ausschließlich um die aktiven Mitarbeiter kümmern oder auch um die Pensionäre und somit das Alter und die Verdienste ehren? Hier kommt auch eine unterschiedliche Wertschätzung von Jung und Alt zum Tragen.
- Sollen Dienstjahre und Treue oder eher die aktuelle Leistungsfähigkeit berücksichtigt werden?
- Sind wir eher für einen kooperativen Führungsstil, Kollegialität und Coaching oder für eine stärkere Betonung von Führung? (Ich erinnere an meinen Leitsatz: »Team mit Spitze«).

Zur Wertorientierung gehört auch die Behandlung von Lieferanten. Ich habe meinen Mitarbeitern immer gesagt: »Geht mit unseren Lieferanten so um, wie ihr von euren Kunden behandelt werden wollt«.

Wir müssen also immer abwägen und die richtige Balance finden. Mit Fundamentalismus oder moralischem Rigorismus kann man nicht führen. Max Weber hat schon gesagt: »Wir müssen unterscheiden zwischen Gesinnungsethik und Verantwortungsethik«. Als Verantwortungsethiker bezeichnete Weber denjenigen, der bei seinem Handeln die Gesamtheit der Folgen seines Handelns bedenkt und der die Bewertung dieser Folgen zum Maßstab seiner Entscheidung macht. Gesinnungsethiker nannte er denjenigen, der bestimmte Handlungen kontextunabhängig als moralisch oder unmoralisch qualifiziert, also ohne Rücksicht auf die Folgen bestimmter Handlungen oder Unterlassungen das tut, was er für das sittlich Gebotene hält.

Gesinnungsethiker zu sein kann man sich leisten, wenn man selbst keine Verantwortung trägt.

Schlussbemerkungen

Damit, meine Damen und Herren, komme ich zum Schluss und möchte meine Bemerkungen wie folgt zusammenfassen:

Moralisches Verhalten in dem von mir definierten Sinn ist nicht nur eine Frage von Ethik und Sittlichkeit im Sinne unserer allgemeinen Auffassungen und Grundwerte und eventueller religiöser Anschauungen, sondern leistet einen wichtigen Beitrag zum nachhaltigen Unternehmenserfolg.

Schon Epiktet hat mit seinem »Utilitarismus« darauf hingewiesen, dass ethisches Verhalten im Interesse des Unternehmers liegt. Ich bin ohnehin der Meinung, dass Moral an sich wichtig ist, unabhängig davon, wie sie sich auf das Unternehmensinteresse auswirkt. Und auch der Ökonom Wilhelm Röpke hat ein Buch geschrieben zum Thema »Jenseits von Angebot und Nachfrage«.

Lassen Sie mich am Schluss die Kardinaltugenden von Aristoteles erwähnen, die mich in meinem Leben als Richtschnur begleitet haben; sie lauten:

- Tapferkeit,
- Weisheit,
- Mäßigung und Bescheidenheit,
- und Gerechtigkeit.

Und ganz am Schluss lassen Sie mich drei Dinge erwähnen, die ich letztlich als Essenz der notwendigen Führungseigenschaften für nachhaltigen Erfolg und moralisches Verhalten betrachte:

- Herz und Verstand,
- Mens sana in corpore sano (»Ein gesunder Geist in einem gesunden Körper«),
- und die Verhaltensrichtlinie aus einem alten deutschen Sprichwort: »Tue recht und scheue niemanden«.

Quelle: Maucher, Helmut: »Lohnt sich Moral im Geschäft? Der Stellenwert von Moral für nachhaltigen Erfolg«, Vortrag anlässlich der Bayreuther Dialoge am 24. und 25. Oktober 2008 (abgedruckt in der Broschüre der Bayreuther Dialoge mit dem Titel *Moralisierung der Märkte. Neue ohnMacht des Konsumenten*).

Wertorientierung als wichtiger Bestandteil moderner Unternehmensführung – Erfahrungen aus der Führung eines internationalen Konzerns

Die anschließende Rede handelt von der Tatsache, dass für Maucher die wertorientierte Führung erfolgreich ist. Eine von Grundsätzen geprägte Unternehmenspolitik, eine richtige Unternehmenskultur und Corporate Governance sind dabei ebenso zentral wie eine gut funktionierende Kommunikationspolitik. Abschließend nennt Maucher die Wichtigkeit, dass Unternehmen ihre ethische und soziale Verantwortung wahrnehmen.

A)

Das Oberthema des heutigen Vortrages lautet »integral und authentisch führen«. Ich verstehe unter einer »integralen« Führung eine ganzheitliche und glaubwürdige Führung. Ich würde zu »integral führen« »integer führen« hinzufügen wollen. Bei dem teilweise zu beobachtenden Niedergang von Moral und Sitte und den vielen Skandalen gewinnt diese Art von Führung wieder eine neue und wichtige Bedeutung.

Zum Wort »authentisch«. Ich würde sagen, das heißt nichts anderes als sich selbst treu zu bleiben, sich nie zu verbiegen und weder verlogen noch heuchlerisch zu werden. Nur dann entsteht die für die Führung so wichtige Glaubwürdigkeit und das Vertrauen.

B)

Und damit zum Thema »Wertorientierte Führung«.

Zunächst muss ich als Unternehmer ganz klar sagen, dass wir in einer Markt- und Wettbewerbswirtschaft leben und also wertorientierte Führung nur dann stattfinden kann, wenn wir uns an Werten orientieren, die langfristig den Bestand und die Entwicklung des Unternehmens gewährleisten. Tun wir das nicht, ist die Kontinuität eines Unternehmens gefährdet – mit all den damit verbundenen Konsequenzen wie dem Verlust von Arbeitsplätzen und Sachwerten.

Meinen Vortrag werde ich in zwei Abschnitte gliedern, nämlich:

1) Nachweis, dass wertorientierte Unternehmensführung zum Unterneh-

menserfolg beitragen kann und auf keinen Fall dem Unternehmenserfolg schadet.

2) Einige Ausführungen bezüglich der Werte, die ich in diesem Zusammenhang meine.

Zu Punkt 1):

Am Anfang einer wertorientierten Unternehmensführung stehen die Auswahl des Führungspersonals und die Bestimmung der Qualitäten, die wir von den Top-Leuten verlangen.

[...]

Schließlich können wir keine kurzfristig orientierten Karriere-Opportunisten und Job-Hopper gebrauchen, die nur an sich selbst denken und nicht an die Firma. Wir brauchen eine gute Balance zwischen dem Einsatz und dem Engagement für die Firma und natürlich auch einer vernünftigen Gestaltung des Privatlebens.

Eine Generalisierung ist immer problematisch, aber ich würde generell sagen, meine Generation war eher eine Generation der Commitments, während die heutige Generation eher eine Generation der Optionen ist.

[...]

Führung nur in Ausübung der verliehenen Autorität zu betreiben, genügt auch nicht. Ich spreche immer von Added-Value-Leadership, was so viel heißen will wie: »Führe nicht kraft Deines verliehenen Amtes, sondern unter dem Gesichtspunkt, wie Du einen Beitrag zur Wertsicherung des Unternehmens leisten kannst«. Ich spreche deshalb auch von Employee-Involvement, d. h., die Mitarbeiter zu informieren und sie möglichst weitgehend in notwendige Entwicklungen und Maßnahmen einzubeziehen.

Als Richtschnur für mein eigenes Verhalten dienen mir die Kardinaltugenden, die ich in diesem Zusammenhang oft zitiere; es sind dies: Mut, Gerechtigkeit, Weisheit und Bescheidenheit.

[...]

Ich habe das Thema Qualifikation von Führungskräften und Eliten bewusst sehr ausführlich behandelt, weil damit die wertorientierte Führung beginnt.

Ich betone jedoch nochmals, dass wir auch wieder vermehrt auf Charakter, Verlässlichkeit und Verantwortungsgefühl achten sollten, als nur darauf, ob jemand in Mathematik eine Eins hat. Dies würde auch der Akzeptanz von Eliten zuträglich sein.

Im Folgenden einige Aspekte zum Thema Unternehmenskultur, die einmal als die Summe aller Selbstverständlichkeiten definiert worden sind.

Im Rahmen der von mir definierten Management- und Führungsprinzipien bei Nestlé habe ich auch die wichtigsten Grundsätze der Unternehmenskultur definiert. Sie müssen einerseits so allgemein gehalten sein, dass sie auf die ganze Nestlé-Welt angewandt werden können, dass sie von China bis Alaska stimmen, und andererseits müssen sie so spezifisch sein, dass sie nicht nur aus Allgemeinplätzen bestehen, wie beispielsweise »edel sei der Mensch, hilfreich und gut«.

Einer der wichtigsten Grundsätze ist der Respekt vor anderen Kulturen und Traditionen (dies ist in einem multinationalen Unternehmen unerlässlich), ohne aber gewisse Grundsätze aufzugeben, die in allen Kulturen gültig sein können.

Elemente der Nestlé-Kultur sind ferner ein eher pragmatisches als dogmatisches Vorgehen bei der Geschäftstätigkeit, eine realistische Einstellung sowie Entscheidungen, die auf Tatsachen und nicht auf Träumen oder Illusionen beruhen, Arbeitsethik, Integrität, Ehrlichkeit und Qualität; auf Vertrauen basierende Beziehungen, wobei gegenseitige Aufrichtigkeit erwartet wird und Intrigen abgelehnt werden. Eine persönliche, direkte Art des Umgangs mit dem anderen, so dass bürokratische Verfahren auf ein Mindestmaß reduziert werden können.

Die Mitarbeiter von Nestlé geben nicht an, sind sich aber ihres Wertes sowie des positiven Images ihres Unternehmens bewusst. Sie sind prinzipiell bescheiden, haben jedoch Stil und einen Sinn für Qualität.

Die Nestlé-Mitarbeiter sind für dynamische und zukunftsorientierte Trends auf den Gebieten der Technologie, Änderungen der Verbrauchergewohnheiten sowie Geschäftsideen und -möglichkeiten offen, wahren jedoch die Achtung von grundlegenden menschlichen Werten und Verhaltensweisen. Nestlé hat gegenüber kurzfristigen Modeerscheinungen und selbst ernannten »Gurus« eine skeptische Einstellung. Nestlé ist ein menschliches Unternehmen, was in seiner Beziehung zu den Mitarbeitern und in der Wertschätzung seiner Mitarbeiter zum Ausdruck kommen muss.

Und schließlich zeigen die Angehörigen des Nestlé-Managements auf allen Ebenen ein starkes Engagement für das Unternehmen, seine Weiterentwicklung, seine Kultur und die oben beschriebenen Führungsprinzipien. Abgesehen von beruflicher Tüchtigkeit und Erfahrung, stellen die Fähigkeit und der Wille, diese Prinzipien anzuwenden, die wichtigsten Kriterien für eine Beförderung dar und nicht der Pass oder die ethnische oder nationale Herkunft einer Person.

Bei Zusammenkünften und Seminaren von Nestlé-Mitarbeitern habe ich den Teilnehmern aus der ganzen Welt jeweils gesagt: »Behaltet eure eigenen Traditionen bei und schlüpft in kein künstliches Kleid, denn damit werdet ihr nicht erfolgreich sein. Zusätzlich aber solltet ihr Folgendes beherzigen:

1) Bejaht und akzeptiert die allgemeinen Grundregeln der Nestlé-Kultur, die so beschaffen sind, dass sie eure eigene Kultur nicht verletzen. Bewahrt euch aber auch eure eigenen Traditionen und Bräuche.
2) Entwickelt Verständnis für andere Kulturen, denn sonst können wir bei Nestlé nicht zusammenarbeiten.

[...]

Nur ein Wort zum Thema Corporate Governance, zu Topgehältern und gewissen Skandalen. Kein Mensch begreift, wenn jemand Gehälter in zweistelliger Millionenhöhe einsteckt und gleichzeitig kurzfristig die Entlassung von Tausenden von Mitarbeitern ankündigt. Die Vorstände selbst und die Aufsichtsräte haben hier eine klare Verantwortung, das Maß einzuhalten, Führungsleute danach auszuwählen und die sozialen Aspekte nicht außer Acht zu lassen. Diese grundsätzlichen Dinge sind wichtiger als die derzeitige Tendenz, die ganze Corporate Governance mit einem umfassenden Regelwerk zu versehen.

Zum Thema Rationalisierung und Restrukturierung. Um wettbewerbsfähig zu bleiben, müssen alle Möglichkeiten ausgeschöpft werden. Es kommt aber darauf an, wie man es macht, und wie man damit umgeht. Hierzu zwei Beispiele aus meinem Unternehmen: In Zusammenarbeit mit einem Beratungsunternehmen und aufgrund bestimmter organisatorischer Veränderungen ergab sich die Möglichkeit, die Mitarbeiterzahl in der Unternehmenszentrale in der Schweiz um etwa 10 % zu reduzieren. Mein Rezept war: offene Information (Employee-Involvement), zeitliche Staffelung über zwei bis drei Jahre unter Ausnutzung der Umsetzungsmöglichkeiten usw. sowie Einbeziehung des natürlichen Personalabgangs durch Pensionierungen, so dass im Prinzip niemand entlassen werden musste. Die Verzögerung des Rationalisierungseffekts mit zeitlich zunächst noch anfallenden Kosten war eine der besten Investitionen in die Motivation der Mitarbeiter. Sprüche wie »Der Mensch steht im Mittelpunkt« oder Human-Relations-Broschüren nützen gar nichts, wenn man in der Praxis nicht danach handelt. So habe ich, um zum zweiten Beispiel zu kommen, im britischen Grimbsby eine Fabrik verschenkt, um dadurch einen Erwerber zu bekommen, der einen größeren Teil des Mitarbeiterbestandes übernommen hat.

Zur Kommunikationspolitik. Es wird zwar viel über Transparenz gesprochen, was im Prinzip auch richtig ist, doch ist hier Vorsicht geboten – wir haben auch Wettbewerber, denen wir nicht alles auf die Nase binden wollen.

[...]

Alle anderen Informationen dürfen wir nicht nur den Finanzleuten überlassen, da diese sich nur an die Investoren wenden und dabei die anderen Gesichtspunkte der Öffentlichkeit, der Presse und des Personals nicht mit berücksichtigen.

Zur internen Kommunikation. Oft werden Mitarbeiter heute mit Informationen überflutet. Meist hören Sie aber nur das Hohe Lied des Unternehmens, ohne dass die wirklichen Probleme angeschnitten würden. Die Mitarbeiter sagen oft, dass sie mehr informiert werden möchten; was sie aber in Wirklichkeit meinen ist, dass man ihnen mehr Ehrlichkeit und Vertrauen entgegenbringen soll.

Zu Punkt 2 – Definition der Werte:

Der frühere Asko und Coop Chef Wiegand hat ein Forum für Verantwortung gegründet. Dieses Forum hat während der letzten Tagung das Thema »Die kulturellen Werte Europas« diskutiert. (Die Beiträge sind bei Fischer als Taschenbuch erschienen; das Buch kann ich nur empfehlen.)

Nach Professor Joas sind Werte emotional stark besetzte Vorstellungen über das Wünschenswerte. Unsere Wertvorstellungen haben ihre Wurzeln zunächst in christlich-jüdischen und in griechisch-römischen Wertvorstellungen. Mit der Entwicklung der Neuzeit und der Renaissance kommen natürlich Ergänzungen zu diesen Werten hinzu. Ich kann dies alles nur stichwortartig anführen.

Im Verlauf der Aufklärung kommt eine stärkere Betonung der Rationalität hinzu (siehe Descartes' »Cogito ergo sum«), ebenso wie eine stärkere Betonung der Individualität und der Selbstverwirklichung, die bis hin zum Narzissmus reichen kann. Mit der französischen Revolution endet der Absolutismus, und die Bedeutung des Materialismus nimmt zu. Ebenso verbreitet sich das diesseitige Denken auf Kosten von Religiosität und Transzendenz (siehe Nietzsche: »Gott ist tot«).

Schließlich eine stärkere Entwicklung und Ausprägung der Demokratie und der Menschenrechte einerseits und andererseits – während des letzten Jahrhunderts – entstehen zwei totalitäre Ideologien. (Dieser kurze Abriss verdeutlicht, wie brüchig alles sein kann).

Gegenwärtig stellen wir wieder fest, dass die große Bedeutung der rechten, also der emotionalen Gehirnhälfte, wieder besser erkannt wird. Erkenntnisse über die genetische Substanz gewinnen an Gewicht und in ihrem Zug auch die Hirnforschung mit ihrem neuen Determinismus. Wie gesagt, das sind alles nur Stichworte, aber sie sind wichtig, wenn wir die Frage diskutieren, welche Werte wir unserem Handeln generell vor allem aber unserem Handeln als Führungskräfte zugrunde legen.

[...]

Ohne mich heute hier auf dieses Thema einzulassen, möchte ich Ihnen einen Spruch verraten, den ich seinerzeit bei der Einführung der qualifizierten Mitbestimmung vor den Aufsichtsräten einschließlich der damals mitwirkenden Betriebsräte und Gewerkschafter gesagt habe:

»Ich verhalte mich wie der schiefe Turm zu Pisa –
ich bleibe geneigt, aber ich stehe fest.«

Wir müssen also immer wieder abwägen und die richtige Balance finden. Mit Fundamentalismus oder moralischem Rigorismus kann man nicht führen. (Siehe auch Max Webers Unterscheidung von Gesinnungs- und Verantwortungsethik).

Schlussbemerkungen

1) Wertorientierte Führung im wohl verstandenen Sinne ist auch für ein Unternehmen langfristig erfolgreich, weil eine solche Führung ein besseres Betriebsklima, mehr Sicherheit, größeres Vertrauen und höhere Motivation schafft, womit eine höhere Leistungsfähigkeit verbunden ist. Eine Führung, die sich an Werten orientiert, dient dem Unternehmen auch nach außen, weil das Unternehmen in der Gesellschaft, der Öffentlichkeit, dank eines besseren Images ein größeres Ansehen hat und eher anerkannt wird. Dies ist heute ein wichtiger Erfolgsfaktor, besonders, nachdem Kunden und Verbraucher immer mehr wissen wollen, woher die Ware kommt.
2) Werte sind nicht gleich Werte. Wir müssen immer eine Auswahl treffen, die unseren Vorstellungen entspricht, aber sich nicht völlig vom Zeitgeist abhebt.
3) Keiner kann mit Werten führen, die er selbst nicht verkörpert – womit wir wieder beim heutigen Thema der Authentizität sind.

Lassen Sie mich bitte mit einer kleinen Story schließen.

Ich habe vor einigen Jahren einen Vortrag gehalten vor dem Verband der Privatbankiers in der Schweiz und zwar bei einer Abendveranstaltung, bei der auch die Ehepartner anwesend waren. Es entbrannte eine heiße Diskussion um das Thema Shareholder-Value, und am Schluss meiner Ausführungen habe ich gesagt – ich muss dies auf Englisch sagen, weil das Wortspiel nur im Englischen funktioniert –:

»And by the way, ladies and gentlemen, I do hope that we share more values than just the share-value«.

Quelle: Maucher, Helmut: »Wertorientierung als wichtiger Bestandteil moderner Unternehmensführung – Erfahrungen aus der Führung eines internationalen Konzerns«, Vortrag anlässlich des Personal Symposiums »Authentische und integrale Führung« im September 2005.

»Man braucht Rückgrat«

»Auch wenn eine Firma Gewinne schreibt, kann es legitim sein, sich von Mitarbeitern zu trennen« – Im folgenden Interview spricht Helmut Maucher darüber, wie Unternehmen ihre Wettbewerbsfähigkeit erhalten und darüber, wie eine langfristig orientierte Unternehmenspolitik aussieht.

[...]

DIE ZEIT: Herr Maucher, viele Unternehmen melden Rekordgewinne und entlassen trotzdem Mitarbeiter. Fehlt unseren Managern der Anstand?

Helmut Maucher: Das hat nichts mit Anstand zu tun. Ein Unternehmen muss immer versuchen, so wettbewerbsfähig wie möglich zu sein. In einer Marktwirtschaft sind die Gewinne von heute ja nicht für alle Zeit gesichert. Irgendwann kommt ein Konkurrent, der das gleiche Produkt viel günstiger anbietet oder ein viel besseres Produkt liefert. Dagegen muss ich mich als Manager wappnen. Ich muss rationalisieren, ich muss mein Unternehmen effizienter machen – auch wenn die Gewinne bereits hoch sind. Und wenn das bedeutet, dass man sich von einigen Mitarbeitern trennen muss, dann ist das zwar hart, aber immer noch besser, als langfristig den ganzen Laden dichtmachen zu müssen, weil ein Konkurrent kommt, der einen vom Markt fegt.

ZEIT: Also ist Job Abbau ein legitimes Mittel, um die Rendite zu steigern?

Maucher: Nein, und genau das ist das große Missverständnis. Ich spreche vom Erhalt der Wettbewerbsfähigkeit. Das kann durchaus bedeuten, dass das Management viel Geld in neue Maschinen investiert oder ein anderes Unternehmen zukauft, also Dinge unternimmt, die kurzfristig den Gewinn – und damit die Rendite – drücken können. Was ich scharf kritisiere, sind die Rendite-Fetischisten unter den Unternehmensführern, denen es nur darum geht, kurzfristig alles zu tun, um den eigenen Aktienkurs nach oben zu treiben. Diese trennen sich nicht von Mitarbeitern, weil es dem Unternehmen langfristig nützt, sondern weil die Börse das goutiert.

ZEIT: Gibt es eine Obergrenze für Rendite?

Maucher: Solange ich als Manager das Geld fremder Leute verwalte – nämlich das Geld meiner Aktionäre –, muss ich den Investoren natürlich etwas bieten. Eine gute Rendite ist für die Aktionäre wichtig, sie muss mindestens über dem Zins liegen, der sich mit langfristigen und vergleichsweise sicheren Anlagen erzielen lässt, und wenn die Aktionäre glauben, dass man eine vernünftige Arbeit macht, dann zieht man auch neue Aktionäre an. Wenn einige Manager heute also eine immer höhere Rendite propagieren, hat das entweder mit ihrer eigenen Eitelkeit oder mit ihren Aktienoptionen zu tun, und sie wollen womöglich nur kaschieren, dass sie den Aktionären keine vernünftige langfristige Unternehmensstrategie bieten können.

ZEIT: Viele Manager sagen, sie müssten die Rendite nach oben treiben, weil das Unternehmen sonst feindlich übernommen werden könnte.

Maucher: Das kann ich zum Teil verstehen. Aber solange wir eine freie Marktwirtschaft haben, können Firmen auch übernommen werden. Eine Übernahme zu verhindern, darf nicht das erste Ziel des Managements sein.

ZEIT: Wird eine langfristig orientierte Unternehmenspolitik denn überhaupt vom Kapitalmarkt honoriert? Investmentbanker und Analysten haben doch eine ganz andere, viel kurzfristigere Perspektive.

Maucher: Das stimmt teilweise. Aber solange ein Unternehmen gute Gewinne macht, und ich als Manager dafür sorge, dass der Aktienkurs auf lange Sicht in Ordnung ist, kann ich die kurzfristigen Ausschläge verkraften. Dazu brauche ich das nötige Rückgrat. Doch daran scheint es heute einigen meiner aktiven Kollegen zu fehlen. Wer eine sinnvolle Investition unterlässt, weil sie kurzfristig den Gewinn – und damit den Aktienkurs – drücken könnte, der versündigt sich am Unternehmen.

ZEIT: Sie sagen, Stellenabbau sei nicht verwerflich, wenn ein Unternehmen damit wettbewerbsfähig bleiben will. Erklären Sie das mal den Menschen, die ihren Job verlieren.

Maucher: Wenn ein Unternehmen, das Gewinne macht, Stellen abbaut, kommt es ganz entscheidend auf das Wie an. Man kann das über einige Jahre verteilen, man kann auch die natürliche Fluktuation nutzen. Wenn einem das Wasser nicht bis zum Hals steht, muss man ja nicht radikal vorgehen. Das Wichtigste aber ist, dass die Manager ihren Mitarbeitern erklären, was da gerade passiert. Dass es darum geht, das langfristige Überleben des Unternehmens zu sichern. Es ist ja auch nicht im Sinne der Mitarbeiter, eine solche Maßnahme ganz zu unterlassen. Dann haben alle noch ein oder zwei Jahre eine schöne Zeit. Aber irgendwann kommt der Moment, in dem das ganze Unternehmen dafür büßen muss.

ZEIT: Sprechen Manager und Malocher überhaupt noch die gleiche Sprache?

Maucher: Wenn ein Manager ein zweistelliges Millionengehalt kassiert und dann Leute entlässt, wird das zu Recht nicht akzeptiert. Ein guter Unternehmer geht mit gutem Beispiel voran und mäßigt sich. Ich habe nichts gegen hohe Gehälter. Aber dazu gehört dann auch, dass man in guten Jahren die Mitarbeiter am Gewinn beteiligt und nicht nur die Aktionäre. Einige kurzfristig orientierte Karriereopportunisten, die alle paar Jahre das Unternehmen wechseln, können die ganze Marktwirtschaft in Verruf bringen.

ZEIT: Ist die soziale Verantwortung der Unternehmen, die viele Manager heute gern betonen, also nur ein Marketing-Gag?

Maucher: Nein, sie ist auch im langfristigen Unternehmensinteresse, weil das Image des Unternehmens positiv beeinflusst wird und die Mitarbeiter ganz anders motiviert sind. Ich selbst habe einmal eine ganze Fabrik verschenkt. Wir hatten bei Nestlé damals in England eine unprofitable Fabrik, in der Fische filetiert wurden. Wir hätten sie schließen müssen, aber dann hätten 500 Leute ihren Job verloren, und das in einer Gegend mit hoher Arbeitslosigkeit. Verkaufen konnte man die unprofitable Fabrik auch nicht. Also habe ich sie kostenlos abgegeben mit der Auflage, wenigstens einen Teil der Belegschaft weiter zu beschäftigen.

ZEIT: Wenn sich nun aber die Renditespirale immer weiter dreht: Verliert dann der Kapitalismus am Ende seine Legitimation?

Maucher: Nein. Wenn Wettbewerb funktioniert, steigt keine Renditespirale ins Endlose. Im Übrigen handelt es sich ja nur um wenige Fälle, die Anlass zur Kritik geben. Die meisten Unternehmer handeln sozial verantwortlich.

Quelle: Brost, Marc/Storn, Arne: »Man braucht Rückgrat«, in: *Die Zeit*, Ausgabe vom 01.12.2005.

»Unsere Generation ist länger standhaft geblieben«

Im folgenden Interview diskutiert Maucher über den Opportunismus heutiger Manager, die Macht der Aktionäre und warum Salzburg Pflicht ist.

[...]

Herr Maucher, warum sind Sie nicht in Salzburg bei den Festspielen?

Keine Sorge, ich flieg' noch hin. Wir sind jedes Jahr dort.

Manager mögen Salzburg.

Wir sind musikalisch interessiert. Meine Frau hat Musik studiert, ich habe Geige und Klarinette gespielt. Zudem ist Nestlé Sponsor der Festspiele.

Das haben Sie eingefädelt.

Ja, aber nicht, um mein privates Hobby zu finanzieren.

Das sagen alle Vorstände.

Stimmt, es gibt auch genügend schlechte Beispiele. Aber ich habe ein gutes Gewissen. Wir erreichen dort eine Zielgruppe, die wir sonst so nicht erreichen können. Salzburg bietet musikalische Spitzenqualität in angenehmer Umgebung und hat ein internationales Publikum. Das passt zu Nestlé, dient dem Image und ist viel billiger als Fußball-Sponsoring.

Stimmt unser Eindruck, dass die Wirtschaftsprominenz lieber nach Salzburg geht und die Politik lieber nach Bayreuth?

In Bayreuth gibt es eine Flanierpromenade, auf der sich die Politiker präsentieren können. Persönlichkeiten wie Angela Merkel oder Edmund Stoiber müssen sich dort sehen lassen. Die Qualität ist an beiden Spielstätten ausgezeichnet.

Sind Bayreuth und Salzburg gesellschaftliche Pflichttermine für Topmanager?

Es gibt vielleicht einige Topmanager, die glauben, sich dort sehen lassen zu müssen, um hinterher in der Zeitung zu stehen. Die meisten gehen aber sicher aus kulturellem Interesse dorthin.

Ist es für Topmanager wichtig, in der Zeitung zu stehen?

Wenn sie sonst nichts zu bieten haben ...

... also ist es nicht so wichtig.

Die Neigung zur Exhibition hat zugenommen. Es wird übertrieben. Eine Reputation hängt zwar auch davon ab, wie sich jemand darstellt. Aber am Ende zählen doch die Ergebnisse.

Wenn Sie sich Dieter Zetsche bei Daimler oder Klaus Kleinfeld bei Siemens ansehen – repräsentieren die beiden eine neue Managergeneration?

Sie haben zufällig zwei gute Vorstände genannt. Insgesamt gesehen meine ich aber, die neue Generation ist einen Schuss opportunistischer geworden und stärker beeinflussbar durch kurzfristige Events. Wir in meiner Generation sind doch länger standhaft geblieben. Vielleicht hatten wir aber auch mehr Spielraum.

Woher kommt das kurzfristige Denken?

Der Einfluss des angelsächsischen Kapitalismus ist gestiegen und damit der Druck auf Vorstände, kurzfristig gute Zahlen zu liefern. Mächtig sind die Finanzanalysten und die Fondsmanager geworden, die zu kurzfristigem Denken neigen und mit den Aktien Jo-Jo spielen wollen.

Kann man von Analysten lernen?

Was denn? Mir wurde in den letzten Dienstjahren immer vorgehalten, ich würde zu wenig mit Analysten sprechen. Ich war aber so arrogant zu sagen, dass mir ein 25-jähriger Finanzanalyst, der gerade von der Hochschule kommt und nie eine Fabrik von innen gesehen hat, kaum weiterführende Vorschläge machen kann. Generell muss man aber sagen, dass die Analysten in den letzten Jahren besser geworden sind.

Das klingt, als ob Sie sich nach den alten Zeiten sehnen, als Aktionäre nichts zu sagen hatten.

Nein. Im Gegenteil. Es gab zu viele deutsche Vorstände, die über den Wassern schwebten und ihre Aufgabe nicht erfüllten. Denen hätte Druck angelsächsischer Art gut getan.

Heute werden Vorstände schneller gefeuert als früher. Ist das gut?

Ja, eindeutig. Da haben wir viel zu lange gesündigt. Die Aufsichtsräte waren sich entweder zu vornehm dafür oder mit dem Vorstand befreundet. Da gab es schlimme Beispiele. Dass Aufsichtsräte und Aktionäre jetzt mehr Druck ausüben und Ergebnisse verlangen, ist positiv. Amerika hat uns das vorgemacht.

Wie unterscheiden sich die Manager heute von früheren Unternehmenslenkern?

Zur Verabschiedung des langjährigen Credit-Suisse-Chefs Reiner Gut habe ich vor 800 jungen Bankern die Behauptung aufgestellt, dass wir, die alten Hasen, eine Generation der Commitments sind, und die neuen Manager eine Generation der Optionen bilden.

Das verstehen wir nicht.

Für uns waren bestimmte Werte und Haltungen nicht verhandelbar. Unsere Nachfolger scheinen da flexibler zu sein. Aber alle Verallgemeinerungen sind natürlich falsch.

Sind die Manager eitler geworden und hetzen deshalb dem Zeitgeist hinterher, oder sind sie eher Getriebene?

Sie sind Getriebene des Kapitalmarktes. Aber sie sind auch stärker beeinflussbar durch den Zeitgeist. Ein guter Manager muss trotz kurzfristigen Drucks eine langfristige Strategie verfolgen. Wir brauchen Manager, die über den Tag hinaus denken, die standhalten, wenn es schwierig wird, und nicht nur an Quartalszahlen denken.

Was ist schlecht an guten Quartalszahlen?

Sie führen meist zu kurzfristigem Denken und sind oft erkauft durch den Verzicht auf Forschung, Werbung, Investitionen oder Akquisitionen. Ich kenne frische Beispiele für Akquisitionschancen, die ausgeschlagen wurden, weil man sein verkündetes Renditeziel nicht gefährden wollte.

Um wen geht es?

Ich möchte keine Namen nennen.

Sind die Vorstandchefs von Allianz, Siemens oder Daimler, die jetzt mit Personal abbauplänen von sich reden machen, härter, unsozialer, kälter als die Manager der alten Schule?

Wir konnten auch hart sein. Wer in der globalisierten Wirtschaft bestehen will, muss jede Rationalisierungschance nutzen. Sonst ist er weg. Die Manager heute sind stärker genötigt, die Probleme schnell zu lösen. Viele haben auch einfach eine andere Einstellung.

Nämlich?

Der Vorstand eines Unternehmens, das viel Geld verdient, sollte die Umstrukturierung auf eine lange Periode erstrecken, statt den abrupten Schnitt vorzunehmen. Das schmälert kurzfristig den Gewinn, dient dem Unternehmen aber langfristig. Die Mitarbeiter bleiben motiviert, die Kunden treu und das Image wird nicht beschädigt. Sie können Tausende von Broschüren mit dem Thema »Der Mensch steht im Mittelpunkt« drucken. Sie sind nutzlos, wenn Sie den Beschäftigten von heute auf morgen den Stuhl vor die Tür stellen.

Sie sprechen von der Allianz, die mit 4,5 Milliarden Euro Gewinn die Belegschaft dramatisch verkleinert.

Ich nenne keine Namen. Ich glaube grundsätzlich, dass sich eine soziale Haltung für das Unternehmen auszahlt. Ich argumentiere nicht als Altruist, sondern als ein Mensch, der den Unternehmenswert langfristig verbessern will.

Arbeitnehmer gehören in der neuen Wirtschaftswelt zu den Verlierern?

Kurzfristig vielleicht ja, da die nötigen Rationalisierungen immer auf den Rücken der Leute ausgetragen werden. Deshalb bin ich der Überzeugung, dass die Unternehmen und der Staat diese Verwerfungen für die Arbeitnehmer abmildern müssen. Langfristig dienen Rationalisierungen auch den Arbeitnehmern, da die Wettbewerbsfähigkeit des Unternehmens erhalten bleibt.

Wo hat sich Ihre soziale Einstellung gebildet?

Das weiß man nie so genau. Ich hoffe, ich habe etwas davon in den Genen. Aufgewachsen bin ich in einem katholischen Dorf im Allgäu. Dort kennen sich alle Leute untereinander. In einem kleinen Umfeld wird die Fähigkeit, sozial zu denken und Rücksicht zu nehmen, viel besser entwickelt als in anonymen Großstädten.

Hatten Sie nie die Sorge, die Macht könnte Sie einsam und abgehoben machen?

Nein. Wer in hohe Führungspositionen kommt, muss darauf achten, dass Macht und Verantwortung einigermaßen kongruent sind. Wir müssen bei der Auswahl unserer Führungseliten nicht nur darauf achten, ob sie in Mathematik eine Eins haben. Viel wichtiger ist, ob es anständige Kerle sind.

Vorstände verlassen heute im Schnitt mit 54 Jahren ihr Unternehmen. Ist das gut?

Ich halte den Verjüngungswahn für eine kolossale Fehlentwicklung. Vor allem die willkürlichen Altersgrenzen stimmen nie. Es gibt Leute, die müssen Sie mit 55 pensionieren, weil die nicht mehr mitkommen. Wer aber mit 65 noch vor Kraft strotzt, den darf man nicht in die Wüste schicken. Zurzeit werden in Deutschland am laufenden Band gute Manager aus Altersgründen verabschiedet, zuletzt bei BMW. Was für ein Verlust für die Volkswirtschaft! Das haben 40-jährige Manager erfunden, um ihre älteren Vorgesetzten loszuwerden.

Aber Aufsichtsräten fällt es mit einer Altersregel leichter, den Vorstand zu verjüngen.

Stimmt. Wenn Sie keine Regel haben, dann brauchen Sie Mut als Aufsichtsrat, wenn Sie jemanden loswerden wollen. Daran fehlt es.

Wie haben Sie es geschafft, beim Wechsel in den Ruhestand nicht in ein Loch zu fallen?

Ich war bis zum 73. Lebensjahr Chairman von Nestlé, bis dahin habe ich voll gearbeitet. Heute sitze ich in acht bis zehn Verwaltungsräten, Kuratorien oder Fördervereinen. Ich arbeite gerne und als 78-jähriger mit sechs Stunden am Tag gerade so viel, wie es die Gewerkschaften immer wollten.

Quelle: Hank, Rainer/von Petersdorff, Winand: »Unsere Generation ist länger standhaft geblieben«, in: *Frankfurter Allgemeine Sonntagszeitung*, Ausgabe vom 06.08.2006.

Forschung und Innovation

Bedeutung von Forschung und Innovation für langfristige Wettbewerbsfähigkeit Europas

Helmut Maucher erläutert in diesem Vortrag die Wichtigkeit von Forschung und Innovation. Er erklärt, dass der Einfluss der angelsächsischen Wirtschaftsphilosophie in den Unternehmen hauptsächlich zum kurzfristigen Handeln verleitet. Langfristige Investitionen in die Forschung sind aber entscheidend, um nachhaltig erfolgreich zu sein. Des Weiteren nennt Maucher die Bedeutung einer weltweiten Kooperation, um generell den Nutzen der Forschung für die Gesellschaft zu stärken.

Zunächst Dank für die Verleihung und die Laudatio; ich freue mich, dass Doktorwürde aus Bayern und München und von einer Universität kommt, mit der auch wir von der Lebensmittelindustrie vielfältige Verbindungen haben.

Zum Thema meines Vortrags: Es ist wohl niemand im Saal, der nicht von der Bedeutung der Forschung und Innovation für die langfristige Wettbewerbsfähigkeit Europas überzeugt wäre. Deshalb möchte ich nur einzelne Aspekte herausgreifen.

Wir befinden uns heute in einer einmaligen Situation: Beschleunigte Globalisierung und Liberalisierung bedeuten eine Verschärfung des Wettbewerbs/Standortwettbewerbs für Firmen und Länder.

Es gibt noch nie gekannte Möglichkeiten, Technologien zu transferieren – wir tun dies jeden Tag. Es herrschen große Kostenunterschiede.

Diese Umstände verdeutlichen, wie sehr unsere Wettbewerbsfähigkeit in Europa von unserer Qualität, unserem technologischen Standard, unserer Innovationskapazität und somit auch von unserem Niveau von Forschung und Ausbildung abhängt.

Zurzeit ist eine unserer Hauptsorgen die Arbeitslosigkeit. Auch hier muss immer wieder klargemacht werden, dass neben strukturellen Verschiebungen und Anpassungen die Wettbewerbsfähigkeit der wichtigste Faktor bei der zukünftigen Schaffung von Arbeitsplätzen ist.

Finanzminister Huber hat gesagt, wer heute die Forschung reduziere, vertreibe die Arbeitsplätze von morgen.

Im Rahmen all dieser Probleme und Diskussionen stehen wir immer wieder im Spannungsfeld zwischen und in Konflikt mit langfristiger Politik und kurzfristigen Pressures und Verhaltensweisen.

Dies trifft zu für die Politik, die in einer Demokratie immer wieder dazu tendiert, sich kurzfristig opportunistisch zu verhalten und längerfristige Ziele und Aspekte, die vom Wähler nicht sofort honoriert werden, zu vernachlässigen.

Es sind heute zudem eindeutige Tendenzen in der Wirtschaft auszumachen, die von einem stärkeren Einfluss der angelsächsischen Wirtschaftsphilosophie zeugen, welche man polemisch mit »Wallstreet-Mentalität« und »Sharevalue-Fetischismus« umschreiben kann. Diese führt in der Wirtschaft zu einem Verhalten, das sich vermehrt auf Kurzfristigkeit ausrichtet. Es ist natürlich richtig, dass das Aktionärsinteresse in der Privatwirtschaft von großer Bedeutung ist und Vorrang hat. Trotzdem kann es nicht angehen, dass eine kurzfristige Politik mit Fokus auf Gewinnmaximierung verfolgt wird, die zu Lasten einer längerfristigen Entwicklung geht, die auch im Interesse der Aktionäre ist.

Wie wichtig die Verfolgung einer langfristigen Politik ist, ist in noch stärkerem Maße in der Forschung zu sehen, in der ja teilweise sehr lange Perioden nötig sind, um verwertbare Resultate zu erlangen. So müssen schon mal 500 Millionen für die Entwicklung eines neuen Pharma-Produktes aufgewendet oder lange Anlaufzeiten in einem neuen Markt in Kauf genommen werden. Deshalb ist es wichtig, weder an den Universitäten noch in der Industrie die Förderung der Grundlagenforschung zu vernachlässigen. Das heißt noch lange nicht, dass man l'Art pour l'Art betreibt; es gilt, auch bei langfristigen Projekten klare Ziele zu formulieren.

Um den Nutzen der Forschung für die Gesellschaft, für Innovationen und für unsere Wettbewerbsfähigkeit zu erhöhen, ist heutzutage noch mehr Kooperation erforderlich; und zwar weltweit, innerhalb von Europa, zwischen den Universitäten, zwischen der Industrie und den Universitäten sowie innerhalb einer Branche. Keiner kann mehr alles machen. Auch wir bei Nestlé haben uns in puncto Kooperation und Zusammenarbeit stark geöffnet.

Die frühere Tendenz, aus Wettbewerbsgründen alles für sich zu behalten, haben wir geändert. Mit Ausnahme von wenigen spezifischen Forschungsergebnissen in unseren Labors profitieren wir langfristig mehr, wenn wir stärker kooperieren, mehr Transparenz schaffen und zusammenarbeiten.

Trotz der intensivierten Zusammenarbeit mit den Universitäten und Instituten haben wir aber die Grundlagenforschung nicht vernachlässigt, weil wir glauben, dass wir hier langfristig einen Wettbewerbsvorsprung behalten können. Hinzu kommt, dass Grundlagenforschung und angewandte Forschung mehr und mehr ineinander integriert werden. Die Dinge hängen immer stärker zusammen.

Sicher schadet es auch der Forschung nicht, wenn bei ihr der Wettbewerbsgeist noch stärker einzieht. Dies betrifft sowohl die Firmenforschung wie die Forschung an den Universitäten. Die Allokation der Mittel kann verstärkt am Kriterium der Exzellenz ausgerichtet werden und weniger an kameralistischen Budgetmentalitäten.

Generell gilt, dass das Klima zur Förderung der Forschung und damit der Wille, die dafür notwendigen Mittel zur Verfügung zu stellen sowohl beim Staat wie auch in der Industrie letztlich sehr stark davon abhängen, ob es einem Land gut geht, ob seine Produktivität und sein Sozialprodukt steigen, ob die Haushalte in Ordnung sind und ob die Unternehmen Gewinne erzielen. Auch deshalb ist es so wichtig, dass es die Rahmenbedingungen in einem Land den leistungsfähigen Unternehmen gestatten, Gewinne zu erzielen, die sie langfristig zum Teil auch in die Entwicklung und Forschung stecken können.

Oft wird gesagt, Deutschland oder Europa müsse innovativer werden. Ich glaube, dass dieser Punkt hauptsächlich von zwei Dingen abhängt:

Erstens müssen wir alles tun, damit unsere Menschen wieder positiver und optimistischer eingestellt sind und weniger von irrationalen Ängsten geplagt werden. Wir brauchen eine Innovationskultur.

Zweitens hängt die Innovationsfähigkeit gerade bei mittleren Unternehmen sehr stark von der Steuerlast und der Regulierungsdichte ab. Wenn der erste Gewinn gleich weggesteuert wird und die Leute vor lauter Gesetzen entmutigt werden, dient dies der Innovationsfähigkeit keineswegs.

Indirekt hängt mit diesen Fragen auch die noch weit verbreitete Technikfeindlichkeit zusammen. Ich erinnere an das derzeit aktuelle Thema der Biogenetik, die insbesondere bei der Veränderung von Pflanzen von breiten Schichten der Bevölkerung nicht akzeptiert ist. Hier müssen wir uns alle zusammen bemühen, um die Aufklärung voranzutreiben. Gerade die Wissenschaft muss diese Aufgabe wahrnehmen, da man ihr auf diesem Gebiet eine größere Objektivität und Autorität zuschreibt. Hier wünschen wir uns manchmal etwas mehr Engagement und Mut, obwohl es inzwischen viele gute Beispiele gibt, in denen die Wissenschaft klar zu diesen Fragen Stellung genommen hat.

Die Autorität der Wissenschaft ist natürlich umso größer, je seriöser die Wissenschaft betrieben wird. Leider gibt es auch hier negative Beispiele. Selbstkontrolle ist sowohl im Interesse der Industrie als auch der Wissenschaft.

Meine Damen und Herren, wir haben auf dem Gebiet der Ökologie das Konzept des »Sustainable Development« entwickelt. Ich würde mir wünschen, dass diese Politik auch auf die Entwicklung von Wirtschaft und Gesellschaft angewendet wird. Wenn wir in jeder Beziehung eine langfristige positive Entwicklung anstreben, also ein »sustainable development«, dann wird immer mehr Leuten klar werden, wie wichtig und notwendig langfristige Investitionen in die Ausbildung, in die Qualität unserer Menschen generell und in die Forschung sind. Nur so kann der Standort Europa gesichert, die Wettbewerbsfähigkeit erhalten und allen Menschen eine positive und bessere Zukunft garantiert werden.

Quelle: Maucher, Helmut: »Bedeutung von Forschung und Innovation für die langfristige Wettbewerbsfähigkeit Europas«, Vortrag anlässlich der Verleihung der Doktorwürde im Februar 1998.

Die Bedeutung von Innovationen und Forschung für die zukünftige Entwicklung der Lebensmittelindustrie

In dieser Rede werden von Helmut Maucher die Bedürfnisse der Verbraucher thematisiert. Neben der Bedeutung von Trends und Bedürfnissen, von Innovation und Forschung im Allgemeinen geht es in diesem Beitrag vor allem auch um Forschungsgebiete, die sich mit der Entwicklung von Produkten befassen, um auch in Entwicklungsländern eine optimale Ernährung garantieren zu können.

1.

Um die Bedeutung von Innovationen und Forschung für die Lebensmittelindustrie voll ermessen zu können, ist es zunächst einmal wichtig, die Trends und Bedürfnisse der Verbraucher heute und morgen besser zu kennen und zu erforschen, um so die Strategien und Planungen der Lebensmittelindustrie einschließlich der Investitionen in Forschung zielgerichtet auszurichten. Lassen Sie mich also zunächst diese Entwicklungen skizzieren.

Die Weltbevölkerung wird nach den letzten Schätzungen der Vereinten Nationen jährlich um etwas mehr als 1% wachsen. Das bedeutet einen jährlichen Zuwachs von 74 Millionen Menschen, was fast der Größe der Bundesrepublik entspricht. Das Weltsozialprodukt wächst je nach Konjunkturlage zwischen 1% und 3% pro Jahr (im vergangenen Jahr 5%), wobei es in den Entwicklungsländern stärker wächst. Das Wachstum des Sozialprodukts wächst also stärker als die Bevölkerung, was zu einer ständigen Zunahme des Pro-Kopf-Einkommens führt. Es ist nur natürlich, dass die Entwicklungsländer einen Lebensstandard anstreben, wie wir ihn in der industrialisierten Welt haben. Zweifellos wird sich neben den Bevölkerungsanteilen auch das Sozialprodukt stark in Richtung Entwicklungsländer, insbesondere nach Asien, verlagern. Zurzeit besitzt das wohlhabendste Fünftel der Weltbevölkerung 86% des Weltsozialproduktes, das ärmste Fünftel gerade etwa 1%.

Laut des »World Watch Institute« ist die Zahl der Übergewichtigen mit 1,1 Milliarden größer als die Zahl der Hungernden, die wir zurzeit bei 800 Millionen ansetzen.

Die zunehmende Globalisierung, die Zunahme des freien Welthandels, die Schaffung gemeinsamer Märkte in größeren Regionen, der ständige Transfer von Technologie und Informationstechnologie sowie die allgemeinen technologischen Entwicklungen werden diese Trends ganz sicher forcieren und auch zu einem steigenden Wohlstand in den Entwicklungsländern führen. Allein durch die Globalisierung sind in den letzten Jahren 500 bis 600 Millionen Menschen von der Armutsgrenze befreit worden.

Die Anzahl der Menschen in den Entwicklungsländern, die sich mehr leisten können, nimmt stetig zu. Wir wissen, dass die Zunahme der Lebensmittelindustrie und deren Umsätze in den Einkommensgrößenordnungen mit zwischen 1000 und 15000 USD pro Kopf am stärksten ist.

Damit ergeben sich in den Entwicklungsländern durch Bevölkerungs- und Einkommenszunahmen ungeheure Chancen für die Lebensmittelindustrie.

2.

Nun zu den weltweiten Verbrauchertrends.

Einerseits gibt es eine Zunahme von globalen Produktsegmenten (wie Coca Cola, McDonalds, Nescafé usw.), andererseits einen Trend zur Regionalisierung und zur Wahrung der eigenen Identität, zur Beibehaltung von regionalen Geschmacks- und Verzehrsgewohnheiten.

Während in den entwickelten Ländern qualitative Verbesserungen der Produkte generell eine große Rolle spielen, spielen in den Entwicklungsländern die Bereitstellung von zusätzlichen Quantitäten zuzüglich einer besseren Versorgung mit Nährstoffen wie Eiweiß u.ä. eine größere Rolle. Aber auch in den Entwicklungsländern gibt es jeden Tag größere Segmente der Bevölkerung, die die Verbrauchsgewohnheiten in den entwickelten Ländern schätzen.

Wir stellen ferner eine weltweite Verbreitung von attraktiven Produkten fest, die in einem Land oder einer Region entstanden sind. Denken Sie an das Beispiel Pasta, asiatische Gerichte oder auch an Ethnic Food.

In der industrialisierten Welt spielen zudem Convenience, Qualität, Gesundheit usw. eine immer größere Rolle. Mit der Zunahme der Ein- und Zwei-Personen-Haushalte sind auch mehr und mehr Kleinpackungen gefragt. Der Außer-Haus-Verzehr in Kantinen, Restaurants, Schulen usw. nimmt zu. Es ist auch ein gewisser Trend in Richtung vegetarische Ernährung zu beobachten, d.h. dass der Fleischverzehr zurückgeht – und dies nicht nur wegen der jüngsten BSE-Ereignisse.

Ein wichtiger Wohlstandsindikator ist der Getränkeverbrauch, der bei uns etwa 600l pro Kopf beträgt. Innerhalb dieses Verbrauchs stellen wir erhebliche Bewegungen fest: Der Konsum von Spirituosen und Bier ging beispielsweise in den letzten 10 Jahren erheblich zurück, der Weinkonsum blieb stabil beziehungsweise nahm leicht zu, der Kaffeeverbrauch blieb in etwa gleich, wohingegen der Verbrauch von Mineralwasser erheblich zunahm.

Auch wenn sich die Entwicklungsländer in mancher Hinsicht unseren Verbrauchsgewohnheiten anpassen, so ist es doch undenkbar, dass sie zum Beispiel zu einer Verzehrsstruktur von ca. 50–60 kg Fleisch pro Kopf kommen. (Dies ist schon alleine wegen der Kosten und Preise, wegen des Energie- und Wasserverbrauchs und aus ökologischen Gründen unmöglich. Der Trend muss also mit Nahrungsmitteln fortgesetzt werden, die nicht den Umweg über das Tier genommen haben; da diese im Vergleich zu jenen bekanntlich siebenmal teurer sind).

Insbesondere in entwickelten Ländern nimmt neuerdings der Trend, sich gezielt zu ernähren (d.h. der Nutrition) stark zu. Darauf werde ich zurückkommen. Hierher gehört auch die zunehmende Attraktivität von so genannten natürlichen Lebensmitteln – von »Bio«-Lebensmitteln (was immer man auch darunter versteht)– sowie von Frische.

Allgemein betrachtet hat das Preisbewusstsein in den letzten Jahren enorm zugenommen. Gleichzeitig bleibt aber ein Bedürfnis für Qualität und für Markenprodukte bestehen. Eine große Rolle spielt auch die Sicherheit der Lebensmittel, und es erkundigen sich auch immer mehr Konsumenten nach dem Hersteller des Produktes, was bedeutet, dass das Image eines Herstellers an Bedeutung zunimmt. Anmerken möchte ich noch einen gewissen, wenn auch bescheidenen Trend in Richtung Fair-Trade, wo also Verbraucher etwas mehr für ein bestimmtes Produkt bezahlen, um die Lebensbedingungen der Bauern in den Entwicklungsländern zu verbessern.

Generell müssen wir mehr und mehr von der Vorstellung Abschied nehmen, dass es den so genannten Durchschnittskonsumenten gibt. Der Konsum differenziert sich immer mehr in Richtung Geschmacksgewohnheiten und Lebensstil, weshalb wir uns vermehrt auf ganz spezifische Konsumentenbedürfnisse einstellen müssen.

3.

Wo müssen Forschung und Innovation nun ansetzen?

Prinzipiell muss alles dafür getan werden, um die Qualität der von der Industrie hergestellten Produkte ständig zu erhöhen. Unter Qualität verstehen wir vor allem Geschmack, Convenience und nutritive Werte.

Ein weiterer Aspekt betrifft die Haltbarkeit der Produkte, ohne dass dadurch Geschmacksbeeinträchtigungen entstehen. Food Safety spielt eine immer größere Rolle, weswegen sich die Forschung über das Werk hinaus auch mit der Beschaffung der Rohstoffe und der Rohstoffqualität befassen muss. Die Grüne Gentechnik kann hier künftig große Beiträge leisten, weswegen wir alles erdenklich Mögliche tun müssen, um die Aversion gegen Gentechnik in einigen Gebieten der Welt abzubauen. Ich kann hierauf heute nicht näher eingehen, möchte aber erwähnen, dass die drei größten Knappheiten der Zukunft vermutlich Getreide, Wasser und Energie sein werden. Gentechnik und andere Forschungen, insbesondere auf dem Gebiet der Energie, können hierbei viele Probleme lösen.

Um gewisse spezifische Bedürfnisse der Entwicklungsländer besser befriedigen zu können, müssen wir in stärkerem Maße Produkte entwickeln, für welche Rohstoffe in diesen Entwicklungsländern zur Verfügung stehen, die vielleicht weniger Sophistication und Convenience etc. enthalten, dadurch aber preiswerter hergestellt werden können, was der geringeren Kaufkraft in diesen Ländern entgegenkommt.

Ein weiteres Forschungsgebiet darf nicht vergessen werden, nämlich die Verpackung. Sichere Verpackungen, weniger Materialverbrauch für die Verpackungen, abbaubares Verpackungsmaterial, leichtes Handling der Verpackung und natürlich auch die Kosten der Verpackung.

Der Aspekt der Kosten darf bei der Forschung generell nicht vergessen werden. Wir müssen auch durch Forschung Beiträge leisten, die Kosten zu senken durch effizientere Fabrikationsprozesse, auch unter Berücksichtigung der gesamten Wertschöpfungskette vom Rohstoff bis zur Logistik und zur Distribution.

Ich möchte nun noch auf einige spezifische Anforderungen an die Forschung aus dem Sektor Nutrition eingehen.

Eine der wichtigsten Anforderungen hierbei ist die Herstellung von Produkten mit weniger Kalorien, ohne das Geschmackserlebnis des Verbrauchers zu beeinträchtigen. Bei Nestlé sind diesbezüglich verschiedene Entwicklungen im Gang, Produkte mit einem geringeren Kaloriengehalt herzustellen, ohne das so genannte »Mouthfeel« zu beeinträchtigen.

Es müssen aber auch generelle Anstrengungen unternommen werden, den Anteil von Salz, Zucker, Glutamaten und Fett in den Produkten zu reduzieren, wobei auch hierbei gilt, dass das Geschmackserlebnis nicht beeinträchtigt werden darf. Hierzu können neue Würzmöglichkeiten beitragen. Um mit kalorienärmeren Produkten Erfolg zu haben, spielt auch das Sättigungsgefühl und die Verweildauer von Produkten im Magen eine Rolle, weil dadurch der Hunger früher gestillt wird, und ein neues Hungergefühl erst später eintritt.

Aus Untersuchungen für optimale Ernährung wissen wir, dass in vielen Fällen (besonders bei älteren Menschen) Nahrungsergänzungen wie zum Beispiel Kalzium, Vitamine, Mineralien usw. notwendig sind.

Wir identifizieren zunehmend bestimmte Gruppen in der Bevölkerung (sei es physiologisch oder altersmäßig bedingt), die ganz bestimmte Ernährungsbedürfnisse haben. Darauf müssen wir uns einstellen und insbesondere auch die Bioverfügbarkeit erhöhen.

Der zunehmende Anteil beispielsweise von Diabetikern macht erforderlich, dass Anstrengungen unternommen werden, um diese Zielgruppe optimaler zu bedienen.

Ein weiterer Punkt ist die Stärkung des Immunsystems durch Nahrung. Auch hier gibt es viele interessante Ansätze.

Kurz erwähnen möchte ich auch die spezifischen Bedürfnisse der klinischen Ernährung bei postoperativen Patienten usw. (ein Gebiet, mit dem sich auch Nestlé neuerdings stärker befasst).

Neue Erkenntnisse stellen auch Zusammenhänge zwischen der Funktion des Gehirns und der Ernährung dar. Nestlé hat hier umfangreiche Forschungen und Kooperationen in Gang gesetzt, um die kognitiven Fähigkeiten, das Gedächtnis etc. durch Ernährung zu verbessern sowie Demenz, Alzheimer und ähnlichen Erkrankungen erfolgreich entgegenzuwirken bzw. sie hinauszuzögern.

4.

Noch einige Bemerkungen zur Forschung generell. Es muss immer wieder darauf hingewiesen werden, dass es unumgänglich ist, die Forschung gezielter auf die wirklichen Bedürfnisse der Verbraucher auszurichten. Es besteht also die Notwendigkeit eines intensiven Kontaktes mit den Marketingabteilungen und der Marktforschung.

Ferner muss sich die Forschung eines Unternehmens stärker öffnen. Es müssen Kooperationen mit anderen Firmen oder auch mit Universitäten und Instituten eingegangen werden. Die Angst vor der Verbreitung von firmeninternem Wissen nimmt Gott sei Dank ab. Forschung braucht oft einen langfristigen Atem, was die kurzfristig denkenden Share-Value-Optimierer bedenken sollten. Langfristig orientiertes Denken in der Forschung heißt nicht, dass man ins Blaue hinein forscht, man arbeitet trotzdem gezielt. Ein weiteres Problem in der Forschung ist die Beschleunigung des Forschungsprozesses, um früher zu Ergebnissen zu kommen.

Bezüglich der Organisation der Forschung hat es sich bei uns als sinnvoll erwiesen, neben einer zentralen Basisforschung und Koordination an verschiedenen Orten der Welt Forschungseinrichtungen zu haben und dadurch näher an bestimmten Marktgegebenheiten zu sein und auch mit regionalen Universitäten und Instituten besser zusammenarbeiten zu können.

5.

Nun noch einige spezielle Anmerkungen, die der Lebensmittelindustrie das Leben nicht leichter machen.

Ich denke hier an die vielfach vorhandenen Aversionen gegenüber dem so genannten Industrial Food, also der Verwendung von chemischen Zusätzen, »Food Additives« u.Ä. Diese werden natürlich durch die verschiedenen Skandale in der letzten Zeit nicht geringer. Neben den notwendigen Informationen, die den Menschen gegeben werden müssen, und einer verantwortungsbewussteren Haltung der Lebensmittelindustrie kann auch die Forschung durch ihre verantwortungsvolle Arbeit und durch wissenschaftliche Aufklärung einiges zur Verbesserung der Situation beitragen. Wenn Wissenschaft und Forschung die Menschen über Gentechnik und ähnliche Dinge aufklären, hat dies eine größere Wirkung, als wenn das die Lebensmittelindustrie macht, da uns in undifferenzierter Manier Eigeninteresse unterstellt wird.

6. Schlussbemerkungen

Die beschriebenen zukünftigen Entwicklungen von Verbrauchertrends und Verbraucherbedürfnissen, das Wachstum von Weltbevölkerung und Kaufkraft führen insgesamt zu großen Chancen und Entwicklungsmöglichkeiten der Lebensmittelindustrie. Hierbei kommt der Entwicklung von Innovationspotenzial sowie der Forschung eine sehr große Bedeutung zu. Zur Entwicklung des Innovationspotenzials ist es notwendig, dass das innovative Klima in Industrie und Wissenschaft erhöht und Kreativität gefördert wird.

Die Gebiete, auf denen die Forschung ansetzen oder sich weiterentwickeln muss, habe ich genannt. Wichtig ist, dass wir die Effizienz der Forschung durch Öffnung, Kooperation und Zielrichtung erhöhen, sowie Mitarbeiter und Wissenschaftler fördern, die innovativ sind und für Forschungsaufgaben eine gewisse Begabung zeigen.

Schließlich können wir nicht nur aus Anlass solcher Veranstaltungen über die Bedeutung von Forschung und Innovation reden, sondern wir müssen auch in den Unternehmen sowie in den Universitäten und wissenschaftlichen Instituten dafür sorgen, dass die nötigen Mittel bereitgestellt werden.

Quelle: Maucher, Helmut: »Die Bedeutung von Innovationen und Forschung für die zukünftige Entwicklung der Lebensmittelindustrie«, Vortrag anlässlich des »Forum Life Science 2007« im Februar 2007.

Akquisitionen

Wachstum durch Übernahmen, Akquisitionen, Kooperation, Joint Ventures und Fusionen – Praxiserfahrung prominenter Wirtschaftsführer

Helmut Maucher spricht im folgenden Vortrag über seine Gedanken und Empfehlungen zu Akquisitionen: Was getan und was unterlassen werden sollte.

Fünf Thesen

1) Da sich die Herausforderungen grundlegend verändert haben, befinden wir uns zurzeit in einer Welle von unternehmensübergreifenden Umstrukturierungen des gesamten industriellen Apparats. Neue Technologien (namentlich die Informationstechnologie), neue Erkenntnisse in der Unternehmensführung, die Öffnung bisher unzugänglicher Absatzmärkte, die Schaffung regionaler Märkte, vor allem aber die Globalisierung (Verschärfung der Konkurrenz, Konfrontation mit neuen Größenordnungen und Marktpositionen) erfordern eine Neuausrichtung der Unternehmensstrategien. Übernahmen und Fusionen sind ein wichtiges Mittel zur Erreichung dieser Ziele.
2) Auf lange Sicht gibt es wahrscheinlich keine Alternative zu Übernahmen und Fusionen. Nur sie führen zu eindeutiger Verantwortung und klarer Führung. Strategische Allianzen, Partnerschaften oder Joint Ventures können je nach Situation auch nützlich sein. Zu einem bestimmten Zeitpunkt stellen sie gar die einzige realistische Möglichkeit dar. Sie funktionieren in der Regel aber nur während eines beschränkten Zeitraums. Es ist auf Dauer nicht möglich, strategisch wichtige Unterneh-

mensteile im Komitee mit einem anderen Unternehmen zu führen, das oft eine andere Kultur und andere Interessen vertritt. Auch hier gilt der Grundsatz der allgemeinen Unternehmensführung: *Team mit Spitze, nicht Team als Spitze.*

3) Bei Fusionen geht es heute – bei gleichbleibender relativer Position – notwendigerweise um andere Größenordnungen als noch vor zwanzig Jahren, da sich die Wirtschaft und damit die Märkte insgesamt globalisieren. Sobald man aber die richtigen Strukturen bereitstellt und die richtigen Persönlichkeiten mit der Unternehmensführung betraut (Führungsmentalität und Führungsstruktur, Organisationsstruktur, korrespondierende Form der Dezentralisierung, Flexibilität, etc.), ist in einer Unternehmung grundsätzlich jede Größe führungsmäßig zu bewältigen.
4) Auch bei den Übernahmen in der Nahrungs- und Genussmittelindustrie ist eine Antwort auf neue Chancen und Herausforderungen erforderlich. Neben den allgemeinen Punkten unter 1) sind dies bei der Nahrungsmittelindustrie erhöhte qualitative Anforderungen der Konsumenten und neue Konsumentenbedürfnisse sowie die Entstehung und Entwicklung neuer Technologien. Ich denke hier zum Beispiel an die Gentechnologie.

   Ferner spielt der Aufbau weltweiter Positionen heute eine größere Rolle, ebenso die ökonomische Nutzung erhöhter Forschungsaufwendungen und die Ausschöpfung vorhandener Markenpotenziale und Vertriebsorganisationen. Des Weiteren kommen sich ändernde Strukturen im Einzelhandel (Konzentration und Internationalisierung) dazu.
5) Eine erfolgreiche Übernahmepolitik setzt klare Ziele voraus. Bei Nestlé waren in der Zeit intensivierter Akquisitionstätigkeit zur Weiterentwicklung der Gruppe zwischen 1984 und den frühen 90er Jahren bei den Übernahmen drei strategische Hauptachsen maßgebend:
   1) Zugang zu neuen Geschäftsfeldern und Innovationen
   2) Verstärkung der generellen Marktpräsenz in wichtigen Regionen und Ländern
   3) Abkürzung des Zeitraums, der nötig ist, um eine Position aufzubauen, und die Möglichkeit, das Risiko dabei in überschaubarem Rahmen zu halten.

Einige allgemeine Empfehlungen hinsichtlich dessen, was getan und was möglichst vermieden werden soll?

Was getan werden sollte

1) Der dauerhafte Erfolg von Fusionen hängt in starkem Maße von der Unternehmensführung ab. Deren Umsicht ist eine der wichtigsten Voraussetzungen für den Erfolg. Nicht nur unsere eigenen Erfahrungen zeigen, dass nur mit einer guten Strategie, klaren unternehmerischen Zielen und der richtigen Durchführung Fusionen und Übernahmen tatsächlich zur langfristigen Stärkung der Wettbewerbsfähigkeiten von Unternehmen beitragen. Generell sind bei der Entscheidungsfindung qualitative Momente (Führungspotenzial, Know-how, Marken, Qualität der Forschung, etc.) wichtiger als die oft überschätzten quantitativen und rechnerischen Analysen.
2) Ein entscheidendes Element ist das richtige Timing, eingebettet in unternehmerischen Weitblick: Es ist wichtig, alle Umstrukturierungen, namentlich jene mittels Übernahmen, früh genug einzuleiten. Die Kosten, bzw. Übernahmepreise, sind bei vorausschauender Strategie in der Regel niedriger, und man hat mehr Zeit für die Aufarbeitung und umfassende Integration neu erworbener Unternehmensteile – einschließlich der Integration in die gemeinsame Unternehmenskultur.
3) Personalpolitische und psychologische Aspekte nach der Akquisition spielen letztlich für den Erfolg einer Akquisition eine entscheidende Rolle. Bei Nestlé achten wir vom ersten Tag an auf Chancengleichheit für das Management der übernommenen Firma, darauf, dass Versprechen eingehalten werden, sowie auf eine insgesamt zügige, dabei psychologisch geschickte Integration. Viele Manager aus Akquisitionen haben bei Nestlé wichtige Positionen erhalten. Jeder hat die Chance, bei Nestlé aufzusteigen.

Ferner muss den unterschiedlichen Kulturen und »the way of doing business« große Beachtung geschenkt werden.

Dinge, die man vermeiden sollte

1) Fusionen und Übernahmen sollten nicht Schwächen zusammenführen, sondern Stärken kombinieren; Größe ist kein Allheilmittel für Probleme; Größe und Wachstum dürfen auch niemals Selbstzweck oder Prestigeangelegenheit werden.
2) Mit ähnlicher Begründung sollte auch die Bildung von Konglomeraten vermieden und stattdessen klare Schwerpunkte rund um Kernkompe-

tenzen gebildet werden. Bei der heutigen Globalisierung ist die internationale Ausweitung der Geschäfte wichtiger als der oft heterogene Ausbau der Portfolios.

3) Die rein zahlenmäßig »billigsten« Akquisitionen erweisen sich am Ende oft als die teuersten.
4) Kommunikation: Eines der heutigen Probleme ist die oft einseitige, manchmal eindimensionale Perspektive bei der Ankündigung von Übernahmen und Fusionen durch die Geschäftsleitungen, etwa jene, die sich zu sehr auf die Finanzanalytiker, die Investoren und auf kurzfristige Gewinne ausrichten. Dabei denke ich an offizielle Presseverlautbarungen, die zusätzliche Milliardengewinne in direktem Zusammenhang mit Redimensionierungen versprechen, ohne die Sicherung von Arbeitsplätzen oder die langfristige Wettbewerbsfähigkeit und damit den Bestand des Unternehmens auch nur zu erwähnen.

Quelle: Maucher, Helmut: »Wachstum durch Übernahmen, Akquisitionen, Kooperation, Joint Ventures und Fusionen. Praxiserfahrungen prominenter Wirtschaftsführer«, Vortrag anlässlich des Goldmann-Kongresses »Managing Change« im Februar 1998.

»Der Wind wird eisiger«

»Es ist die Qualität des Managements, die den Unternehmenserfolg ausmacht« – Helmut Maucher behandelt im anschließenden Gespräch die Folgen der Globalisierung, schlechte Führung und überschätzte Unternehmensberater.

[...]
DIE WELT: Jetzt haben auch Sie noch ein Buch über richtiges Management geschrieben. Davon gibt es doch schon reichlich. Hatten Sie Langeweile?

Helmut Maucher: Nein, das nicht. Ich habe tatsächlich auch immer gedacht, dass eigentlich schon alles zum Thema geschrieben ist. Ich wollte kein Buch schreiben. Auch keine Autobiografie, ich behalte meine Eitelkeiten lieber für mich. Aber dann ist mir aufgefallen, dass es ein übersichtliches, schlicht und einfach geschriebenes Brevier noch nicht gibt, in der ein alter Fahrensmann seine Erfahrungen schildert. Es ist ja nichts revolutionär Neues und auch kein wissenschaftliches Konvolut.

WELT: Haben Sie – wie bei Nestlé üblich – Marktforschung betrieben? Wer soll das Buch lesen?

Maucher: Darüber habe ich mir gar keine Gedanken gemacht. Ich habe mich einfach hingesetzt und an zwölf Wochenenden zwölf Kapitel ins Diktafon gesprochen. Erst hinterher habe ich überlegt, für wen das interessant sein könnte: Das Buch ist sicherlich interessant für Laien, die sich für dieses Thema interessieren, für Studenten, aber auch für Manager, die erfahren möchten, wie der Maucher über diese Sachen denkt.

WELT: Die Kurzfassung des Buches bitte: Was macht Unternehmenserfolg aus?

Maucher: Ich habe die Erfahrung gemacht, dass es letztlich die Qualität des Managements ist, der Charakter, der Mut, die Verlässlichkeit und Standfestigkeit der handelnden Personen. Corporate Governance oder das Berichtswesen mögen ihre Bedeutung haben, aber mit den genannten Voraussetzungen und gesundem Menschenverstand kann man nach meiner Erfahrung 98 Prozent aller Managementprobleme lösen.

WELT: Sie schreiben, die Bedeutung von Unternehmensberatern, Anwaltskanzleien und Investmentbankern werde deutlich überschätzt.

Maucher: In bestimmten Fällen kann man nicht auf sie verzichten. Aber ich finde, man sollte sie so wenig wie möglich beschäftigen. Es ist unglaublich; wie viele Millionen für Beratung und Studien ausgegeben werden. Dabei können die hauseigenen Juristen sicherlich 80 Prozent der auftauchenden Fragen lösen.

WELT: Verschanzen sich Manager, etwa bei Übernahmen, hinter den Studien und Beratern?

Maucher: Sicherlich in vielen Fällen. Wenn eine Akquisition schief geht, können sie hinterher immer noch sagen: »Die Experten mit den großen Namen haben es mir aber geraten.« Für meine erste Übernahme habe ich auf 13 DIN A 4-Seiten alles Wichtige zusammengefasst. Das reichte vollkommen. So ähnlich habe ich es auch danach gehalten, und es ist immer gut gegangen. Wieso soll ich seitenlang die Umsatzentwicklung der vergangenen 15 Jahre auflisten und lange Extrapolationen für die Zukunft ableiten, wenn nach drei Monaten wegen der Marktentwicklung schon wieder alles obsolet ist?

WELT: Würden – wenn dieses mauchersche Gesetz öfter beherzigt würde – weniger Fusionen scheitern?

Maucher: Vielleicht. Die meisten Fusionen allerdings scheitern nach dem Zusammenschluss, weil die Finanzexperten zu viel zu sagen haben und die wirklichen Gründe und Werte (also Geschäftserfahrungen, Marken usw.) zu wenig berücksichtigt werden Ein guter Manager achtet vor allem zunächst mal auf die Psychologie. Die Menschen im übernommenen Unternehmen dürfen sich nicht im schlechten Sinne übernommen fühlen. Ich war immer am nächsten Tag im übernommenen Unternehmen, habe mit den Leuten geredet und fähige Mitarbeiter aus dem übernommenen Unternehmen mit wichtigen Führungspositionen im Gesamtkonzern betraut. Ein guter Manager kümmert sich nach der Übernahme vor allem auch um die psychologischen Fragen.

WELT: Und dann fühlten sich die neuen Kollegen nicht übernommen?

Maucher: Das war zumindest mein Ziel. Ich habe auch meine eigenen Leute – ich nannte diese bestimmte Gattung immer die Ameisen – aus der Integration weitgehend herausgehalten, wenn die Gefahr bestand, dass sie sich das übernommene Unternehmen sofort nach ihren Vorstellungen einverleiben wollten. Da kamen nur drei oder vier zuverlässige Leute rein, mehr nicht. Dann konnte nicht jeder hineinregieren. So etwas schafft Vertrauen. Das ist keine Zauberei, das ist ganz einfache Alltagspsychologie. Wird sie aber falsch angewendet, was immer wieder vorkommt, wird die Motivation der Mitarbeiter zerstört. Dann darf man sich nicht wundern, wenn selbst aussichtsreiche Fusionen nicht funktionieren.

[...]

WELT: Immer öfter kaufen Unternehmen aus Schwellenländern und aufstrebenden Staaten wie Indien, Russland oder China Firmen in Europa oder den Vereinigten Staaten. Welche Veränderungen bringt das für die Führungskultur mit sich?

Maucher: Der Wind wird eisiger werden. Denn diese Jungs sind alles andere als Softies, sie werden den westlichen Konsens-Managern einiges vormachen. Wir bekommen ja schon Probleme, wenn wir einen Mitarbeiter von Frankfurt nach München versetzen müssen. So etwas kennen die nicht, die haben einen ganz anderen Kampfgeist und eine Identifikation mit ihrem Unternehmen. Ich glaube aber nicht, dass das allzu lange anhalten wird. Denn mit zunehmendem Erfolg werden die Manager aus den Schwellenländern ebenfalls ruhiger und gesetzter. Trotzdem werden wir immer Probleme haben, wenn wir nicht eigene Stärken entwickeln und uns neutral auf den neuen Wettbewerb einstellen.

Quelle: Seidel, Hagen: »Der Wind wird eisiger. Helmut Maucher, früherer Chef des Nahrungsmittelkonzerns Nestlé, über die Folgen der Globalisierung für Manager, schlechte Führung und überschätzte Unternehmensberater.« In: Die Welt 09/03/2007.

»Einige Players erobern die Märkte«

Der Appetit des Nahrungsmittel-Multis Nestlé schien unersättlich: Unter der Führung Mauchers kaufte Nestlé ein Unternehmen nach dem anderen. Maucher hat früher als andere gesehen, dass ein neuer globaler internationaler Wettbewerb entsteht. Im folgenden Interview spricht Maucher über die Hintergründe seiner Strategie.

[...]

SPIEGEL: Herr Maucher, in den letzten Jahren war Ihr Appetit auf fremde Unternehmen schier unersättlich. Ende 1984 kauften Sie in Ihrem ersten Mega-Deal die amerikanische Nahrungsmittelfirma Carnation für die Rekordsumme von rund neun Milliarden Mark. Allein in den letzten zwei Monaten haben Sie zwei weitere Milliarden-Geschäfte eingefädelt: Sie wollen die italienische Nahrungsmittelfirma Buitoni und das englische Süßwarenunternehmen Rowntree für insgesamt fast neun Milliarden Mark kaufen. Sind Sie größenwahnsinnig?

Maucher: Mit dieser Frage muss wohl jeder rechnen, der in solchen Größenordnungen denkt und denken muss. Mit Größenwahn hat das Ganze natürlich nichts zu tun, denn für jede Transaktion gab und gibt es gewichtige Gründe.

SPIEGEL: Nämlich?

Maucher: Nehmen wir Carnation. Die Strategie war klar: Wir wollten unsere Position in Amerika verbessern, wir wollten zum Teil in neue Felder, wie beispielsweise Tierfutter, eindringen, und wir wollten unser Großverbraucher-Geschäft ausbauen, wo wir relativ schwach waren. Wir haben mit Carnation zugleich eine Marke, Contadina, gekauft, die italienisch klingt und die im kulinarischen Geschäft eine große Bedeutung hat. Wir haben also verschiedene Fliegen mit einer Klappe geschlagen – zumal wir die internationalen Geschäfte von Carnation in unsere weltweiten Operationen integrieren konnten. Wenn wir all das mit internem Wachstum hätten schaffen wollen, wäre das ein Prozess von 20, 30 Jahren gewesen, wenn es überhaupt zu machen gewesen wäre.

SPIEGEL: So viel Zeit haben Sie nicht?

Maucher: So viel Zeit haben wir nicht. Vor allen Dingen: Wir würden unser Ziel, auch in Zukunft ein international operierendes, erfolgreiches

Unternehmen zu sein, nicht erreichen. Nach uns sind andere gekommen und haben vergleichbare Transaktionen versucht. Jeder hat gesehen – wir vielleicht etwas früher als ein paar andere –, dass ein neuer globaler internationaler Wettbewerb entsteht; dass die Welt zusammenwächst; dass es mehr Kooperationen gibt; und dass einige große Players auf diesem Markt sind, die international die Märkte erobern. Im Übrigen hat bei uns internes Wachstum nach wie vor Vorrang. Letztes Jahr betrug es rund fünf Prozent. Ich halte dies für die interne Dynamik und den Esprit de corps des Unternehmens für sehr wichtig.

SPIEGEL: Das reicht aber offensichtlich nicht. Was kaufen Sie – Marktanteile, Produktionskapazitäten, Marken?

Maucher: Produktionskapazitäten ganz sicher nicht. Die kann man bauen. Wir mussten uns irgendwann entscheiden, das gilt für den Fall Carnation, ob wir in Amerika ein paar nette Schokoladen verkaufen wollen oder ob wir im strategischen Wettbewerb mit Unilever, mit Procter & Gamble, mit General Foods mitzuhalten versuchen.

SPIEGEL: Ist Größe ein Wert an sich?

Maucher: Ich habe weder den von Ihnen zitierten Größenwahn, noch habe ich irgendeinen Höhenrausch. Aber es gibt nun einmal auf der Welt Größenordnungen, auf die wir mit unseren Strategien antworten müssen. Nestlé ist auf allen Feldern unserer Branche tätig. Ich muss Produktgruppe nach Produktgruppe betrachten und Fragen stellen wie: Bin ich stark genug, bin ich wettbewerbsfähig? Was für neue Felder gibt es, die ich bearbeiten möchte, weil Konsumenten-Trends dahin tendieren?

SPIEGEL: Das »Wall Street Journal« schrieb, Sie hätten einen »alpenhohen Geldhort« von sieben Milliarden Schweizer Franken. Ist der Druck dieser Kasse so groß, dass Sie immer wieder zuschlagen müssen?

Maucher: Nein, der Druck der Kasse ist überhaupt nicht vorhanden. Wir legen Wert darauf, immer über eine bestimmte finanzielle Maße zu verfügen. Denn wenn sich eine gute Gelegenheit ergibt, wollen wir mitmischen, ohne dass daraus für unsere mittelkonservative Finanzpolitik Probleme entstehen.

SPIEGEL: Wie machen Sie die guten Gelegenheiten ausfindig? Haben Sie dafür Spezialisten?

Maucher: Ich arbeite mit wenigen Stäben, die Zeitung kann ich selbst lesen. Ich reise in der Gegend herum. Einige meiner Kollegen aus der Zentrale in der Schweiz tun das auch.

SPIEGEL: Zuletzt sind Sie wohl wieder häufiger in Europa unterwegs gewesen.

Maucher: Wir haben uns in letzter Zeit überlegt: Europäischer Binnenmarkt 1992 –- was bedeutet das, was wächst in Europa zusammen? Sind wir bereit für diese Situation? Wo gibt es Produktfelder, auf denen wir schwach sind? Gibt es Länder, wo wir zu schwach sind? Und in dieser Überlegung kam das italienische Nahrungsmittelunternehmen Buitoni auf uns zu.

SPIEGEL: Weil der bisherige Besitzer, Italiens Wunderunternehmer Carlo De Benedetti, Geld brauchte.

Maucher: Benedetti hat sicher Geld gewollt. Aber wichtiger war für ihn wohl die Tatsache, dass er sein Ziel, den Aufbau eines Nahrungsmittelkonzerns in Europa, nicht erreicht hat.

SPIEGEL: Und das passte Ihnen ins Konzept.

Maucher: Wir haben innerhalb von Stunden entschieden ...

SPIEGEL: ... über zwei Milliarden Mark?

Maucher: Da gab es eine ganze Warteliste von Interessenten. Wissen Sie, das, was Sie eigentlich brauchen, um eine Akquisition beurteilen zu können, ist nicht das, was hinter dem Komma steht, von irgendwelchen Controllern ausgerechnet.

SPIEGEL: Aber was vor dem Komma steht, darauf kommt es doch vermutlich auch Ihnen an.

Maucher: Ja, das sehen wir relativ rasch. Bei Buitoni war innerhalb von zehn Tagen alles analysiert. Dann haben wir zugegriffen, weil die Vorteile auf der Hand lagen: Wir konnten auf Anhieb unsere Position in Italien verbessern;

wir haben mit der Schokoladenmarke Perugina ein Gebiet dazugewonnen, das uns in Zusammenhang mit dem Ausbau von Nestlé interessierte. Vor allem aber sind wir nun in einem neuen Sektor, dem Teigwaren-Gebiet, und in einigen weiteren kulinarischen Spezialitäten vertreten.

SPIEGEL: Nestlé als Pasta-Unternehmen?

Maucher: Das ist für mich auch ein qualitativ-psychologischer Aspekt. Ich glaube, Nestlé als Nahrungsmittel-Unternehmen hat auch die Aufgabe, Lebensweisen und Ernährungsgewohnheiten, die irgendwo auf der Welt entstehen, zu verbreiten.

SPIEGEL: Um Geld zu machen ...

Maucher: ... um Geschäfte zu machen. Im Moment haben wir ganz klar den Trend, dass in Europa »the way of life«, also die Küche, die cuisine, sich von Süden nach Norden entwickelt.

SPIEGEL: Und Sie wollen diese südländische Küche verindustrialisieren. Sie wollen die üblichen abgepackten konservierten Massenprodukte machen.

Maucher: Ja. Das sind Produkte, die gut schmecken, die interessant sind.

SPIEGEL: Glauben Sie wirklich, dass die industrielle Erzeugung von Nahrungsmitteln etwas vom Charakter, von der Qualität dieser Küche oder, wie Sie sagen, cuisine vermitteln kann?

Maucher: Die Nahrungsmittelindustrie stellt eine ganze Reihe von hervorragenden Produkten her, ob Sie nun von Soßen sprechen, von Suppen, von Tiefkühlkost, von Konserven ...

SPIEGEL: ... wer's mag ...

Maucher: Die Konserven schmecken ganz anders als vor 30 Jahren. Sie müssen es wieder mal probieren, und zwar ohne intellektuelle und kulinarische Arroganz. Bei den Konsumenten spielen die kleinen Portionen eine Rolle, es spielt die Sicherheit eine Rolle, es spielen Gesundheitsaspekte eine Rolle, wenn wir Gerichte mit viel mehr Vitaminen ausstatten können oder was immer notwendig ist. »Food Additives«, also Zusätze von Nahrungsmitteln, das ist ja etwas, was leider einen schlechten Klang hat.

SPIEGEL: Wollen Sie noch mehr Chemie in die Nahrung schütten?

Maucher: Das ist ein Thema für sich. Ich glaube, die Ernährungsindustrie muss in den nächsten Jahren daran arbeiten, den Leuten klarzumachen, dass wir eine ganze Reihe von natürlichen Stoffen hinzufügen, die dazu dienen, Produkte haltbar zu machen. Mit der schlechten Chemie, von der Sie sprechen, will keiner etwas zu tun haben.

SPIEGEL: Sie haben sicher Verständnis dafür, dass wir gerade beim Namen Nestlé in dieser Hinsicht vorsichtig sind. Es ist zwar bekannt, dass Sie ein hervorragend verdienendes Unternehmen führen. Aber ebenso gewiss hängt dem Namen noch immer die berühmte Babymilch in den Entwicklungsländern an, die in den siebziger Jahren für den Tod von Kleinkindern verantwortlich gemacht wurde. Ihre Firma hatte das Pulver mit viel Werbeaufwand in den Markt gedrückt, ohne sicherstellen zu können, dass die Hygienevorschriften eingehalten werden.

Maucher: Die Baby-Geschichte haben wir im Prinzip durch unseren Dialog mit den betreffenden Gruppierungen und Aktivisten sowie durch die Anwendung und aktive Unterstützung des Kodex der Weltgesundheitsorganisation, der zum Beispiel die Werbung für diese Produkte in der Dritten Welt verbietet, bereinigen können – obwohl die Kontroverse irgendwo und irgendwie immer mal wieder aufflackert. Im Übrigen besteht unter Experten kein Zweifel, dass diese Produkte gebraucht werden und die beste Alternative sind, wenn die Muttermilch nicht ausreicht oder gänzlich ersetzt werden muss.

SPIEGEL: Kommen wir zur Gegenwart zurück. Der Übernahmeversuch bei Rowntree scheint schwierig zu werden. Jacobs Suchard, ein anderer Schweizer Nahrungsmittelkonzern, besitzt bereits 30 Prozent der Anteile, während Sie erst rund zehn Prozent halten.

Maucher: Inzwischen haben wir rund 15 Prozent. Wir kaufen zurzeit jeden Tag das, was am Markt ist.

SPIEGEL: Wie können Sie mit diesem Anteil hoffen, das Unternehmen zu schlucken, und das auch noch bei einem Management, das Sie nicht will?

Maucher: Die Lage ist folgende: Jacobs hat inzwischen 30 Prozent. Wir haben den Aktionären ein Angebot gemacht, das aus unserer Sicht sehr attraktiv ist.

SPIEGEL: Offenbar teilen viele Aktionäre diese Ansicht nicht.

Maucher: Der Kurs lag vor ein paar Monaten bei 400 Pence pro Aktie. Wir bieten heute 900 oder das 22-fache des Jahresgewinns. Ich glaube, das ist mehr als fair.

SPIEGEL: Bei Carnation waren Sie der Schnellste. Bei Rowntree war Ihr Konkurrent Jacobs offenbar schneller.

Maucher: Das ist keine Frage der Schnelligkeit, sondern der Verhaltensweise. Ich persönlich habe mit dem Chairman von Rowntree im letzten Jahr verhandelt und habe mein Interesse zum Ausdruck gebracht, das wir an dieser Firma haben. Er hat mir erklärt, das Unternehmen wolle selbständig bleiben, man wolle die Firma nicht verkaufen. Das habe ich respektiert und gefragt, ob es andere Möglichkeiten der Kooperation gebe, weil diese beiden Firmen so ideal zusammenpassen? Wir könnten zusammen mehr tun, wenn wir zum Beispiel die Verkaufsorganisation in bestimmten Ländern zusammenlegen. Das Rowntree-Management ist nicht schnell zu einem Entschluss gekommen, hat aber auch die Tür nicht zugeschlagen. Wir haben das respektiert und haben keine Aktien gekauft. In dieser Zeit hat Jacobs gekauft. Unsere Zurückhaltung hat uns, sagen wir mal, 200 Millionen Schweizer Franken gekostet.

SPIEGEL: Wieso hat es Sie so viel gekostet?

Maucher: Wir hätten ja auch in der Zeit 15 Prozent kaufen können, zu Kursen zwischen 450 und 600. Das wäre für uns kein Problem gewesen. Wir haben es nicht gemacht. Wir haben keine einzige Aktie gekauft, weil es nicht unserem Prinzip entspricht, gegen die Absicht des Managements einen Übernahmeversuch zu unternehmen.

SPIEGEL: Dieses Prinzip scheinen Sie – siehe Rowntree – bei Bedarf rasch aufzugeben ...

Maucher: ... nicht rasch und nicht bei Bedarf, sondern unter ganz bestimmten Voraussetzungen. Der versuchte Einstieg von Jacobs bei Rowntree ist eine solche Ausnahme. Von diesem Augenblick an war es nicht mehr eine Frage, ob Rowntree übernommen wird, sondern von wem. Und hier fühlten wir uns berechtigt, auch aus wettbewerbsstrategischen Gründen, zu handeln.

SPIEGEL: Jacobs hat einen Vorsprung, den Sie kaum noch einholen können.

Maucher: Nein. Jacobs hat jetzt 30 Prozent. Nach englischem Recht kann Jacobs nur dann mehr als 30 Prozent kaufen, wenn er ein öffentliches Angebot für alle Aktionäre macht. Er müsste also unser Angebot überbieten ...

SPIEGEL: Kann er sich das leisten?

Maucher: Es ist für Jacobs wesentlich schwerer als für Nestlé. Jacobs hat ein Eigenkapital von etwa 1,5 Milliarden Schweizer Franken. Wir haben ungefähr das Zehnfache. Und wir haben sieben Milliarden Cash. Jacobs hat 600 bis 700 Millionen. Das heißt: Für uns ist die Transaktion finanziell zu machen. Welche Überlegungen Jacobs sich macht, darüber kann ich nichts sagen.

SPIEGEL: Vielleicht verkauft er seinen Anteil mit einem saftigen Aufschlag an Sie. Sind Sie interessiert?

MAUCHER: Wir können logischerweise mit einem Minderheitsaktionär, auch à la Jacobs, leben. Aber selbstverständlich sind wir offen, wenn er uns seine Anteile anbietet. Allerdings nur zu einem vernünftigen Preis. Im Übrigen ist die Produktpalette von Rowntree komplementär zu unserer. Wir sind geographisch komplementär. Das ist ideal in jeder Beziehung.

SPIEGEL: Fürchten Sie politische Widerstände?

MAUCHER: Ja, vor allem aus nationalen Gründen. Englische Politiker fordern die Rowntree-Übernahme zu untersagen, weil britische Unternehmen nicht in gleichem Maße Schweizer Unternehmen kaufen können.

SPIEGEL: Die Schweizer Firmen schotten sich mit vinkulierten Namensaktien ab, ihre Aktionäre sind quasi handverlesen.

Maucher: Das ist aber keine politische Frage. Namensaktien beruhen auf privatrechtlichen Vereinbarungen zwischen der jeweiligen Gesellschaft und ihren Aktionären. Diese nehmen dafür einen Nachteil in Kauf, weil die Kurse der Namensaktien aufgrund des engeren Marktes wesentlich niedriger liegen.

SPIEGEL: Unfair bleibt die Praxis dennoch.

Maucher: Man muss versuchen, auch die Schweizer zu verstehen. Alle Welt will hier arbeiten, jeder will hier ein Haus kaufen. Und das in einem Land, dessen Bevölkerung kleiner ist als die von London. Das Schutzbedürfnis der Schweizer ist entsprechend groß.

SPIEGEL: Das wird die britischen Politiker wenig rühren. Rechnen Sie mit einer Ablehnung?

Maucher: Nein. Wer ablehnt, muss bedenken, welche Folgen dies für die britischen Multis hat, die überall in der Welt Unternehmen kaufen. Außerdem wissen die Politiker, dass die Arbeitsplätze bei Rowntree durch Nestlé sicherer werden. Wir können über unseren Vertrieb mehr Rowntree-Produkte verkaufen als Rowntree selbst.

SPIEGEL: Wie immer die Schlacht um Rowntree ausgeht – sie wird zu den spektakulärsten Geschäften des Jahres zählen. Stehen Mega-Deals wie Nestlé-Rowntree, die in den USA beinahe üblich geworden sind, nun auch den Europäern bevor?

Maucher: Das kann man nicht eindeutig voraussagen. Sicher gibt es hier andere Strukturen. Denken Sie nur an den Einfluss der Banken in Deutschland. Aber generell sind Akquisitionen unter den großen Firmen ein immer beliebteres Mittel Strategien zu verwirklichen.

SPIEGEL: Gibt es für Sie eine Schamgrenze, über die ein Unternehmen in seinem Expansionsdrang nicht gehen sollte?

Maucher: Für mich ist die Grenze erreicht, wenn der Wettbewerb beeinträchtigt wird.

SPIEGEL: Wir sollen Ihnen glauben, dass Sie an scharfem Wettbewerb interessiert sind?

Maucher: Wir sind langfristig an einer Aufrechterhaltung des Wettbewerbs interessiert, weil das der Nährboden einer freien Marktwirtschaft ist. Wenn wir als verantwortliche Unternehmer nicht dafür sind, dann werden wir unser eigenes Grab schaufeln.

SPIEGEL: Dem Wettbewerb würde es doch am meisten nützen, wenn sie mit eigenen Innovationen auf den Markt kämen, statt fremde Firmen aufzukaufen.

Maucher: Das tun wir ja. Wir bringen jedes Jahr Hunderte von Produkten auf den Markt.

SPIEGEL: Zum Beispiel?

Maucher: Wir haben allein im Süßwarenbereich Produkte gebracht wie »Yes«. Das hat heute schon einen ansehnlichen Marktanteil in Deutschland, etwa so groß wie »Quality Street« von Rowntree. Wir haben »Choclait Chips« gebracht, das ein ganz hervorragendes Produkt ist, innovativ in der Zusammensetzung als Snack ...

SPIEGEL: ... wer's mag!

Maucher: Kennen Sie »Choclait Chips«?

SPIEGEL: Nein, wir können doch nicht alles probieren.

Maucher: (lachend) Warum reden Sie von Sachen, von denen Sie nichts verstehen?

SPIEGEL: Kartoffel-Chips sind schon schlimm, aber Schokoladen-Chips ...

Maucher: ... sind hervorragend!

SPIEGEL: Lassen Sie uns wieder seriös werden. Sie sprachen davon, dass Ihnen Firmenübernahmen, denen das zu übernehmende Management zustimmt, die liebsten sind. Aber selbst diese Ihnen gewogenen Manager müssen in das Unternehmen Nestlé integriert werden. Schaffen Sie das eigentlich bei Ihrem Akquisitionstempo?

Maucher: Wir sind mit dieser Aufgabe gut fertig geworden. Bei uns hört die

Arbeit an einer Akquisition nicht mit der Übernahme auf. Wenn das gemacht ist, werden die Fragen der Führung, der Integration, der Zusammenarbeit mit Vorsicht und mit Nachdruck angepackt.

SPIEGEL: Führen Sie diese Firmen als weitgehend selbständige Einheiten? Wie wird der Konzern-Wasserkopf in Vevey mit all den Aufkäufen fertig?

Maucher: Deswegen haben wir auch einen der kleinsten, wie Sie sagen, Wasserköpfe im Vergleich zu unserem Umsatz und zu anderen Firmen. Wir haben eine sehr ausgeprägte Philosophie der Dezentralisation. Die gilt für unsere bestehende Gesellschaft genau wie für neue Gesellschaften.

SPIEGEL: Und wie kontrollieren Sie diese Firmen?

Maucher: Die brauchen nicht so viel Kontrolle. Das wichtigste Controlling sind für mich die Menschen. Ich schaue mir die Chefs dieser Firmen sehr genau an. Ich unterhalte mich mit ihnen, ich besuche sie. Ich kriege einen Eindruck und kann diesen Eindruck mit Marktanteilen, Umsätzen, Gewinnen oder anderen Daten kombinieren. Und wenn ich sehe, das klappt nicht, dann ist es viel billiger und effizienter, die Leute zu wechseln, als die Kontrolle zu verstärken oder die Eingriffe von der Zentrale zu verstärken. Es kommt nicht allein auf die Zahlen an.

[...]

Quelle: Funk, Werner/Mahler, Armin: »Einige Players erobern die Märkte«, in: *Der Spiegel*, Ausgabe 20/1988 (SPIEGEL 20/1988).

Interview mit Helmut Maucher bezüglich seiner hoch erfolgreichen Akquisitionspolitik bei Nestlé

Der folgende Text ist ein Ausschnitt eines ausführlichen Gesprächs mit Helmut Maucher im Rahmen der Forschungsarbeit von Farsam Farschtschian an der Universität St. Gallen. Thematisiert wird, warum Nestlé unter Mauchers Führung, mit seiner langfristigen Akquisitionsstrategie so nachhaltig erfolgreich war. Es wird des Weiteren die Qualität von Mauchers Management verdeutlicht, sowie auch sein souveränes Zusammenwirken mit dem Verwaltungsrat.

Farsam Farschtschian: Herr Maucher, wie können Sie die Art und Weise, wie Sie bei Nestlé Akquisitionen vorgenommen haben, beschreiben?

Helmut Maucher: Zu diesem Thema muss ich erst einen Punkt voranschicken. Wie Sie wissen, hat nach dem Schweizer Gesetz der Verwaltungsrat (VR) die Oberleitung. Das heißt, er führt normalerweise die Geschäfte.

In der Praxis ist das natürlich nicht realistisch, denn in einem großen Geschäft kann der VR nicht mit 15 Leuten das Geschäft führen. In der Regel delegiert der VR die Geschäftsführung an den so genannten »Delegierten des VRs«. Wenn das der Fall ist, hat dieser Delegierte eine relativ große Vollmacht, und der VR wird – nicht ganz – aber in Richtung eines deutschen Aufsichtsrats (AR) zurückgestuft. Denn er hat seine Kompetenz weiterdelegiert. Allerdings geht das nie so weit, wie das in Deutschland der Fall ist. Dort kann der Vorstand zum Beispiel eine Firma von 10 Milliarden kaufen, ohne den AR zu fragen.

Dies ist in der Schweiz nicht so: Bei uns entscheidet der VR nicht nur bei der Nomination der Generaldirektoren, sondern er ist bei allem dabei, was das Management angeht, sowie bei wichtigen Strategien und Akquisitionen. Das ist in der Regel festgelegt. Ich hatte bei uns festgelegt, dass der VR dann mitentscheiden muss, wenn eine Akquisition mehr als 500 Millionen CHF kostet. Aber der VR-Ausschuss musste bereits ab 150 Millionen mitgenehmigen. Wir machen ja Milliarden Investitionen – da kann man nicht jeden Tag den VR in alles einbeziehen.

Um zusammenzufassen: Erstens ist die Kompetenz des CEO ab einer bestimmten Größenordnung zu Ende. Zweitens ist sie dann zu Ende, wenn die Akquisition zu einer Strategieänderung führen würde. Wenn wir zum Beispiel in die Pharmazie gehen würden oder ins Reisegeschäft, wäre dies eine strategische Frage.

Die Kompetenzen des CEO und des Ausschusses gingen bei uns sehr weit, aber nur innerhalb der festgelegten Strategie. Diese hat der VR jedes Jahr mindestens einmal anhand eines großen Papiers diskutiert. Man konnte dann sagen: »Basierend auf dieser Strategie kaufen wir nun ein Pet Food Unternehmen«.

Die Funktionen des VR bestehen darin in wichtigen Sachen mitzureden und vorher die Strategie festzulegen. Innerhalb dieser zwei Parameter kann der CEO, beziehungsweise der Ausschuss, handeln. Das muss man wissen, sonst versteht man den Rest nicht.

Farsam Farschtschian: Gehen wir nun von Akquisitionen aus, die über diese Größenordnung hinausgehen, also über 150 oder 500 Millionen. Wie läuft es da ab?

Helmut Maucher: Die Initiative geht ganz klar vom CEO aus. Er ist ja auch Mitglied des VR. Er hat zusammen mit dem VR die Strategie festgelegt und sagt nun: »Im Rahmen dieser Strategie kaufe ich jetzt ein Pet Food Unternehmen oder ein Nutrition Unternehmen.«

Der CEO studiert mit seinen Mitarbeitern das Projekt und wenn er es für sinnvoll erachtet, legt er es dem VR vor. Dieser muss nun entscheiden. Wenn er sich dagegen entscheidet, ist das Projekt zu Ende. Bei mir ist es so: Wenn der VR dreimal gegen meinen Vorschlag entscheidet, kündige ich. Denn dann gehe ich davon aus, dass er ein Problem mit mir hat und nicht mit den Projekten.

Die Stellung des CEO ist also ziemlich stark. Solange er Erfolg hat, wird der VR Schwierigkeiten haben, »nein« zu sagen. Ich habe immer 100 % Zustimmung gehabt – aber ich habe den VR auch immer voll informiert. Die Mitglieder des VR wussten immer, worum es geht. Sie hatten Vertrauen in mich. Aber wenn ich dieses Vertrauen missbraucht hätte, hätten sie alle Möglichkeiten gehabt zu reagieren.

Nach der Entscheidung des VRs wurden die Akquisitionen in Gang gesetzt und durchgeführt. Danach hat das Management eine Berichtspflicht. Wir müssen den VR über alles informieren. Wie geht das Projekt weiter? Wie läuft die neue Akquisition? Geht es gut? Geht es schlecht? Entspricht es unseren Plänen? Gibt es Probleme? All das gehört zur normalen Berichtspflicht für den VR. Natürlich geht es bei diesen Entscheidungen über Akquisitionen nicht nur darum, ob man etwas tut oder nicht, sondern im Allgemeinen auch um das Finanzierungskonzept. Nehmen wir neue Aktien auf, oder machen wir es durch Commercial Papers, und versuchen es dann mit Selbstfinanzierung? Oder nehmen wir einen grösseren langfristigen

Kredit auf? Diese Fragen gehören in der Regel mit zum Entscheidungskonzept.

Generell möchte ich zu Akquisitionen Folgendes sagen: Wir haben bei Nestlé keine Akquisition gemacht, die später nicht erfolgreich war. Das liegt sicherlich daran, dass wir keine Abenteuer eingegangen sind. Wir wussten immer, was wir kauften.

Den VR interessiert immer, inwieweit dabei der Gewinn kurzfristig beeinträchtigt wird Es könnte passieren, dass ich eine Akquisition machen möchte, die strategisch richtig ist, aber kurzfristig zu einer Dilution des Profits per Share führt. Wenn ich momentan einen hohen Betrag hinlegen muss, kann das unter Umständen den Net Profit beeinflussen, weil für 2–3 Jahre die neuen Deckungsbeiträge etwas kleiner sind als die neue Zinsbelastung, bis sich also die Akquisition entsprechend rentiert. Bei solchen Fragen wird natürlich mitdiskutiert.

Bei Nestlé hatten wir praktisch keine Misserfolge, denn wir haben *erstens* die Dinge realistisch und nüchtern betrachtet und *zweitens* nur Firmen unserer eigenen Branche gekauft, von denen wir also selber etwas verstehen. McKinsey behauptet, zwei Drittel der Akquisitionen würden schief gehen – das war bei uns nicht der Fall.

Ganz wichtig bei Akquisitionen ist, auf welchen Grundlagen die Entscheidung für eine Akquisition basiert. Heutzutage produzieren Investment Banker Tonnen von Papier. Wir hingegen haben kaum Investment Banker eingesetzt. Wir haben sie lediglich selektiv eingesetzt, wenn sie zum Beispiel in einem Land die Gesetzgebung besser kannten, oder weil die andere Firma sie eingeschaltet hatte. Aber wir haben nicht Millionen und Milliarden für sie ausgegeben. Wir haben uns gesagt, dass wir selber wissen müssen, was wir tun. Wir waren sehr vorsichtig im Umgang mit Investment Bankern. Es werden ja heute tonnenweise Dokumente produziert, wirklich gebraucht werden aber gar nicht so viele.

Ich kann Ihnen ein Beispiel nennen: Als wir »Carnation« kauften, war das die erste große Akquisition einer europäischen Firma in den Vereinigten Staaten. Es ging um 3,5 Milliarden USD. Das war vor über zwanzig Jahren ungeheuer viel Geld. Ich habe dem VR damals genau dreizehn Seiten gegeben. Darin stand alles, was wichtig war und anhand dieser dreizehn Seiten hat der VR entschieden.

Was ich damit unterstreichen möchte ist, dass es besser ist, die Entscheidungen mit Hilfe weniger Dokumente und Studien zu treffen. Denn in der Regel stimmen Einzelheiten sowieso nicht. Die Welt bewegt sich ohnehin immer anders als die Leute glauben und eine übertrieben große

Anzahl an Studien täuscht eine Genauigkeit vor, die gar nicht existiert. Die wesentlichen Grundlagen standen in meinen dreizehn Seiten natürlich alle drin: Warum machen wir diese Akquisition? Stärken wir Amerika? Stärken wir »Pet Food«? Was kostet es und wie finanzieren wir es? Das ist alles.

Was noch viel wichtiger und, wie ich glaube, der Grund dafür ist, weshalb viele Akquisitionen schief laufen, sind die Maßnahmen nach der Akquisition. Da machen viele Leute Fehler: Oft werden Stäbe in die gekauften Firmen geschickt, die alles besser wissen und durch psychologische Fehler die ganze Firma frustrieren. Oft wird das Management nicht genügend involviert und es wird ein Klima geschaffen, das dazu führt, dass die Leute nicht mehr motiviert sind, oder aber das gesamte Management wird entlassen. Das sind alles Punkte, die dazu führen, dass eine Akquisition scheitert.

Hier haben wir keine Fehler gemacht, worauf ich sehr stolz bin. Ich war bei jeder Akquisition am nächsten Tag in der neuen Firma und habe sowohl mit den Leuten als auch mit dem Management gesprochen. Jeden Kader, der etwas taugte, ließ ich entweder auf seinem Posten oder gab ihm die Möglichkeit, sich innerhalb von Nestlé einer neuen Aufgabe zu widmen. Denn das waren ja keine schlechten Leute. Die zentralen Stäbe habe ich ganz vorsichtig eingesetzt. Wenn die nämlich wie Ameisen über so eine Firma herfallen, dann geht die Firma kaputt.

Ich glaube, dass wir psychologisch und was die Involvierung neuer Leute betrifft, keine Fehler gemacht haben. Viele, die eine Akquisition durchführen, glauben, sie seien die Schlauen und die anderen seien die Dummen. Ich habe den Leuten zugehört, denn die sind nicht dumm. Ich habe zum Beispiel die Firma »Stouffer« gekauft. Der Chef von »Stouffer« wurde nachher während einer gewissen Zeit Chef von Amerika. Später habe ich »Carnation« gekauft, wo ich dem ersten Mann – er war über 70 – sagen musste, er müsse gehen. Er hatte einen Nachfolger, dieser wurde dann nicht nur Chef von »Carnation«, sondern Chef von ganz Amerika.

Ich habe also die tüchtigen Leute immer genutzt. Ich habe den Leuten immer gesagt: »Ihr gehört jetzt zu Nestlé, ihr habt die gleichen Chancen wie jeder andere in unserem Unternehmen!« Das habe ich nicht nur gesagt, sondern es an solchen Beispielen auch gezeigt.

Psychologische Fragen – das Management nach der Übernahme, die Führung, die Motivation, die Einbeziehung der Leute oder die Wertschätzung betreffend – spielen meines Erachtens eine ganz entscheidende Rolle dabei, ob eine Akquisition letztendlich Erfolg hat.

Farsam Farschtschian: Interessant, denn man liest, gerade wenn es um Post Merger Integration (PMI) geht, dass es relativ rasch und zügig gehen muss. Außerdem habe ich bei Ihnen gelesen, dass Sie zum Beispiel bei »Carnation« nicht direkt integriert haben ...

Helmut Maucher: In vielen Fällen habe ich die Leute für sich gelassen. Wir beobachteten erst einmal und haben erst dann Schritte eingeleitet. Wir haben zum Beispiel eine Tochtergesellschaft in Deutschland in die deutsche Nestlé integriert, weil wir von Deutschland mehr verstanden haben als »Carnation«. Manche Firmen, die wir zu Nestlé genommen haben, ließen wir erst einmal vorsichtig laufen und haben sie dann schrittweise integriert.

Natürlich haben wir von Anfang an Synergien wahrgenommen: Man braucht ja von Anfang an etwas weniger Head Office, zum Beispiel keine eigene Research. Die Integration fand also schrittweise und sowohl sozialverträglich als auch sozialpolitisch verträglich statt. All das sind Schritte, bei denen man viele Fehler machen kann; oder man macht es eben richtig.

Ich hatte lange zwei Chefs in Amerika, die mir direkt Bericht erstattet haben. Die haben natürlich zusammengearbeitet, bestimmte Synergien wurden immer wahrgenommen – aber es waren lange Zeit zwei. Die Finanz-Analysten fragten mich, warum ich die Posten nicht zusammenlegte. Ich sagte: »Weil ich klug bin, im Gegensatz zu Ihnen«. Dadurch sind die Firmen alle gut gelaufen und haben Gewinne gemacht. Erst später, als sie sich aneinander gewöhnt hatten und sich auch kannten, dann kam erst der nächste Schritt, wo wir nur noch einen Chef Amerika brauchten.

Farsam Farschtschian: Als einer der Hauptscheiterungsgründe von Akquisitionen wird genannt, dass man zu viel bezahlt. Ich habe in Ihren Schriften gelesen, dass es viel wichtiger sei, dass ein Projekt strategisch sinnvoll und der Preis zweitrangig ist. Trotzdem, ein Premium von 40–50 % kann doch ein Scheiterungsgrund sein, weil man dann das Vorhaben finanziell nicht mehr verkraftet?

Helmut Maucher: Man muss natürlich immer wissen, wie viel man bezahlen kann.

Es gibt viele Leute, die nicht mitmachen wollen, weil sie die langfristige Komponente zu wenig beachten.

Finanzanalysten oder reine Finanzleute rieten oft von einer Akquisition ab, wenn dies für drei Jahre eine Beeinträchtigung des Gewinns bedeutete. Ich habe dann gesagt: »Wir machen ja trotzdem noch einen Gewinn von X; das aber ist eine Jahrhundertentscheidung. Wenn wir das jetzt nicht machen, dann werden wir die Nestlé langfristig nicht dahin führen, wohin wir sie führen wollen.«

Bei »Rowntree« habe ich über 6 Milliarden CHF bezahlt. Ich habe damals gesagt, dass die Zusatzzinsen, die wir bezahlen, den Zusatzdeckungsbeiträgen entsprechen müssen, sodass der Betrag derselbe bleibt, wir aber den Gewinn betreffend in den nächsten 2–3 Jahren nicht die gleichen Fortschritte machen. Aber das war eben eine Jahrhundertentscheidung. In diesem Gebiet der Süßwaren, der Riegelprodukte, gab es nur zwei Firmen, »Mars« und »Rowntree«. Wenn wir im Schokoladengeschäft drin bleiben wollten, mussten wir diese Akquisition tätigen. Es hat sich längstens bewährt.

Diese Frage, ob langfristig oder kurzfristig, ist ganz wichtig und man muss sie auch mit dem VR diskutieren, denn es geht ja um die Strategie.

Farsam Farschtschian: Basiert der VR seine Beurteilung vollkommen auf der Bewertung des Targets des CEO, oder zieht er externe Finanzexperten bei?

Helmut Maucher: Nein. Wenn der VR Zusatzinformationen braucht, dann holt der CEO die ein, und nicht direkt der VR. Das gibt nur Intrigen, wenn man das anders macht. Wenn der VR neue Informationen haben möchte, dann sagt er mir das, und entweder ich sage ihm dann, dass wir diese nicht brauchen, oder ich beschaffe ihm die Information. Auf jeden Fall geht es über meinen Tisch. Alles andere sind Misstrauensvoten, die ein guter CEO nie akzeptieren wird.

Der Preis ist natürlich ein wichtiger Punkt. Meine Erfahrung ist, dass die teuersten Akquisitionen die besten waren, und die billigsten oft die schlechtesten.

Was langfristig einen richtigen Wert hat, hat seinen Preis. Man zahlt oft weit über den Buchwert diesen Goodwill – aber der kommt mit der Rentabilität wieder herein.

Farsam Farschtschian: Man sagt, in Cash bezahlte Deals führten eher zum Erfolg …

Helmut Maucher: Die Finanzierung ist eine völlig andere Geschichte. Es kommt darauf an, wie man die Firma finanziert. Ich kann mit wenig Equity und viel Fremdkapital führen oder umgekehrt. Das ist eine Frage der finanziellen Risikobereitschaft eines Unternehmens.

Wir haben in der Strategie ganz klare Grundsätze festgelegt. Wir haben zum Beispiel gesagt, dass wir nie so weit gehen wie die Amerikaner. Wir als

Schweizer sind vorsichtiger. Ich habe in der Regel gesagt, dass die Netto-Finanzverschuldung – also alle Kredite die wir haben abzüglich Cash – in der Regel nie höher als 50% des Eigenkapitals sein sollte. Die Amerikaner gehen da leicht bis zu 100%. Das machen wir nicht. Wir wollen auch in unsicheren Zeiten nicht in Schwierigkeiten kommen. Außerdem kommt es darauf an, wie viel Cashflow ich habe. Wenn ich mehr Cashflow habe, kann ich mehr riskieren, als wenn ich wenig Cashflow habe.

Die Finanzpolitik und die Risikopolitik sind unabhängig von der Akquisition. Aber die Akquisition beeinflusst diese Politik. Ich muss mir überlegen, ob, wenn ich eine Akquisition mache, meine Risikopolitik finanziell noch gesichert ist, oder ob ich an den Kapitalmarkt gehen und neues Eigenkapital holen muss. Es wird also bei einer Akquisition geprüft, ob meine Finanzpolitik noch stimmt, oder ob ich neue Überlegungen anstellen muss. Ob Cash finanziert wird oder nicht, hängt von meiner Finanzstrategie ab.

Farsam Farschtschian: Das wäre also nun die Sicht der Unternehmung. Meine Frage geht aber auch dahin, wie die Finanzmärkte das beurteilen?

Helmut Maucher: Das ist ein Thema, das wir bis anhin nicht angesprochen haben: Das ganze Thema IR und Finanzmärkte. Das muss ich als Chef natürlich berücksichtigen.

Doch in der Regel wird das zu stark berücksichtigt. Diese Themen sind natürlich besonders für die Firmen wichtig, die wieder an den Kapitalmarkt wollen, weil dann die Kapitalkosten höher werden und dann der Kurs zu niedrig ist.

Aber prinzipiell müssen wir das tun, was langfristig richtig ist. Ich habe deshalb Finanzanalysten kritisiert. Kurzfristig sind ihre Meinungen, langfristig sind die Tatsachen wichtig.

Natürlich muss ich generell in meine Überlegungen einbeziehen, wie der Kapitalmarkt reagiert. Aber weil wir fast nie Kapital vom Kapitalmarkt brauchten, sah ich nicht ein, warum es mich kümmern sollte, wenn der Kurs einmal sechs Monate lang runter ging. Wenn die Vorstände nur an Ihre Stock Options denken, dann handeln sie nicht im Unternehmensinteresse. Ich wusste, dass der Kurs mittelfristig stabil bleibt. Wenn das Geschäft steigt und der Ertrag steigt, dann wird der Markt auch dementsprechend reagieren.

Wenn ich dauernd auf dieses kurzfristige Denken Rücksicht nehme, leite ich das Geschäft falsch und sicherlich nicht langfristig. Das habe ich nicht gemacht.

Generell muss ich bei meinen Überlegungen auf die Meinung des Kapitalmarktes Rücksicht nehmen – aber dann muss ich es eben erklären. Dann gibt es ein IR Committee oder eine Konferenz. Im Allgemeinen ist mir das immer gut gelungen, denn der Aktienkurs ging immer nur nach oben.

Farsam Farschtschian: Dann ist dies auch die Aufgabe des CEO und nicht des VR?

Helmut Maucher: Richtig. Aber der VR schaut sich das auch an. Die Information, die der VR regelmässig bekommt, beinhaltet den Aktienkurs im Vergleich zur Konkurrenz und zum Index der Schweiz. Der CEO berichtet immer über seine Besuche in Märkten und von seinen Konferenzen mit den Investor Relations. Das alles gehört zu seiner Berichtspflicht.

Dadurch kann der VR reagieren. Der VR kann jedoch nicht direkt zu den Finanzmärkten gehen. Das ist nicht seine Aufgabe. Er wird vollständig darüber unterrichtet, was passiert und auch darüber, wie sich das Aktienkapital zwischen Amerikanern und Schweizern verteilt.

Ich habe außerdem immer über meine Reisen berichtet und über meinen Kontakt mit Finanzleuten und mit Staatsmännern. Das gehört alles zu meiner Berichtspflicht. Aber wenn der VR glaubt, er müsse das ohne mich machen, dann kann er sich einen anderen CEO suchen.

Farsam Farschtschian: Was ich gerade in diesem Kontext noch fragen will: Wann tritt der Chairman auf, und wann der CEO?

Helmut Maucher: Das müssen die beiden miteinander vereinbaren. Ich hatte ja eine Zeitlang beide Funktionen inne. Zunächst war ich nur Delegierter, dann beides, dann nur Chairman. Wir haben immer genau festgelegt, wie wir die Aufgaben verteilen.

Als ich Delegierter war – und ich war ein starker Delegierter – war Herr Jolles Präsident, der Staatssekretär in der Regierung. Damals habe ich als CEO im Prinzip 90 % der Kontakte wahrgenommen. Die Leute wollten den Chef sehen und das war ich.

Herr Jolles hatte allgemeine Kontakte, zum Beispiel in der Regierung. Aber alle Kontakte, die Substanz hatten, bei denen Geschäfte verhandelt wurden, oder wo die Nestlé in der Öffentlichkeit vertreten werden musste, habe ich wahrgenommen.

Als ich dann Chairman und nicht mehr Delegierter war, habe ich gemeinsam mit Herrn Brabeck entschieden, dass er nun alle Kontakte wahrnehmen soll, die mit seiner Funktion als CEO zusammenhängen. Ich bin dann auf keine Pressekonferenzen mehr gegangen und habe keine IR-Konferenz mehr geleitet. All dies muss er als CEO machen. Das heißt, 70–80 % der Kontakte habe ich sofort an den CEO abgegeben – obwohl ich ein aktiver Chairman war.

Nur in gewissen Fragen, wo ich alte Beziehungen hatte, machte ich noch eine Zeit lang weiter. Zum Beispiel war ich noch eine Weile Präsident des European Roundtable. Oder wenn ich den Premierminister von Indien besser kannte, dann ging ich in Absprache mit Herrn Brabeck dahin.

Obwohl ich ein starker Chairman war, hatte ich im Prinzip schon die meisten Kontakte an ihn übergeben. Nicht weil ich das nicht hätte tun können, sondern weil ich der Meinung bin, dass diese Dinge zur Funktion des CEO gehören. Der muss das jetzt wahrnehmen. Der muss sich jetzt profilieren, muss seine Autorität zeigen und bekannt werden.

Ich bin heute noch stolz darauf, dass ich mich in diesem Bereich zurückgenommen habe, denn das lag im Interesse von Nestlés Zukunft.

Farsam Farschtschian: Ich war mir bewusst, dass die Nestlé-Führung sehr gut war, dass aber so klare Richtlinien vorherrschten wusste ich nicht.

Helmut Maucher: Ja, das stand auch in unserer Satzung. Ob Sie es wollen oder nicht: Der CEO, ob er gleichzeitig Chairman ist oder nicht, ist die Schlüsselfigur im Laden.

Wenn der nicht funktioniert, können Sie den besten VR haben, und das Unternehmen geht trotzdem zugrunde. Es gibt in Deutschland die Redewendung: »Wenn das Unternehmen gut geführt ist, ist der VR überflüssig, und wenn es schlecht geführt ist, ist er hilflos«. Da ist doch etwas dran.

Ich habe noch keine Firma auf der ganzen Welt gesehen, bei der mit einem schlechten CEO die Firma gut gelaufen wäre, nur weil der VR gut war. Auf der anderen Seite gibt es zahlreiche Firmen, die gut laufen, in denen der VR nur mittelmässig ist, der CEO dafür aber gut.

Farsam Farschtschian: Ich kenne die Erfolgsfaktoren, die Sie bei Nestlé publiziert haben. Sie sagen, dass eine Akquisition das Hauptgeschäft stärken muss, oder dass es Zugang zu einem wichtigen Markt geben soll, in dem man eine Hauptkompetenz hat, oder dass die Akquisition die Zeitspanne verkürzen soll, um sich eine neue Produktelinie anzueignen, die wiederum zur Strategie passt ...

Helmut Maucher: ... Sie sprechen hier von der Wachstumsstrategie. Bei der Wachstumsstrategie gibt es generell immer die Alternative: Akquisition oder internes Wachstum. Letzteres muss es geben, denn sonst hat das Unternehmen keine Dynamik mehr.

Aber man kann gewisse Prozesse abkürzen, indem man eine Akquisition vornimmt. Man bezahlt dann kurzfristig mehr, denn man bezahlt ja den Preis für den Erfolg der anderen, aber man kann damit schneller bestimmte Ziele erreichen. Danach muss man sehen, ob sich das rentiert.

Eine Zeit lang war es bei mir so, dass ich zwei Drittel mit Akquisitionen gemacht habe und ein Drittel mit internem Wachstum. Denn ich musste das Unternehmen in kurzer Zeit in eine neue Dimension führen. Ich musste das machen, bevor nun jeder gemerkt hatte, was Globalisierung bedeutet, oder was Wasser bedeutet, oder was »Pet Food« bedeutet. Das habe ich alles abgekürzt. Zehn Jahre später wäre das alles viel teurer geworden.

Man muss also beides machen: Intern wachsen, aber auch in neue Produktfelder gehen, von denen man glaubt, dass sie in Zukunft Potenzial haben. Deswegen bin ich in »Pet Food«, in Wasser und in Nutrition hinein gegangen.

Eine Akquisition kann auch sinnvoll sein, um bestimmte Länder zu stärken. Die Akquisition von »Carnation« war eine der Strategien, unser Geschäft in Amerika zu stärken. Die Akquisition mit »Rowntree« wurde durchgeführt, weil wir im Bereich Süßwaren langfristig eine führende Position innehaben wollten. Deswegen mussten wir in dieses Segment – und nicht nur in die Schokoladentafeln und in Pralinen.

Als ich begann, Wasser zu kaufen, haben mich die Leute zuerst ausgelacht. Heute lacht keiner mehr. Wir verkaufen heute schon 15–20 Milliarden Liter Wasser. Wasser ist wie Öl: Entweder man hat es, oder man hat es nicht. Inzwischen ist Wasser ein wichtiger Geschäftszweig von Nestlé. Das mussten wir via Akquisition machen.

Es gibt auch andere Wachstumstheorien: Ich wollte zum Beispiel ein Equilibrium zwischen den Produktgruppen haben. Als ich in die Schweiz kam, entstand der Gewinn zu 50% durch Nescafé. Ich sagte: »Das ist schön, aber langfristig gefährlich.« Also haben wir die Produktepalette erweitert.

Ich habe auch gesagt: »Wir können nicht auf Dauer über 50% des Gewinns in Europa machen, wenn die Welt an anderen Stellen wächst.« Also habe ich in Amerika, Asien etc. investiert. Es gab auch gewisse Lücken in gewissen Ländern, in denen wir kaum vertreten waren.

Doch das sind alles Dinge, die in einer Gesamtstrategie mit dem Board festgelegt werden. Ich habe mit dem Board diskutiert und der Board hat mich in der Regel positiv begleitet. Der Board konnte sich auch hier an einer langfristigen Politik beteiligen, weil ich ja trotzdem in der Lage war, jedes Jahr meine Gewinne zu steigern. Wenn ich nur noch langfristige Erträge verspreche und kurzfristig keine Gewinne mehr habe, dann werden die Öffentlichkeit, die Aktionäre und der Board nervös. Doch da der Aktienwert und die laufenden Gewinne immer weiter stiegen und damit eben die Produktivität, waren die Leute zufrieden mit meiner Arbeit.

Wenn eine Komponente nicht mehr stimmt, dann wird der Board zu Recht Fragen stellen. Aber ich hatte das Glück, dass die Dinge bei mir relativ gut gelaufen sind.

Farsam Farschtschian: Eines Ihrer Grundprinzipien, die Sie jeweils bei Akquisitionen verfolgt haben, war ja, dass gegenseitige Lernbereitschaft da sein sollte. Daher haben Sie grundsätzlich keine Hostile Takeovers gemacht. Aber es gab Ausnahmen ...

Helmut Maucher: Ich habe anfangs keine Hostile Takeovers gemacht, habe meine Meinung dann aber geändert. Inzwischen werden Hostile Takeovers gemacht, weil es manchmal sein muss.

»Rowntree« war eine halb feindliche Übernahme. Ich bin dann allerdings trotzdem sofort in die Firma gegangen, habe die Leute motiviert, überzeugt, habe ihnen Chancen gegeben. Die haben dann die Situation akzeptiert, weil ihnen eingeleuchtet hat, was ich ihnen erzählt habe. Ich habe die Leute geschützt. Ich habe sozial eine saubere Politik betrieben und habe auch den neuen Leuten Chancen gegeben. Wenn das so läuft, dann merken die Leute sofort, dass das eine gute Sache ist.

Farsam Farschtschian: Und so hat es auch nie Konglomerate und auch keine vertikale Integration in diesem Sinne gegeben.

Helmut Maucher: Nein, ich habe all diese Dinge nicht gemacht. Früher, vor 30 Jahren, war Diversifikation Mode. Ich habe damals keine Fahrradfabriken gekauft und so musste ich später, als Konsolidierung modern war, auch keine mehr verkaufen. So einfach ist das.

Farsam Farschtschian: Glauben Sie, dass diese spezifischen Faktoren für Ihre Akquisitionen nur bei Nestlé erfolgreich waren, oder kann man diese auch in anderen Unternehmen anwenden?

Helmut Maucher: Ich glaube diese Prinzipien stimmen im Allgemeinen immer. Das heißt: *Erstens* ist bei Akquisitionen die Psychologie anzuwenden, von der ich gesprochen habe, und *zweitens* darf man keine Sache kaufen, von der man nichts versteht. Denn wenn man das tut, dann muss man das Unternehmen komplett umstrukturieren. Dann ist man eine Finanzholding, die die einzelnen Geschäfte laufen lässt und sie nur noch anhand der Zahlen kontrolliert.

Wir haben immer gesagt, wir wollen Geschäfte betreiben, von denen wir auch etwas verstehen. Wir wollen also echte Geschäftsführung ausüben. Dadurch verbietet es sich, Dinge zu kaufen, die nicht zu uns passen.

Quelle: Farschtschian, Farsam: *The Reality of M&A Governance, Transforming Board Practice for Success*, Springer 2012, S. 189–209.

Marketing, Werbung und Kommunikation

Fast Moving Consumer Goods: Aktuelle und zukünftige Aspekte des Marketings

Im folgenden Vortrag spricht Maucher über das klassische Marketing und über die Wichtigkeit der Corporate Brand. Er kommentiert die Wichtigkeit einer ganzheitlichen Markenpolitik, die Wichtigkeit von Familien-, Einzel- und Handelsmarken sowie die Bedeutung der Produktgestaltung im Allgemeinen. Thematisiert werden auch die Themen Werbung, Zusammenarbeit mit Werbeagenturen und die Zukunft des Marketings.

Zwei Vorbemerkungen:

Am Deutschen Marketingtag, dem 12. Oktober, wurde unter dem Titel »Marketing für die Zukunft« die Frage gestellt, ob klassisches Marketing nicht mehr funktioniere. Vor kurzem wurde bei Grey ein Vortrag über Regelbruch gehalten.

Wir tagen heute bei der Metro und sind damit standortmäßig mitten im Zentrum des Geschehens.

Ich möchte meinen Vortrag anhand von drei Fragen in drei Abschnitte gliedern; es sind dies die Fragen:

A) Was bleibt vom klassischen Marketing?
B) Wie sieht die heutige Situation aus, was verändert sich?
C) Was bedeuten diese Veränderungen für die Zukunft des Marketings?

Zu A) Was bleibt?

1.

Trotz aller kritischen Bemerkungen von einschlägiger Seite über den angeblichen Bedeutungsschwund der Marke, hat die Marke beim Verbraucher nach wie vor einen hohen Stellenwert. Ja, sie hat sogar eher an Bedeutung gewonnen. Die Gründe hierfür sind:

Bei der zunehmenden Anonymität unserer Lebensverhältnisse und der zunehmenden Unsicherheit sowie den vielen Veränderungen unseres Lebens, mit denen wir ständig konfrontiert werden, sucht der Mensch nach Elementen und Verankerungen, die ihm Kontinuität, Sicherheit und Orientierung bieten. Dazu können auch die Marken beitragen.

Trotz aller Schnäppchenmentalität und dem Preisbewusstsein, das in den letzten Jahren zugenommen hat, wird Qualität doch immer noch geschätzt. Es ist ein Verlangen nach Produktsicherheit und Beständigkeit vorhanden sowie ein Streben nach Prestige und Befriedigung von Emotionen etc.

Marken haben den Vorteil, dass sie überall angeboten werden (die so genannte Ubiquität). Dieser Umstand verschafft ihnen einen zusätzlichen Vorteil gegenüber den Handelsmarken.

Natürlich ist Marke nicht gleich Marke. Name und Logo sind zwar wichtig, schaffen alleine aber noch keine Marke. Wichtig ist, dass in einer bestimmten Produktkategorie das Markenprodukt das obere Qualitätssegment abdeckt und keine Qualitätsschwankungen vorkommen, damit die Marke, d.h. die Qualität, für die sie steht, glaubwürdig bleibt. Ferner muss nicht nur die Qualität beständig bleiben (Qualitätsverbesserungen sind natürlich erlaubt!), sondern auch das Markenbild und die Werbestrategie für die Marke.

Zur Werbestrategie gehört auch, dass das Produkt kontinuierlich beworben wird, weil sonst das Markenimage und die Nachfragepräferenz geschwächt werden und auf andere Konkurrenzprodukte übergehen.

[...]

Markenpolitik muss im Übrigen ganzheitlich betrieben werden. Neben Namen und Logo muss die Gesamtgestaltung stimmen, vom Produkt über das Design (Etikett) bis zur Werbelinie und allen anderen Manifestationen, mit denen das Unternehmen an die Öffentlichkeit geht. Dazu gehören auch Art und Stil der Verkäufer, ja selbst die Gestaltung der Büroräume und natürlich vor allem der Empfang und die Telefonzentrale. Auch Geschäftsberichte und sonstige PR-Maßnahmen müssen dem Gesamtbild entsprechen, das wir beim Konsumenten und der Öffentlichkeit für eine bestimmte Marke erzielen wollen.

Meist haben wir in einem Unternehmen ein Corporate Brand Image und daneben eine Vielzahl von Familien- und Einzelmarken. Es ist ganz wichtig, dass hier das gesamte Markenkonzept und Gerüst aufeinander abgestimmt wird. Am Anfang steht natürlich die Gestaltung der *Corporate Brand*. Lassen Sie mich am Beispiel von Nestlé hierzu einiges sagen. Schon der Gründer Heinrich Nestlé hat in unserem Fall die Grundzüge des *Corporate Image* in genialer und idealer Weise festgelegt. Er hat seinen Namen Nestlé mit einem Vogelnest verbunden, in dem eine Vogelmutter drei kleine Vögel füttert. (Der Name Nestlé bedeutet bekanntlich im Schwäbischen »kleines Nest«). Damit hat er der Marke Nestlé einen großen emotionalen Wert verliehen, der außerdem genau zu unserer Branche (Ernährung) passt. Dazu kann man nur sagen: Glück muss man haben und Nestlé heißen!

Eine weitere, stets viel diskutierte Frage lautet, ob man für jedes neue Produkt eine eigene Marke schaffen soll, oder inwieweit man bestehende Marken oder auch das Corporate Image ausnutzen soll. Viele Firmen wie z. B. Unilever und Procter & Gamble kommen sehr stark von der Entwicklung der Einzelmarke her, gehen aber neuerdings dazu über, Familienmarken und das Corporate Image stärker zu nutzen. Sei es aus ökonomischen Gründen oder deshalb, weil auch sie festgestellt haben, dass eine Einzelmarke vom Corporate Image ebenso profitieren kann wie das Corporate Image von der Einzelmarke. Bei Nestlé hatten wir immer eine etwas ausgewogenere Politik. Ich habe allerdings zu meiner Zeit darauf geachtet, dass das Corporate Image und die Familienmarken noch stärker genutzt wurden als früher, was die bekannten, eben geschilderten Vorteile nach sich gezogen hat.

Andererseits muss man aufpassen, dass man eine bestimmte Marke oder Familienmarke nicht zu sehr segmentiert und alle möglichen Produkte an diese Marke anhängt. Man spricht in diesem Falle ja bekanntlich von »Brand Stretching«. Dieses kann so weit gehen, dass dadurch der Grundmarkenwert verwässert wird. Eine gute Markenpolitik erfordert also sehr viel Überlegung, Finetuning und Gefühl, um den richtigen Weg zu finden.

Noch ein Wort zu den Handelsmarken, die ja im Nahrungs- und Genussmittelsektor wie in einigen anderen Sektoren auch, in denen die Produkte über den Lebensmittelhandel vertrieben werden, eine große Rolle spielen. Man muss wissen, dass der Hersteller seine einzelnen Marken profilieren möchte, während dem der Handel seine gesamte Handelskette profilieren möchte, und ihm dazu alle Dinge recht sind, die eine Alleinstellung seiner Kette fördert, also u. a. auch Handelsmarken. Handelsmarken sind natürlich auch dazu da, um dem Konsumenten einen günstigeren Preis anzubieten. Die Handelsmarken haben also aus vielen Gründen ihren Platz im

Handelssortiment des Handels. Die Aufgabe jedes Markenartikelherstellers besteht nun darin, dafür zu sorgen, dass das Gewicht der Handelsmarken und Eigenmarken nicht zu stark zunimmt. Das erfordert im Prinzip folgende Politik:

1. Die Qualitätsdifferenz sollte für den Konsumenten ersichtlich werden (man spricht hier von der Perceived Quality).
2. Mit Markenpolitik, Werbung usw. muss ich möglichst viel Nachfragepräferenz für meine Marke schaffen, um dadurch den Absatz von Handelsmarken weiter einzudämmen.
3. Erforderlich ist ein straffes Kostenmanagement, um dafür zu sorgen, dass der Preisabstand zwischen unserer Marke und der Handelsmarke nicht zu groß wird und auf jeden Fall in einem Rahmen bleibt, dass sehr viele Konsumenten es nach wie vor vorziehen, das Markenprodukt zu kaufen.
4. Schließlich muss ich in der Kooperation und der Zusammenarbeit mit dem Handel maßgeschneiderte Aktionen u. Ä. entwickeln, die sowohl unsere Marken fördern als auch für den Handel interessant sind.
5. Technologischer Vorsprung dient dazu, die Position gegenüber den Handelsmarken zu stärken.

Ich habe außerdem immer betont, wie wichtig es ist, darauf zu achten, dass wir – neben der Aufmerksamkeit für den Handel und neben der Schaffung guter Beziehungen mit den Handelsorganisationen – gegenüber unseren Mitkonkurrenten bezüglich Qualität, Marke, Preis usw. konkurrenzfähig bleiben. Wenn dies der Fall ist, wird auch der Konsument dies merken. Und der Handel verkauft letztlich das, was ihm bei den Konsumenten am meisten Absatz bringt.

2.

Welche Elemente des klassischen Marketing-Instrumentariums haben auch für die Zukunft Gültigkeit?

Dazu folgende Ausführungen:

Zur Produktpolitik

Logischerweise beginnen alle Marketing-Überlegungen und Marketing-Aktivitäten mit der Produktpolitik: Für welche Produkte besteht ein direkter oder latenter Bedarf, kann ein solches Produkt hergestellt werden zu einem

Preis, der für den Konsumenten akzeptabel ist? Es ist eine Binsenweisheit, dass Produktentwicklung marktorientiert vonstattengehen muss. Forscher und Techniker haben außerdem oft Ideen, an die der Markt gar nicht gedacht hat, die aber letztlich zu Produkten führen, die vom Markt akzeptiert werden. Am Anfang von neuen Lösungen und Produkten, die Fortschritte und verbesserte Lebensumstände brachten standen also immer die Ermittlung des Bedarfs, die Forschung und sehr oft die zündende Idee eines Unternehmens. Natürlich gibt es auch andere, weniger grundlegende und revolutionäre Produkte und Produktentwicklungen, die erfolgsversprechend sind. Ein bestehendes Produkt – auch eines von der Konkurrenz – kann beispielsweise wesentlich verbessert werden, wodurch das Marktvolumen vergrößert wird oder ganz einfach Marktanteile gewonnen werden. Man hat auch die Möglichkeit mit neuen Herstellverfahren das Produkt kostengünstiger herzustellen und somit die Preise zu senken usw. Wichtig ist letztlich, dass Bedarfsermittlung, Produktidee und Forschung so zusammenarbeiten, dass daraus ein erfolgversprechendes Produkt entsteht.

Und nun muss also das neue Produkt verkauft werden!

Der erste Schritt hierzu ist die *Produktgestaltung*, die Verpackung, das Etikett, das Design usw. Die Bedeutung dieser Überlegungen kann nicht genügend unterstrichen werden. Oft ist ein Misserfolg auf eine schlechte Produktgestaltung zurückzuführen. Manches Design würde auf einer Kunstausstellung vielleicht einen Preis bekommen, dem Konsumenten aber gefällt es nicht. Etikettengestaltung, Gebrauchsanweisung u. Ä. müssen gut lesbar, verständlich und ansprechend sein, dürfen aber nicht überladen sein. Schauen Sie sich einmal Konsumentenpackungen unter diesem Gesichtspunkt an, und Sie werden feststellen, wie schlecht sie oft gemacht sind. Eine moderne Unart besteht darin, den Schriftzug oder den Markennamen vertikal anzubringen. Manchmal ist dies aus räumlichen Gründen notwendig und sieht außerdem sehr schick aus, aber derart ist der Schriftzug auf jeden Fall schlechter lesbar. Gebrauchsanweisungen für technische Geräte – einschließlich Autos und Handys – sind oft ein Trauerspiel, was ihre Verständlichkeit anbelangt, da sie in der Regel von Technikern mit geringer Kommunikationsbegabung erstellt werden. Um dies zu unterstreichen, weise ich darauf hin, wie wichtig zum Beispiel beim Auto neben den technischen Daten, dem Preis und der Marke das Design ist.

Es gilt außerdem, eine kleine Schrift zu vermeiden und an die Senioren zu denken!

Zur Produktgestaltung gehören auch die Bezeichnung des Produkts, sein Name und die Marke, darüber habe ich bereits gesprochen.

Zum Thema Preis- und Konditionenpolitik

Ein weiteres wichtiges Marketinginstrument ist die Preispolitik. Sie stellt zugleich eines der schwierigsten Probleme im Marketing dar. Zunächst muss man natürlich alles versuchen, um die Herstellungskosten ohne Qualitätseinbußen (!) so niedrig wie möglich zu halten. Für die Preisfestsetzung müssen die Herstellungskosten ermittelt werden, die bei Erreichung des geplanten Umsatzvolumens möglich sind. (Diese sind oft wesentlich niedriger als die Herstellungskosten für die erste Produktion.) Dann muss man die schwierige Frage beantworten, wie viele Produkte man bei unterschiedlichen Preisen verkaufen kann. Marktforschungen und Tests helfen da leider oft wenig. Natürlich muss sich der Preis auch in das Konkurrenzgefüge einpassen und den Wert der Marke berücksichtigen.

Bei einem ganz neuen Produkt wird man oft mit einem relativ hohen Preis in den Markt gehen, um zunächst das oberste Segment zu bedienen, das bereit ist, diesen Preis zu bezahlen. In einer zweiten Phase beginnt dann die »Marktpenetration« zu einem niedrigen Preis, mit den meist niedrigeren Herstellungskosten.

Zusammenfassend möchte ich zum Thema Preispolitik sagen, dass es trotz eines dank Marktforschung, Kalkulationen etc. verfeinerten Instrumentariums schwierig ist, den optimalen Preis (mit dem größten, langfristigen ROI) exakt zu bestimmen, und wir uns deshalb im Verlauf der Marktentwicklung immer wieder zu Korrekturen und Veränderungen veranlasst sehen werden.

Im Zusammenhang mit der Preispolitik auch ein Wort zur Konditionsstrategie: Diese hat in meiner Branche bei der Konzentration des Handels und der starken Entwicklung der Nachfragemacht gewaltig an Bedeutung zugenommen. Einerseits soll die Konditionenpolitik berücksichtigen, dass größere Mengen, größere Jahresumsätze, größere Aufträge pro Rechnungseinheit oder besondere Leistungen im Vertrieb beim Handel entsprechend honoriert werden. Andererseits darf man Erpressungen und ungebührlichen Forderungen nicht nachgeben, weil sonst die anderen Handelsunternehmen diskriminiert werden. Diese Ungebührlichkeiten würden im Übrigen beim häufig vorkommenden Wechsel von Einkäufern oder anlässlich von Fusionen nicht unentdeckt bleiben!

Zum Thema Verkaufsmethoden und Verkaufspolitik

Eine weitere Überlegung gilt es in Bezug auf neue und bestehende Produkte anzustellen hinsichtlich der Festlegung der Absatzkanäle und der Verkaufspolitik. Auch hier kann ich lediglich stichwortartig einiges zu folgenden Fragen anmerken: Soll man direkt oder über Zwischenhändler verkaufen? Benutzt man einen eigenen Vertreterstab oder Handelsvertreter und Agenten etc.? Wie viel muss man überhaupt in den Verkauf investieren, um einerseits die Verkaufskosten im Rahmen zu halten und andererseits den optimalen Verkaufserfolg zu erzielen?

Zum Thema Werbung

Die Werbung als weiteres Marketinginstrument ist bekanntlich ein wichtiger Bestandteil des »Marketing Mix«. Je mehr es sich um Produkte für den Massenmarkt handelt und je mehr Emotionen und Prestige im Spiel sind, desto mehr ist Werbung ein entscheidender Erfolgsfaktor. Was manche nicht verstehen ist, dass Werbung einen integrierten Bestandteil der Marktwirtschaft darstellt. Man kann nicht für die Marktwirtschaft und gegen die Werbung sein. Die Werbung spielt deshalb eine so große Rolle, weil die Anbieter von Waren und Dienstleistungen darauf angewiesen sind, den Konsumenten zu erklären, was sie verkaufen und welchen Nutzen ihnen das Produkt bringen kann. *Die Qualität der Werbung ist für den Erfolg meist viel entscheidender als die Höhe des Werbebudgets.* Laut Ogilvy, einem der großen Werbepäpste des letzten Jahrhunderts, liegt der Unterschied zwischen schlechter und guter Werbung hinsichtlich des Erfolgs eines Produkts bei 1:17. Aber selbst wenn er nur 1:3 betragen würde, kann man ermessen, wie wichtig es ist, alles zu tun, um die Wirksamkeit und Qualität der Werbung zu verbessern.

Heute sieht man oft Werbung, die angeblich kreativ sein und Emotionen wecken soll. In Wirklichkeit sind es aber allzu oft nur irgendwelche fragwürdigen Gags, die überhaupt nicht dazu beitragen, dass mehr verkauft wird. Häufig ist es doch so, dass man gar nicht weiß, worum es in einem betreffenden Werbespot geht. Nur schade, dass dies auch noch der Profilierung bestimmter Werbeleute dient, die sich abends mit ihren Kollegen in Bistros treffen. Und das Schlimme ist, dass sich einzelne Unternehmer (auch Politiker!) diesen Quatsch gefallen lassen, weil sie nichts von der Sache verstehen oder einfach »modern« sein wollen (das gilt nebenbei bemerkt auch für manche Anschaffung von Kunstwerken oder Veranstaltungen von Kunstausstellungen).

Es gibt ja die böse Behauptung, dass ein Drittel der Werbung gemacht wird, um den Chefs, den Entscheidern, zu gefallen, ein Drittel, um die Kollegen in der Werbebranche zu beeindrucken oder einfach aufzufallen, und nur ein Drittel, um positive Effekte beim Konsumenten zu erzielen und letztlich mehr zu verkaufen. *Meines Erachtens gilt es das Folgende zu beachten, wenn man an guter Werbung interessiert ist: Eine gute Werbung stellt das Produkt und die Marke vor, vermittelt verständliche Informationen über das Produkt, erregt Aufmerksamkeit (ein besonders wichtiger Punkt bei der heutigen Werbeflut und Werbedichte), mobilisiert Emotionen und endet – wenn es geht – mit einem guten einprägsamen Slogan, der über einen langen Zeitraum bei jeder Werbung wiederkehren muss. (Auch ständig wiederkehrende Musik kann ein Markenbild festigen und Sympathie verbreiten.) Zudem sind identische optische Elemente ein absolutes »Muss«. Wichtig ist, dass man sich bei jeder Werbung fragt, warum der Kunde gerade dieses Produkt kaufen soll (Reason why!).*

Was oft keine Beachtung findet, jedoch für eine gute und erfolgreiche Werbung entscheidend ist, ist, dass alle Beteiligten in den Agenturen und Firmen aufrichtig an das Produkt glauben, von ihm begeistert sind und sich mit voller Kraft für das Produkt engagieren. Ich denke dabei an die Redewendung: »Keinem Überzeugten fällt das Überzeugen schwer.« –was ja schließlich auch das Geheimnis der Pfingstpredigt der Apostel war. Was wir brauchen sind eben mehr Pfingstprediger und weniger Gag Produzenten.

Im Übrigen hat bei jeder guten Werbung am Anfang ein klares Briefing des Auftraggebers zu stehen. Daran mangelt es oft. Zum Beispiel: Soll die Kampagne langfristig das Image und die Marke aufbauen und festigen, oder will man eher eine kurzfristige Umsatzsteigerung erzielen? Soll die Werbung generell den Markt ausweiten (beispielsweise bei einem hohen eigenen Marktanteil) oder will man Marktanteile dazu gewinnen? Welches sind die wichtigsten Botschaften, die ich dem Konsumenten einprägen will? Welche Zielgruppen möchte ich besonders ansprechen? Auf jeden Fall kann man sich nicht über die Werbeagenturen beklagen, wenn es an der nötigen Information und einem guten Briefing fehlt. Die Ursache für schlechte Werbung liegt also oft beim Auftraggeber, und die daraus resultierende schlechte Zusammenarbeit sorgt für viel Frust bei den Agenturen. Wenig zur Verbesserung dieses Verlaufs trägt zudem die bekannte Tatsache bei, dass zwar mehrere Hierarchiestufen im Marketing die Vorschläge der Agenturen ablehnen können, aber nur die oberste Marketingstufe sie annehmen kann. Auf jeden Fall ist es wichtig, dass die Topleute des Unternehmens einen persönlichen Kontakt mit den Agenturen pflegen, denn das ist motivierend und der Verständigung zuträglich. Außerdem sollte man die Agenturen nicht bei jeder Kleinigkeit wechseln, wie wir es von den Fußballtrainern her kennen. Eine Agentur muss erst die Chance haben, die Kritik zu kennen und Verbesserungsvorschläge zu machen.

Bezüglich der Werbung in verschiedenen Medien ist auch darauf zu achten, dass das generelle Werbethema, die Grundbotschaft überall enthalten ist, zugleich aber an die jeweilige Zielgruppe angepasst wird. Ein »BUNTE«-Leser muss anders angesprochen werden als ein »SPIEGEL«-Leser.

Ein weiterer wichtiger Erfolgsfaktor bei der Werbung besteht darin, auf Kontinuität sowohl bei der Werbelinie als auch bei der Werbegestaltung zu bestehen – dasselbe gilt übrigens auch für die Markenpolitik. Gegen die Kontinuität bei der Markenpolitik wird oft gesündigt, entweder weil durch zu häufige Wechsel bei den Marketing- und Werbeleuten sich alle neuen profilieren möchten, oder weil man die Geduld verliert, wenn sich bei einer langfristig angelegten Werbekampagne der Erfolg nicht gleich einstellt.

B) Zur heutigen Situation

Ein stärkeres Verbraucherbewusstsein und eine Schnäppchenmentalität stehen dem wieder zunehmenden Bewusstsein um die Bedeutung und die Qualität von Marken und deren Wertschätzung gegenüber. Wobei das Streben nach Preiswürdigkeit bleibt.

Anlässlich von Veranstaltungen wie der »Best Brands« in München ist vermehrt Banalisierung und Commodity Charakter festzustellen. Im Vordergrund stehen vor allem Google, schnelle Autos und die Weiterentwicklung der Handys zu einem multifunktionalen Instrument. Maggi und Persil sind nicht mehr aufregend, aber trotzdem erzielen sie einen sehr großen Umsatz! Neue Trends sind beispielsweise Nutrition, Wellness, Ökologie, Bio, in limitierter Form auch Fair Trade und zum Teil soziale Motivation, exotische Produkte aus anderen Ländern sowie das Streben nach Identität. Es zeichnet sich also eine Vorliebe zu Produkten ab, mit denen man sich »heimisch« fühlt, und zugleich ein Trend zu globalen Produkten.

Die Bedeutung des Images von Herstellern nimmt zu. Die Verbraucher wollen wissen, woher die Ware kommt.

Beim Handel präsentiert sich die Situation folgendermaßen: Der Handel wird sich weiter konzentrieren. Die Anzahl an Discountern wird zunehmen (die Zunahme liegt wahrscheinlich bald bei 50 %), was aber weniger an einer Zunahme von Eigenmarken und Handelsmarken liegt, sondern daran, dass Markenartikel aufgenommen werden. Fortschreitende Professionalisierung in den Bereichen Logistik und Datenerfassung resultieren in ein immer professionelleres Management.

Die einzelnen Handelsketten werden vermehrt mit einer Gesamtstrategie und einem einheitlichen Markenauftritt aufwarten (siehe REWE); Submarken bleiben wahrscheinlich den verschiedenen Vertriebsschienen vorbehalten.

Auch beim Einkauf wird die Internationalisierung zunehmen, was die Frage aufwerfen wird, ob und zu welchem Zeitpunkt Handelsmarken eingeführt werden sollen.

C) Was ist zu tun?
(Bei den folgenden Ausführungen ist der Fokus auf die Probleme des Herstellers gerichtet.)

1. Verstärkung von Innovation und Forschung

Die Innovationskraft eines Unternehmens stellt einen entscheidenden Faktor dar, wenn es darum geht, die Wettbewerbsfähigkeit eines Unternehmens nachhaltig zu stärken und damit seinen Bestand und Erfolg langfristig zu sichern. Deswegen besteht für mich heute eine der wichtigsten Führungsaufgaben darin, ein innovatives Klima zu schaffen.

Es ist also entscheidend für den Unternehmenserfolg, alles zu tun, um die Innovationskraft, die Innovationsfähigkeit und den Innovationswillen in einem Unternehmen zu fördern. Hierbei geht es nicht nur um die dramatischen Innovationsschübe und Erfindungen, sondern um viele kleine, innovative Schritte, die ich als Renovation bezeichne.

Innovation ist nicht nur in Bezug auf neuer Produkte erforderlich, sondern in Bezug auf alle Gebiete des Unternehmens – also beispielsweise der Technologie, der Methoden, der Organisation, der Personalpolitik, des Führungsstils usw. Natürlich ist nicht alles gut und »innovativ«, was neu ist. Sämtliche Neuerungen müssen kritisch bewertet und beurteilt werden.

Der Bereich Innovation spielt eine ganz besondere Rolle bei der Schaffung neuer oder der Verbesserung bestehender Produkte. Oft wird gefragt, woher denn die Ideen und Anregungen für neue Produkte kommen sollen. Dazu kann ich nur sagen, dass sie von überall her kommen: vom Markt, von der Marktforschung, von Mitarbeitern aus allen Abteilungen, von Kunden, Lieferanten, der Wissenschaft, Beratern und natürlich auch von der Forschung. Im Bereich Forschung sind stets beträchtliche Investitionen zu tätigen. Sie muss langfristig, aber auch zielgerichtet angelegt sein. (Dabei ist es von zentraler Bedeutung, die eigene Forschung zur Wissenschaft sowie zu anderen Instituten zu öffnen.) Es ist außerdem wichtig, Leute zu mobilisieren und anzuhören, die sich nicht im Mainstream der Gedanken und Trends bewegen. Sie haben oft die originellsten Ideen. Im Französischen gibt es hierfür den Ausdruck: »Penser à côté«. Deshalb ist es unerlässlich, mehr Toleranz gegenüber Querdenkern zu entwickeln (wenn auch nicht gegenüber »Querköpfen«).

Eine wichtige Aufgabe des Managements ist es also, unvoreingenommen alle Anregungen und Ideen zu sammeln, zu prüfen und zu bewerten. Wenn eine Produktidee als sinnvoll oder attraktiv erscheint, muss oft mehr in die Forschung investiert werden, um sie zu verwirklichen.

Ein wichtiger Faktor für die Erhöhung der Innovationsfähigkeit ist die Förderung der Kreativität. Mehr Kreativität entsteht bereits dadurch, dass bewusst Mitarbeiter mit einer kreativen, innovativen Begabung ausgewählt werden. Dafür nimmt man auch Verhaltensweisen dieser Mitarbeiter in Kauf, die etwas weniger konventionell sind. Dabei fällt es nicht immer leicht, wirklich kreative Mitarbeiter von Spinnern zu unterscheiden, die man auch nicht gebrauchen kann. Innovationsfähigkeit und Kreativität können außerdem bis zu einem gewissen Grad durch gewisse Methoden, Systeme und Maßnahmen gefördert werden.

Und schließlich: Wenn man Innovation und Kreativität fördern will, sollte man alles tun, um diese Innovationen nicht zu verhindern. Vor fast 20 Jahren ist im Gabler Verlag ein Buch mit dem Titel »Die anonymen Kreativen« erschienen. Darin waren u.a. in provokativer Manier 10 Regeln zur Blockierung von Kreativität aufgeführt, die wie folgt lauteten:

»1. Betrachte jede neue, von unten kommende Idee mit Misstrauen – weil sie neu ist und weil sie von unten kommt.
2. Bestehe darauf, dass Personen, die deine Zustimmung für eine Aktion benötigen, auch die Zustimmung mehrerer höherer Ebenen einholen müssen.
3. Fordere Abteilungen oder Individuen auf, ihre Vorschläge gegenseitig zu kritisieren. (Das erspart die Mühe des Entscheidens; du musst nur den Überlebenden belohnen.)
4. Drücke Kritik umgehend aus und unterdrücke Lob. (Das hält die Leute unter Druck.)
5. Behandle die Aufdeckung von Problemen als Fehlleistung, damit die Leute nicht auf die Idee kommen, dich wissen zu lassen, wenn etwas nicht klappt.
6. Kontrolliere alles sorgfältig. Sorge dafür, dass alles, was gezählt werden kann, oft gezählt und genau kontrolliert wird.

7. Fälle Entscheidungen zur Reorganisation heimlich und überfalle die Mitarbeiter unerwartet mit ihnen. (Auch das hält die Leute unter Druck.)
8. Stelle sicher, dass Informationsnachfragen stets gut begründet werden und achte darauf, dass Information nicht umsonst zur Verfügung gestellt wird. (Informationen sollen nicht in die falschen Hände fallen!)
9. Übertrage im Rahmen der Delegation auf nachgeordnete Manager vor allem die Verantwortung, Einsparprogramme und andere bedrohliche Entscheidungen zu realisieren. Und bringe sie dazu, es schnell zu tun.
10. Und vor allem: Vergiss nie, dass du als Angehöriger der höheren Ebene schon alles Wichtige über das Geschäft weißt.«

2. Zum Marketing

Im Bereich Markenpolitik sollte die Konzentration auf das Image und die Stärke von Familienmarken intensiviert werden, da produktspezifische Einzelmarken an Bedeutung verlieren sowie aus ökonomischen Gründen. Aber Achtung: Die Segmentierung unter einer Familienmarke darf nicht zu übertriebenem Stretching und Verwässerung der Marke führen.

Außerdem muss die Marke noch stärker durch die mit ihr verbundene Qualität geschützt werden. Die Markenautorität muss erweitert werden, damit die Marke quasi als Freund des Konsumenten funktioniert. Auch sollte die Marke noch stärker in den Lebensstil integriert werden.

3. Zur Produktpolitik

Statt Scheinaktivitäten zu betreiben und viele Produkte einzuführen, die keine neuen Produkte sind, sollte auf echte Innovation und Qualitätsverbesserung gesetzt werden. In diesem Zusammenhang besteht generell die Gefahr von zu großen Sortimenten.

Dies hat mit kreativer Innovation meistens wenig zu tun, sondern dient mehr der Pseudoprofilierung von Marketingleuten.

Als Beispiel sei ein Unternehmen genannt, das 2 % Marktanteil im Lebensmittelhandel hat und 500 Artikel führt bei einem Gesamtsortiment im Handel von ca. 5 000–6 000 Artikeln. Diese 500 Artikel machen also 10 % des Handel Sortiments aus während der Marktanteil nur 2 % beträgt. Zurzeit kommen 35 000 neue Artikel auf den Markt, von denen die meisten als Flops enden.

Solche Dinge reduzieren die Glaubwürdigkeit des Herstellers. Auf der anderen Seite gibt es neue Segmente und neue Konsumentenentwicklungen, die noch konsequenter in Angriff genommen werden müssen – wie zum

Beispiel Nutrition, bewusste Ernährung, Bedürfnisse von Singles und der älteren Generation.

In diesem Zusammenhang spielt Convenience nach wie vor eine sehr große Rolle; ferner auch der Trend zu Produkten aus anderen Ländern und im Übrigen konsequentere Qualitätsverbesserung (bei Nestlé 60:40 System).

4. Zur Werbung

Eine viel diskutierte Frage ist heute, wie stark die neuen Medien die alten verdrängen. Ich verweise auf Internet, Teleshopping, virtuelle Shops, die vielen Möglichkeiten des Direktmarketings usw. Ich meine, dass diese Entwicklungen aufmerksam studiert werden müssen, glaube aber auch, dass die klassischen Medien ihre Berechtigung behalten werden, insbesondere deswegen, weil durch die heutige Vielfalt der Zeitschriften, der Radioanstalten und der Fernsehkanäle die gewünschten Zielgruppen besser und direkter angesprochen werden können.

Im Übrigen möchte ich bezüglich der Qualitätsverbesserung der Werbung auf eine neue Entwicklung hinweisen, die aus der Hirnforschung kommt, und die man Neuromarketing nennt. Dieses Gebiet ist zwar noch sehr neu, aber mir scheint, dass wir dank ihm neue Erkenntnisse darüber gewinnen, wie der Verbraucher wirklich »tickt«, und welche Emotionen eine Rolle spielen.

Für multinationale Konzerne stellt sich betreffend Werbepolitik eine weitere Frage, nämlich inwieweit sie die Werbung über die gesamte Welt einheitlich gestalten und inwieweit sie sie unterschiedlich gestalten wollen.

Aus meiner Erfahrung weiß ich, dass man gewisse Grundargumente und Werbelinien sehr wohl weltweit anwenden kann, man aber für alles andere lokale Anpassungen vornehmen muss. Erstens weil sich Mentalitäten und Traditionen unterscheiden und wir uns zweitens in einzelnen Ländern in verschiedenen Marktphasen befinden (z.B. Neueinführungen, etablierter Konsum oder unterschiedliche Marktanteile, was jeweils unterschiedliche Werbestrategien erfordert). Generell gilt natürlich, dass bei eher technisch orientierten Produkten, die auf der ganzen Welt gleich sind, auch die Werbebotschaften einheitlich sein können, während beispielsweise im Sektor Nahrungs- und Genussmittel diesbezüglich deutliche Grenzen gesetzt sind, da sich diese Produkte ja hinsichtlich der Geschmacksgewohnheiten oder des Grades der Convenience in den einzelnen Ländern voneinander unterscheiden. Auch wird es immer schwierig bleiben, einem Deutschen Werbebotschaften mit angelsächsischem Humor zu verkaufen.

Für multinationale Konzerne ist es wichtig, dass man eine weltweite Zusammenarbeit mit bestimmten Agenturen organisiert. Generell gilt, weltweit nicht zu viele Agenturen für das Produkt zu nutzen und einen Wechsel nur vorzunehmen, wenn es ganz schwerwiegende Gründe dafür gibt.

Ein heute immer häufiger benutztes Werbemittel ist das so genannte Sponsoring. Hier werden also Aktivitäten oder Events unterstützt, in der Hoffnung, dass über die Nennung des Unternehmens oder des Produkts in Verbindung mit dieser Veranstaltung Sympathien, Goodwill und Markenimage für dieses Produkt entstehen. Sicherlich handelt es sich hierbei um ein Mittel, das in vielen Fällen seine Berechtigung hat. Das Problem besteht aber darin, dass der Beweis für die Wirksamkeit beim Sponsoring noch schwerer zu erbringen ist als bei normaler Werbung, und ein bestimmtes Sponsoring manchmal wirklich nicht zu dem Produkt passt, sondern eher den Interessen und Hobbys der Chefs (oder deren Ehefrauen!) entspricht. Wenn man das Geld der Aktionäre ausgibt und Erfolg haben möchte, muss man dieses Mittel sehr sorgsam und nüchtern analysieren und immer wieder überprüfen, ob der entsprechende Erfolg eintritt.

5. Zur Verkaufspolitik

Eine Frage, die sich verstärkt stellt, ist, wo unsere Produkte überall für den Konsumenten vorhanden sein müssen. Für bestimmte Produkte ist dies heutzutage nicht mehr unbedingt der klassische Lebensmittelhandel. Wir haben heute bestimmte Produktgruppen, bei denen bereits 50 % außerhalb des normalen Handels verkauft werden.

Für die Zusammenarbeit mit dem Handel gilt generell, dass die Interessen auch in Zukunft unterschiedlich sein werden (Profilierung der Marken, Profilierung der Kette), man insgesamt aber mehr verkaufen will. Hier taucht immer wieder die Frage auf, inwieweit die Markenartikel nationale Kampagnen fahren und inwieweit es richtig ist tailor-made Promotions zu machen. Die Antwort lautet: Beides muss sein.

Ein Umstand, der von den Herstellern oft nicht berücksichtigt wird, ist die Wichtigkeit der Kontinuität der Verkäufer, die den Handel besuchen. Zu viele Wechsel sind für das Geschäft nicht förderlich.

Die Verkaufspolitik betreffend erlaube ich mir abschließend die Bemerkung, dass insbesondere intellektuell und theoretisch ausgerichtete Führungskräfte den Verkauf als Marketinginstrument unterschätzen oder zu wenig beachten und den Wert von menschlichen Beziehungen und Verbindungen im Verkaufsgeschäft zu wenig sehen. Für mich hat deshalb der chinesische Spruch – trotz aller technokratischen Errungenschaften und Computer – auch heute noch Gültigkeit:

»If you cannot smile, you should not open a shop.«

Die für den Verkauf so wichtige Vertrauensbildung gegenüber dem Handel wird auch zerstört durch eine zu kurzatmige Unternehmenspolitik, was wir heute aufgrund der Pressures von der Finanzseite oder auch durch den schärferen Wettbewerb oft beobachten können. Ganz schlimm ist natürlich ein Zick-Zack-Kurs, bei dem niemand mehr weiß, wofür das Unternehmen steht, oder wo es langfristig hin will. Änderungen der Unternehmenspolitik sind nur dann gerechtfertigt, wenn sie aufgrund neuer technologischer Entwicklungen, Marktverhältnisse oder neuen Konsumententrends erforderlich sind.

6.

Bei den heutigen nationalen und internationalen Wettbewerbsverhältnissen spielt auch der Kostenwettbewerb eine immer größere Rolle. Strafferes Kostenmanagement erlaubt eine Preispolitik, die wettbewerbsfähiger ist – auch gegenüber Handelsmarken.

Abschließend noch einige Bemerkungen dazu, was sich aus meiner Sicht beim Handel verändern muss.

Einerseits muss der Handel in seinem Auftreten sowie auch in der Bündelung seiner Einkaufsmacht mehr Einheitlichkeit anstreben, andererseits dürfen die Belange des einzelnen Standorts nicht verloren gehen, weil man es an jedem Standort mit einer anderen Konsumentenschicht zu tun hat, und man in einem anderen wettbewerblichen Umfeld tätig ist, was teilweise zu einer unterschiedlichen Sortimentspolitik und anderen Verkaufsmaßnahmen führt. Bei all der Hektik, die wir vielfach auch beim Handel beobachten, wird es von entscheidender Bedeutung sein, dass wieder mehr Kontinuität eintritt, wodurch mehr Bindung zu den Kunden entsteht. Dies kann auch dadurch erreicht werden, dass die Produktanordnung in den Läden nicht ständig wechselt, was bekanntlich bei den Konsumenten zu Verärgerung führt.

Dass der Handel auf dem Gebiet von modernen organisatorischen Maßnahmen noch nicht am Ende seiner Möglichkeiten angelangt ist, wissen wir alle. Ich weise nur auf das Thema Logistik und IT hin.

Was die Internationalisierung des Handels betrifft, so ist sie einerseits zu verstehen, weil sie zu einem Umsatzwachstum führt; ob dank ihr allerdings

Wettbewerbsvorteile in einem bestimmten Land entstehen, ist zu bezweifeln, da im Gegensatz zu den Herstellern beim Handel durch Internationalisierung nicht die gleichen Synergien entstehen.

Schlussbemerkungen

Um die Zukunft optimal zu gestalten, müssen wir also ständig darüber nachdenken, was bleibt, und also heute noch Gültigkeit hat, und was sich verändert. Generell kann man sagen, dass sich hinsichtlich dessen, was mit Werten und mit Führungsfragen zu tun hat, kaum etwas verändert. In dieser Richtung sind wir auch bei Nestlé zum Teil relativ konservativ – ich denke da beispielsweise an das, was ich die Marketing Basics nenne, nämlich ein marktgerechtes Produkt mit einem marktgerechten Preis zu schaffen, es zu bewerben und zu verkaufen. Auf der anderen Seite müssen neue Trends bei der Technologie, bei den Wettbewerbsstrukturen und bei den Konsumenten rasch erkannt und schnell umgesetzt werden. Ich sage hierzu immer: »Be first, be daring, be different.« Zeitvorsprünge sind Wettbewerbsvorsprünge.

Ich möchte damit am Ende meiner Ausführungen sagen:

Wir reden heute über »Fast Moving Consumer Goods«. Erfolg bei den beteiligten Unternehmen entsteht dann, wenn sie gleichzeitig »Fast Moving Companies« sind.

Quelle: Maucher, Helmut: »Fast Moving Consumer Goods: Aktuelle und zukünftige Aspekte des Marketings«, Vortrag vor dem Marketing Club Düsseldorf im November 2006.

Marken- und Produktpolitik zwischen Profilierung und Verwässerung

Maucher diskutiert im anschließendem Vortrag die Themen Produkt- und Markenpolitik, Markensegmentierung, Markenerweiterung, Markentransfer und macht abschließend auch wichtige Kommentare zur Werbung.

Meine sehr verehrten Damen, meine Herren,

die heutige Marktsituation ist geprägt von geringem Wirtschaftswachstum, teilweise stagnierenden Märkten, von Strukturverschiebungen des Verbrauchs, demographischen Veränderungen, aufgeklärten, mündigen Verbrauchern, von einer Schnäppchenmentalität, von Markenprodukten, die teilweise zu Commodities werden, von weniger Markenloyalität bei zunehmender Handelskonzentration, von Discountern und – damit verbunden – von einer Stärkung von Handelsmarken. Das alles macht unser Leben nicht einfacher. Es gibt nur einen Trost, den man den eigenen Leuten oft in Erinnerung rufen muss: Der Konkurrenz geht es genauso.

Des Weiteren sind natürlich die Globalisierung und die Internationalisierung der Konkurrenz zu nennen mit den damit verbundenen Chancen, aber auch mit neuen Bedrohungen und Wettbewerbsverschärfungen.

Was bedeutet das alles nun für unser heutiges Thema?

Zunächst einmal sei gesagt, dass es keine einfachen Geschäfte mehr gibt. Im heutigen und zukünftigen Wettbewerb besteht nur, wer Spitzenleistungen erbringt. Dazu gehören besonders bei Unternehmen der Konsumgüterindustrie ganz sicherlich Produkte, die Verbraucherwünsche erfüllen, sich von der Konkurrenz abheben und zu marktgerechten Preisen angeboten werden. Ergänzt werden muss diese Produktpolitik durch eine Marken-, Werbe- und Verkaufspolitik, die entsprechende Verkäufe generiert. Das klingt alles selbstverständlich und einleuchtend. Trotzdem werden solche Binsenwahrheiten immer wieder missachtet und bei der Ausarbeitung der Maßnahmen oft kapitale Fehler gemacht.

Ich befasse mich heute wie gewünscht lediglich mit der Produkt- und Markenpolitik.

Zunächst also einige Bemerkungen zur Produktpolitik. Mein genereller Leitsatz hierzu heißt: »Be first, be daring, be different«.

Meine Damen und Herren, man kann keinen größeren Wettbewerbsvorteil erzielen als durch die Tatsache, dass man ein bestimmtes Produkt oder eine bestimmte Produktidee als erster hat und diese Idee möglichst rasch im Markt umsetzt. Timing und Speed spielen also eine ganz große Rolle. Aber wie kann man es schaffen, der Erste zu sein?

Sicherlich genügen Marktforschung und Trendforschung alleine nicht. Schließlich sind dies Dinge, die in allen professionell geführten Firmen gleichzeitig und in gleicher Richtung laufen. Man muss also eine Summe von Informationen verarbeiten und kombinieren, Trends erspüren, technologische Entwicklungen nutzen usw. In diesem Zusammenhang wurde ich häufiger gefragt, ob ich mit Intuition oder mit wissenschaftlicher Betriebsführung arbeite. Meine Antwort lautet, dass Intuition für mich die kreative Nutzung von Informationen bedeutet.

Früh habe ich beispielsweise das Potenzial von Mineralwasser entdeckt, und ein guter Freund von mir hat angefangen Blumenerde zu verkaufen, was ebenfalls ein großer Erfolg wurde. Es gilt also nicht nur Bedarf zu ermitteln, sondern ihn zu entdecken. Will man in neuen Ländern der Erste sein, muss man oft die zweite Forderung erfüllen: »be daring«.

Ich bitte um Verständnis dafür, dass ich immer wieder Beispiele aus meinem beruflichen Leben mache, wie China, Pakistan; Südostasien und Russland, als diese in wirtschaftliche Probleme gerieten. »Daring« bedeutet in diesem Zusammenhang auch einen langen Atem zu haben, was heute oft vergessen wird. Auch ist ein gewisser Optimismus notwendig, allerdings einer ohne »wishful thinking«. Ich möchte folgendes Beispiel zur Veranschaulichung nennen: Die Geschichte handelt von einem Schuhverkäufer in Alaska. Der erste Mann, ein Marktforschungsspezialist, der aus Alaska zurück kommt, sagt uns, dass es dort absolut keinen Markt gebe, keiner trage dort Schuhe. Der zweite Mann, ein Verkäufer, kommt zurück und sagt, es sei dort ein riesiger Markt vorhanden, kein Mensch trage dort Schuhe.

Zur letzten Forderung, »be different«, möchte ich anmerken, dass dazu das Zusammenwirken von Markterkundung, Technologie, Forschung und dem Gespür, dass Konsumenten auch einmal etwas ganz anderes wollen, gehört.

Nun zur Markenpolitik.

Markenpolitik beginnt damit, dass das Corporate Image und die Corporate Brand stimmen. Die Corporate Brand ist ja oft auch die Grundmarke (siehe Siemens, auch Nestlé). Es werden je nach Stärke der Produktdifferenzierung oder der Heterogenität eines Sortiments, Familienmarken sowie Submarken für einzelne Produkte bestimmt. Manchmal sind auch Einzelmarken ohne Segmentierung erfolgreich, weil der Umsatz groß genug ist und dadurch ein erstklassiges Profil erhalten bleibt (siehe Jägermeister, Red Bull, Miele).

Die Markenpolitik von Nestlé besteht einerseits aus einer klaren Nutzung des Corporate Image (Nestlé) und andererseits aus der Nutzung von Familienmarken für bestimmte Produktgruppen. Die Familienmarken sind aber immer bis zu einem gewissen Maße mit dem Corporate Image Nestlé verbunden.

Unilever sowie P&G kommen historisch gesehen von der Einzelmarke; mit den vielen heutigen Tendenzen werden aber das Corporate Image oder Dachmarken stärker zum Tragen gebracht (siehe neues UL-Zeichen). Der Grund solcher Entwicklungen besteht darin, dass ein generelles Image für den Verbraucher immer wichtiger wird.

Generell gilt natürlich: je mehr Zusammenfassung unter einer Corporate Brand oder einer Dachmarke desto weniger Einzelprofilschärfe. Je mehr Einzelmarken beibehalten werden, desto teurer wird die Vermarktung einschließlich der Werbung. Auch fehlt dann die positive Stützung durch eine Corporate Brand oder durch eine Dachmarke. Im Übrigen können sehr gute Einzelprodukte unter der gleichen Dachmarke auch das Image der Dachmarke verstärken.

Beim Spezialproblem Akquisitionen gilt es selbstverständlich auch die erworbenen neuen Marken zu nutzen und auszuschöpfen, diese Marken aber sukzessive mit der Corporate Marke Nestlé zu verbinden (für die, die es wissen, siehe Alete).

Damit komme ich zu einem zentralen Punkt unseres heutigen Themas, nämlich der Markenpolitik unter den Gesichtspunkten Profilschärfe *und* Verwässerung.

Diese stellen eines der schwierigsten Probleme im Marketing und in der Markenpolitik dar. Einerseits besteht der Wunsch nach Segmentierung und Erweiterung der Marke, und andererseits stellt sich die Frage, wie weit ein Markentransfer geht. Generell gilt: je verschiedener ein neues Produkt vom Grundprodukt ist, desto schwieriger und problematischer wird die Verwendung der Kernmarke. Besonders schwierig ist die Sache dann, wenn man gleichzeitig gegen eine Monomarke der Konkurrenz ankämpft. Maggi ist ein klares Beispiel einer hervorragenden Dachmarke, aber eine Erweiterung in Richtung süße Produkte ist hier nicht möglich. Im Falle von KitKat, ursprünglich eine hervorragende Einzelmarke sind Erweiterungen in Richtung KitKat Chunky, KitKat mit neuen Flavours usw. möglich.

Man hat es auch mit anderen Produkten ohne die typische KitKat-Form versucht, hat diese aber – Gott sei Dank – wieder aufgegeben; denn dadurch wäre eine große Schwächung dieser ausgezeichneten Marke erfolgt.

Andere Beispiele:
Nivea war ursprünglich ein Einzelprodukt. Später wurde eine sehr clevere und gute Erweiterung vollzogen, wodurch Nivea zu einer Dachmarke geworden ist, die für meinen Geschmack allerdings zu stark verwässert worden ist.

Im Bereich der Mineralwasser gibt es im Prinzip nur Einzelmarken, da das Wasser vom Ursprung her von der Quelle lebt. Ein erfolgreiches Beispiel einer anderen Politik stellt Nestlé Aquarel dar.

Es stellt sich prinzipiell immer wieder die Frage, wie viel Segmentierung, Erweiterung und Ausdehnung eine Marke erträgt. Die Nestlé Corporate Brand ist ja seit einigen Jahren mit dem Slogan »Good Food, Good Life« verbunden. Die große Frage war das Engagement in Pet Food. Schließlich wurde die Entscheidung getroffen, Pet Food nicht mit Nestlé zu verbinden.

Für den Erfolg einer Markendehnung ist natürlich die Markenstärke entscheidend; das Grundprofil darf dadurch nicht geschwächt werden. Ein gutes Beispiel hierfür ist der Porsche Cayenne.

Marktdehnung kann auch zu einem Upgrade der Marken führen, was am Beispiel von Maggi ersichtlich wird: Ursprünglich für Würze und Suppe stehend, avancierte Maggi zu Delikatessen-Suppen, Fixprodukten, einfachen Fertiggerichten (Pastaria etc.) sowie Ravioli. Diese Entwicklung hat auch positive Wechselwirkungen hervorgebracht: Die Erweiterung von Maggi verbunden mit ihrem Upgrade kommt heute jedem neuen Produkt von Maggi zugute.

Nun noch einige Bemerkungen zu der Frage, ob es durch Dehnung und Segmentierung zu einer Verwässerung der Marke kommt oder nicht.

Hier gilt es die folgende Frage sehr genau zu prüfen: Passt die Markenerweiterung zum Markenkern? Entscheidend ist ebenso, wie die Markendehnung optisch gestaltet wird.

Einerseits ist hinsichtlich der Bezeichnung und der optischen Gestaltung eine Differenzierung der Erweiterung zur besseren Erkennbarkeit notwendig, andererseits darf das generelle Markenbild nicht gefährdet werden. Gute Beispiele hierfür sind: Aspirin plus C, Aspirin forte, Aspirin; Nescafé als Grundmarke mit Varianten (gleiche Merkmale, Nescafé Schriftzug und

Grundfarben). Eine generelle Klammer um die Markendehnung kann auch durch einen gemeinsamen Slogan oder auch durch einen gemeinsamen Jingle herbeigeführt werden.

[...]

Aus all dem wird ersichtlich, dass die gesamte Problematik der Markenprofilierung, Markenverwässerung sehr vielfältig ist und in verschiedenen Situationen sehr unterschiedliche Lösungen erfordert. Für die optimale Gestaltung ist Erfahrung notwendig; zum Teil ist dies auch Gefühlssache. Deshalb ist generell – wie immer beim Marketing – der Marketing Mind wichtiger als die Marketingtechniken.

[...]

Entscheidend bleibt aber trotz allem, dass sich das Top-Management und das Marken-Management systematisch und ernsthaft mit diesen Fragen befassen. Siehe mein Buch »Marketing ist Chefsache«.

Schließlich noch ein Wort zur Bedeutung von Marketing und Markenpolitik gegenüber den Handelsmarken. Wichtig ist auch hier die Verfolgung einer konsequenten Markenpolitik (und dafür gibt es viele erfolgreiche Beispiele). Zu viel Nachgiebigkeit und faule Kompromisse sind zu vermeiden. Durch Kostenmanagement, Qualitätspolitik und Markenpflege muss der Preisabstand zu den Handelsmarken so gestaltet werden, dass dieser Preisabstand von den Konsumenten (jedenfalls vom größeren Teil) akzeptiert wird. Man muss mehr auf die Konkurrenz schauen, wobei auch die Handelsmarke dann zur Konkurrenz zählt.

Schließlich: Anlässlich der heutigen Unsicherheit und Beweglichkeit der Konsumenten sowie der leider immer noch zu beobachtenden trickreichen und kurzfristig opportunistischen Marketingtaktiken muss wieder mehr in den Aufbau eines langfristigen Vertrauens in die Qualität und die Marke investiert werden. Die Menschen wollen Sicherheit, Orientierung und Verlässlichkeit. Dazu gehört als erstes, dass Qualität und Design von Marken nicht dauernd verändert werden, auch wenn ab und zu eine vorsichtige Modernisierung notwendig erscheint. Oft beobachten wir auch fragwürdige Produktversprechungen oder Werbungen, in denen die Werbung der Wirklichkeit nicht standhält, oder aber die Art der Werbung nicht zu dem Produkt passt.

Langfristig wird eine Markenpolitik dadurch beschädigt. Hans Domizlaff, der wohl bedeutendste Experte für Markentechnik des vergangenen Jahrhunderts hat nicht umsonst eines seiner Standardbücher mit dem Titel »Die Gewinnung des öffentlichen Vertrauens als Grundlage für eine erfolgreiche Markentechnik« herausgebracht.

Es geht also um den langfristigen Aufbau von Vertrauen beim Konsumenten bzw. beim Kunden, sofern die Ware über den Handel verkauft wird. Dieser Vertrauensaufbau beginnt damit, dass der Konsument wirklich im Mittelpunkt steht. Wir müssen uns manchmal ganz nüchtern fragen: Tut er das, oder ist es nicht vielmehr so, dass viele Marketing-Maßnahmen mit den wirklichen Bedürfnissen des Konsumenten wenig zu tun haben.

Viel öfter sind sie Produkt der Profilneurosen einzelner Marketingleute, der Verliebtheit einzelner Mitarbeiter in bestimmte Produktideen oder sie spiegeln gar die Hobbys und Prioritäten von eher technologisch orientierten Mitarbeitern oder der Forschung wider.

Ständige Wechsel der Mitarbeiter oder Führungskräfte, generell zu viele Änderungen in den Marketingmaßnahmen, die keine echten Innovationen darstellen und nicht notwendig sind, tragen auch nicht gerade dazu bei, das Vertrauen zu erhöhen.

Gerade bei großen Firmen wird oft der Fehler gemacht, dass das Führungspersonal zu oft gewechselt wird. Das Bedürfnis nach Jobrotation muss stärker gegen den Vorteil von Kontinuität abgewogen werden.

Hierzu gehört auch, dass keine übertriebene Ausdehnung des Sortiments oder extensive Segmentierung betrieben wird – unabhängig von der bereits erwähnten Gefahr der Verwässerung. Dies hat mit kreativer Innovation meist wenig zu tun, sondern dient der Pseudoprofilierung von Marketingleuten.

[...]

Zu einer nachhaltigen Vertrauensbildung und Bindung gehört eine langfristig angelegte Werbepolitik und weniger eine laufende, hektische Veränderung der Werbemaßnahmen, die den Verbraucher nur verwirren.

Wie man den Verbraucher wirklich in den Mittelpunkt des Denkens setzt, erkläre ich Ihnen an einem Beispiel: Wir haben einmal einen Werbespot für Babynahrung gemacht, in dem ein Baby im Präsidentensessel des Unternehmenschefs saß. Um das Baby herum saßen Marketingleute, die fragten: »Und was sind Ihre Wünsche, Mr. President, was sollen wir tun, Mr. President?« Ich habe diesen Spot meinen Marketingleuten vorgeführt, die leicht amüsiert waren. Ich habe gesagt, dieser Spot ist nicht nur amüsant, sondern er ist wahr. Denn dieses kleine Kind ist der wirkliche »Mr. President«, der uns sagt, was wir tun sollen.

Ein wesentlicher Bestandteil der Vertrauensbildung beim Konsumenten und beim Kunden ist die Vertrauensbildung bei unseren eigenen Mitarbeitern und Führungskräften. Dies wird oft vergessen. Ohne Vertrauen bei den Mitarbeitern gibt es keine Motivation und kein engagiertes Eintreten für die gemeinsamen Ziele des Unternehmens. Deshalb ist Glaubwürdigkeit eine der wichtigsten Führungseigenschaften beim Top-Management.

Engagierte Mitarbeiter machen ein besseres Marketing, können besser verkaufen und tragen deshalb wesentlich zum Erfolg des Marketings bei. Deshalb sind die beiden folgenden Aussagen, die ich vor kurzem in einer Zitatensammlung gefunden habe, sehr treffend:

- »Die Verkaufsabteilung ist nicht die ganze Firma, aber die ganze Firma sollte eine Verkaufsabteilung sein.«
- «You cannot expect your employees to delight your customers unless you as an employer delight your employees.«

Außerdem gilt: Der Chef muss der erste Verkäufer sein!

Zu einer guten Markenpolitik gehört natürlich auch eine gute Werbung. Sie ist das wichtigste Kommunikationsinstrument und ein umfangreiches Thema für sich. An dieser Stelle sei nur so viel zum Thema Werbung gesagt: Die Budgethöhe ist nicht immer das Entscheidende, sondern die Qualität und Wirksamkeit der Werbung.

[...]

Wir befinden uns in einem harten Konkurrenzkampf und ein Unternehmen, das eben alles richtig macht, wird einen Vorteil gegenüber denen haben, die einiges schludern lassen.

Meine Damen und Herren, nachdem ich meinen Vortrag fertiggestellt hatte, bekam ich zufällig einen Artikel der Fachzeitschrift »werben&verkaufen« (W&V) zu Gesicht mit der Überschrift: »Wenn Innovationen zum Milliarden-Flop werden«. Hierin werden die Ergebnisse einer GfK-Studie vorgestellt, die ich gerne in einigen Auszügen zitieren möchte:

»Das ernüchternde Ergebnis der Studie ist, dass 70% aller neuen Artikel nach einem Jahr nicht mehr auf dem Markt und somit also Flops sind. Gerade einmal 17% aller Neuprodukte sind von Beginn weg ein Erfolg, also echte Runner, die innerhalb von zwölf Monaten eine Erstkaufrate von mindestens 5% und eine Wiederkaufsrate von 30% erreichen.«

Die Fehler bei der Entwicklung und Führung von Marken sind pure Wertvernichtung; die Investments in fehlgeschlagene Launches geben die Autoren der Untersuchung mit zehn Milliarden Euro im Jahr an. »Die Innovationsschwäche ist der alles entscheidende Fehler« (laut GfK). »Die Tragfähigkeit von Dachmarken wird oft überschätzt« (so GfK).

Damit, meine Damen und Herren, komme ich zu meinen Schlussbemerkungen.

1) Eine optimale Produktpolitik wird dann betrieben, wenn sie sich wirklich an den Bedürfnissen des Verbrauchers bzw. daran orientiert, was der Verbraucher für attraktiv und faszinierend hält und was seinem Prestigebedürfnis entgegenkommt.

   Ferner müssen sich Produktqualität und Produktgestaltung sowie das Marketing von der Konkurrenz abheben.
2) Das Produkt muss die Markenpolitik mit einem starken und passenden Profil unterstützen, das dem Verbraucher die Vorteile des Produkts aufzeigt sowie optisch eine klare Differenzierung von den anderen Wettbewerbern schafft. Hinzu kommt eine attraktive, verkaufswirksame Werbung, die zum Produkt passt. Werbung braucht im Übrigen viel Kontinuität und nicht andauernde, hektische Änderungen.
3) Eine Segmentierung und Markendehnung hat zunächst erst einmal ökonomische Vorteile und ist oft auch sinnvoll, weil sie zusätzlichen Umsatz schafft. Eine Segmentierung und Markenerweiterung darf aber keinesfalls zu einer Schwächung oder Verwässerung des Markenkerns führen.
4) Die Markenpolitik muss als Ganzheit betrachtet werden. Man darf nichts tun, was das Vertrauen des Konsumenten in die Marke untergräbt.
5) Die Bedeutung all dieser Fragen erfordert die höchste Aufmerksamkeit des Top-Managements. Marketing ist Chefsache!

Quelle: Maucher, Helmut: »Marken- und Produktpolitik zwischen Profilierung und Verwässerung«, Vortrag anlässlich des 3. Internationalen Marken-Kolloquiums im Mai 2006.

Glaubwürdigkeit und Kommunikation als Elemente moderner Unternehmens- und Markenpolitik

Der folgende Vortrag von Helmut Maucher handelt von drei Elementen einer guten Markenpolitik: Glaubwürdigkeit, gute Kommunikationsstrategie und Werbung.

Einleitende Bemerkungen

Preisverleihungen sind Festveranstaltungen, bei denen keine Fachvorträge gehalten, sondern einige allgemeine Gedanken geäußert werden sollten, die zur Thematik und dem Inhalt des Preises passen.

Da bietet es sich natürlich an, über die große Zukunft der Marken zu sprechen und die wichtigsten Faktoren einer erfolgreichen Markenpolitik herauszuarbeiten.

Dem Kreis von Fachleuten, der heute Abend hier zusammensitzt, sind diese Dinge ja weitgehend bekannt.

Ich erlaube mir deshalb, zwei Elemente einer erfolgreichen Markenpolitik herauszugreifen, die meines Erachtens zu wenig im Vordergrund der Diskussionen stehen oder in ihrer tieferen, umfassenderen Bedeutung noch zu wenig erkannt werden. Ich spreche also heute über Glaubwürdigkeit und Kommunikation als Elemente moderner Unternehmens- und Markenpolitik.

Konsumenten zu gewinnen und Mitarbeiter zu motivieren ist ohne Vertrauensbildung schwierig. Eine professionelle Kommunikation vermag ein erfolgreiches Marketing und eine Markenpolitik sowie eine positive Imagebildung wesentlich zu fördern.

Dies gilt heute mehr denn je, wenn wir die aufgeklärten, kritischen Mitarbeiter, die Konsumenten und Investoren sowie generell die Öffentlichkeit betrachten. Wenn das so ist, muss also alles getan werden, um Vertrauensbildung und Kommunikation optimal zu gestalten. Diese Dinge müssen ein wesentlicher Bestandteil einer modernen Unternehmenspolitik sein.

1. Glaubwürdigkeit

1) Was ist zu tun, um Vertrauensbildung und Glaubwürdigkeit zu gewährleisten? Wichtigste Voraussetzung ist die Qualifikation des Top-Managements und des Führungspersonals. Bei der Auswahl des Managements

ist besonders wichtig, dass neben der beruflichen Ausbildung und Erfahrung auch die Persönlichkeit und der Charakter – und dabei insbesondere die Glaubwürdigkeit einer Person – beachtet werden. Glaubwürdigkeit heißt, dass sich die Menschen auf das, was am Sonntag gepredigt wird, am Montag verlassen können.

Es bedeutet zudem mehr Kontinuität in der Führung.

Glaubwürdigkeit wird nicht dadurch geschaffen, dass man bei guter Ertragslage enorme Vorstandsgehälter bezahlt und gleichzeitig vor die Belegschaft tritt und sagt, dass man sparen und Opfer verlangen muss oder gar, dass man 10 000 Leute entlassen muss.

[...]

Glaubwürdigkeit muss auch bei den Aktionären und Investoren aufgebaut werden. Dazu gehört eine saubere, transparente Berichterstattung sowie die Vermeidung einer übertrieben optimistischen Show – wenn das Ergebnis sich später als weniger gut herausstellt.

2) Auch im Marketing ist mehr Glaubwürdigkeit gefordert. Es gibt teilweise fragwürdige Produktversprechen oder Werbung, die der Wirklichkeit nicht standhält oder von der Art der Werbung her nicht zu dem Produkt passt. Langfristige Markenpolitik wird dadurch beschädigt. Hans Domizlaff, der wohl bedeutendste Experte für Markentechnik des vergangenen Jahrhunderts, hat nicht umsonst eines seiner Standardbücher mit dem Titel »Die Gewinnung des öffentlichen Vertrauens als Grundlage für eine erfolgreiche Markentechnik« herausgebracht.

   Es geht also um den langfristigen Aufbau von Vertrauen beim Konsumenten bzw. beim Kunden, sofern die Ware über den Handel verkauft wird. Dieser Vertrauensaufbau fängt damit an, dass der Konsument wirklich im Mittelpunkt steht. Wir müssen uns manchmal ganz nüchtern fragen, ob er das wirklich tut.

   [...]

3) Ein wesentlicher Bestandteil der Vertrauensbildung beim Konsumenten und beim Kunden ist die Vertrauensbildung bei unseren eigenen Mitarbeitern und Führungskräften. Dies wird oft vergessen. Ohne Vertrauen bei den Mitarbeitern gibt es keine Motivation und kein engagiertes Eintreten für die gemeinsamen Ziele des Unternehmens. Deshalb ist Glaubwürdigkeit eine der wichtigsten Führungseigenschaften des Top-Managements. Engagierte Mitarbeiter machen ein besseres Marketing, können besser verkaufen und tragen deshalb wesentlich zum Erfolg des Marketings bei. In diesem Zusammenhang habe ich gute Erfahrungen gemacht, wenn man jemandem einen Vertrauensvorschuss gibt. Selbst

wenn es dann einige Enttäuschungen gibt, bringt es per Saldo mehr Motivation und mehr Leistung.

Deswegen bin ich auch für mehr Dezentralisierung und mehr Delegation von Verantwortung, was zu einer größeren Identifikation mit der Aufgabe, zu mehr Marktnähe und mehr Flexibilität führt. Dies erfordert allerdings eine sorgfältige Selektion – mein Leitsatz lautet: *Look more in the eyes than in the files*. Und dies erfordert gleichzeitig grundsätzliche Policies und eine konsequente Ablösung, wenn das Vertrauen nicht berechtigt ist bzw. enttäuscht wird.

Meine Damen und Herren, all diese vertrauensbildenden Maßnahmen schlagen positiv auf das Unternehmen zurück, weil Mitarbeiter, Kunden, Konsumenten, Investoren und die Öffentlichkeit dem Unternehmen mehr Vertrauen entgegenbringen.

4) Vertrauen wird auch durch eine zu kurzatmige Unternehmenspolitik zerstört, wie wir sie heute aufgrund der Pressures von der Finanzseite oder auch durch den schärferen Wettbewerb oft beobachten können. Ganz schlimm ist natürlich ein Zick-Zack-Kurs, bei dem niemand mehr weiß, wofür das Unternehmen steht oder wo es langfristig hin will. Änderungen der Unternehmenspolitik sind nur dann gerechtfertigt, wenn sie aufgrund neuer technologischer Entwicklungen, Marktverhältnisse oder neuen Konsumententrends erforderlich sind.

5) Zum Thema Vertrauen und Kontrolle habe ich zwei Zitate; das erste stammt von Lenin: »Vertrauen ist gut, Kontrolle ist besser«; das zweite stammt von Goethe: »Wer die Menschen behandelt wie sie sind, macht sie schlechter; wer die Menschen aber behandelt, wie sie sein könnten, macht sie besser.«

   Beide Aussagen haben einen Kern von Wahrheit. Es ist sicherlich richtig, nicht blind zu vertrauen, sondern zu schauen und herauszufinden, wem man Vertrauen schenkt und schenken kann – getreu dem deutschen Sprichwort: »Traue, aber schaue – wem«.

6) Abschließend zum Thema Vertrauen noch eine generelle Bemerkung: Zurzeit ist eine Zunahme von Misstrauen und ein Vertrauensschwund gegenüber allen Institutionen und Verantwortungsstrukturen zu beobachten, besonders gegenüber der Politik und der Unternehmen. Diese Tendenz ist gefährlich und darf nicht unterschätzt werden. Es gefährdet auch die Akzeptanz unseres marktwirtschaftlichen, freiheitlichen Systems und damit auch die Akzeptanz von allem, was wir tun oder auf den Markt bringen. Wir haben im Gegensatz zu früher keinen Vertrauensvorschuss mehr, wie ich ihn vorher bei den Mitarbeitern eingefordert habe.

Und Fleischskandale u.Ä. tun das ihrige noch dazu. Wir müssen deshalb alles tun, um unsere Kunden und die Öffentlichkeit zurückzugewinnen. Sicherlich müssen wir auch konsequenter werden im Bestrafen von Missbrauch. Im Übrigen, meine Damen und Herren, liegt hierin eine große Chance gerade für die Markenartikelunternehmen, die durch ihre Politik im Allgemeinen eher in der Lage sind, Vertrauen zu gewinnen und dem Konsumenten Sicherheit zu vermitteln.

2. Nun zum Thema Kommunikation

Gute Kommunikationsstrategien und Kommunikationsmaßnahmen waren und sind insbesondere in der heutigen Welt ein entscheidender Erfolgsfaktor. Zu den Top-Führungseigenschaften zähle ich u.a. die Fähigkeit zur Kommunikation – intern und extern. Allerdings kann ohne gute und verantwortliche Unternehmenspolitik auch die beste Kommunikation am Schluss keine positiven Ergebnisse erzielen.

Es funktioniert also nicht wie bei dem Hahn, der morgens um 5.00 Uhr kräht und glaubt, er bewirke den Sonnenaufgang.

Für unsere Kommunikationszwecke habe ich den kategorischen Imperativ von Kant einmal wie folgt umformuliert: »Wir tun nichts, was nicht am nächsten Tag auch in der Zeitung stehen könnte«. Das heißt nicht, dass wir im Einzelfall immer alles publiziert haben wollen, aber wenn etwas veröffentlicht wird, können wir es vertreten und dazu stehen.

Wir alle kennen natürlich die üblichen Kommunikationsmittel vom Geschäftsbericht über die Hauszeitschrift, über interne Dokumente bis zu Presseveröffentlichungen, Interviews usw. Das ist alles richtig und wichtig. Das Entscheidende bleibt aber, dass die Kommunikation verstärkt durch den Unternehmensleiter erfolgen muss. Sie ist und bleibt »Chefsache«. Die Menschen wollen den »ersten Mann« sehen und hören. Deshalb ist es eine wichtige Eigenschaft des Unternehmensleiters, glaubwürdig zu sein und überzeugend und verständlich kommunizieren zu können. Dies trägt wesentlich zum Erfolg bei. Ein Problem, das hierbei auftreten kann, ist, dass Führungskräfte persönliche Profilierung statt der Unternehmensprofilierung betreiben.

Ferner gilt, was eigentlich selbstverständlich ist, aber nicht immer eingehalten wird: Die Kommunikation muss auf den Adressaten abgestimmt sein (siehe die unterschiedlichen Zielgruppen Konsument, Kunde, Hauszeitschrift, Führungskraft, Investor, Aktionär). Aber Vorsicht, was den Investoren kommuniziert wird, wird auch von allen anderen (vom Personal, der Öffentlichkeit, den Gewerkschaften) gelesen. Deshalb warne ich vor Kommunikation durch Finanzabteilungen, die in der Regel eher die Sprache der Investoren sprechen.

[...]

Schlussbemerkungen

Meine Damen und Herren, in der heutigen Zeit wird einerseits viel geheuchelt, betrogen und beschönigt, und auch die Profilierungssucht einzelner Manager hat generell zugenommen. Andererseits erleben wir momentan eine enorme Medienintensität, haben es mit immer kritischeren Menschen, Verbrauchern, Bürgern, usw. zu tun, die die unterschiedlichsten Wünsche, Neigungen und Lebensstile haben, ebenso wie mit einer zunehmenden Globalisierung der Märkte und der Kommunikation. In einer solchen Welt erhalten die Gewinnung von Vertrauen sowie eine gute, saubere, professionelle Kommunikation einen immer höheren Stellenwert.

Ich gratuliere den heutigen Preisträgern. Es ist ein Ansporn für Sie, weiterhin erfolgreich zu arbeiten. Es ist aber auch ein Ansporn für alle, die heute den Preis nicht bekommen haben. Ich bin überzeugt, dass eine solche Veranstaltung den Wettbewerb um die besten Ideen fördert und damit auch maßgeblich zu einem erfolgreichen Marketing in Deutschland und damit zur Verbesserung unseres Standorts beitragen kann.

Quelle: Maucher, Helmut: »Glaubwürdigkeit und Kommunikation als Elemente moderner Unternehmens- und Markenpolitik«, Keynote Speech anlässlich der Preisverleihung »best brands« im Februar 2006.

Pflege der Einfachheit

»Take care!« – Auf dass eine echte Verständigung wieder möglich wird ... Helmut Maucher spricht in der anschließenden Kolumne über die Wichtigkeit der Fähigkeit zur persönlichen Kommunikation.

Wenn hochtrabende Begriffe wie »Excellence« inflationär verwendet werden, darf man sich nicht wundern, wenn man nicht verstanden wird.

Wir bewegen uns bekanntlich mit riesigen Schritten in das Zeitalter der globalen Kommunikation. Fernseher, Internet und viele andere modernen Kommunikationsinstrumente haben schon heute eine Situation entstehen lassen, in der jede Nachricht gleichzeitig auf der ganzen Welt verbreitet werden kann, und wir alle mit jedem jederzeit kommunizieren können. Und dies, wenn wir so wollen, von Angesicht zu Angesicht, über Tausende von Meilen hinweg.

Gleichzeitig stelle ich allerdings fest, dass die Fähigkeit zur persönlichen Kommunikation abnimmt. Sei es, dass Sprache und Ausdrucksweise weniger beherrscht werden, sei es, dass Sprache entweder primitiver und vulgärer oder so hochtrabend künstlich, geschwollen und kompliziert geworden ist, dass eine echte Verständigung eher erschwert wird.

In ein Hotel, in dem ich häufig zu Gast bin, kommt regelmäßig der Lastwagen eines Familienunternehmens, um die Wäsche abzuholen. Es handelt sich also um eine Wäscherei. Weit gefehlt! Neuerdings steht auf dem Lastwagen: »Hygienic dynamics, powered by Leo.«

Ein mir seit der Jugend bekanntes Speditionsunternehmen bezeichnet sich neuerdings als »Intelligent Logistics«.

Es ist also generell üblich geworden, einfache Bezeichnungen durch bombastische und bedeutungsschwere Worte aufzumöbeln. So heißt heute die Abteilung Marktforschung »Market Intelligence«. Es gibt in Unternehmen häufig keine Beschreibungen mehr, in denen nicht Worte wie »Excellence«, »Strategic«, »Competence« oder »Win-win-Situation« verwendet werden.

Natürlich kommt in diesen Beispielen auch das Bedürfnis nach Internationalisierung beziehungsweise dem Verwenden der englischen Sprache zum Ausdruck, was bei global tätigen Unternehmen verständlich und sogar notwendig ist. Trotzdem sollten wir aber in unserer Sprache kommunizieren, wenn wir uns zum Beispiel an unsere eigenen Mitarbeiter in einem Werk wenden.

Bei vielen Verlautbarungen und Informationen, die von PR-Abteilungen produziert werden, habe ich das Gefühl, dass fehlende Betriebspraxis durch hochtrabende Broschüren ersetzt wird. Zum Beispiel wurde noch nie so viel über Nachhaltigkeit und Wertorientierung gesprochen; gleichzeitig wurden diese beiden Grundsätze noch nie so stark verletzt (siehe Finanz- und Wirtschaftskrise).

Zum Schluss noch ein Wort zur heutigen Tendenz gewisser Medien, Nachrichten zu dramatisieren, zu übertreiben und durch falsche Gewichtung oder irreführende Überschriften zu verzerren.

Das Ergebnis ist, dass bei der heutigen Medienintensität Menschen zwar wesentlich mehr Informationen erhalten, gleichzeitig aber auch immer öfter desinformiert werden.

Was kann man tun? Wir können alle dazu beitragen, dass wieder mehr Klarheit, Wahrheit und Einfachheit in unsere Sprache gebracht wird.

Vielleicht sollten wir die Empfehlung Schopenhauers mehr beherzigen, der einmal gesagt hat: »Brauche gewöhnliche Worte, und sage ungewöhnliche Dinge. – In diesem Sinne: »Take care«.

Quelle: Maucher, Helmut: »Pflege der Einfachheit«, in: *Bilanz*, Ausgabe 13/2010.

Wirtschaft, Politik und Gesellschaft

Ist der Rheinische Kapitalismus zukunftsfähig?

Sind die soziale Marktwirtschaft oder der »Rheinische Kapitalismus« noch zukunftsfähig? Helmut Maucher beschreibt in diesem Beitrag die Entwicklungen während der letzten Jahrzehnte und Abweichungen vom ursprünglichen Konzept.

A.

Zunächst müssen wir ein paar Gedanken auf die Frage verwenden, was ist eigentlich der Rheinische Kapitalismus?

Der Begriff ist ja ein Schlagwort geworden und teilt damit das Schicksal aller Schlagwörter, nämlich: jeder hat eine Ahnung davon, aber keiner weiß etwas Genaues. Meiner Meinung nach ist der Rheinische Kapitalismus nichts anderes als die Soziale Marktwirtschaft in seiner ursprünglich gedachten Form. Der reine Kapitalismus wurde dabei angereichert durch Sozialprinzipien der katholischen Soziallehre und der evangelischen Sozialethik. Was die Marktwirtschaft an sich oder auch die Freiheit auf dem Markt angeht, so folgt die Soziale Marktwirtschaft weitgehend den konstituierenden Prinzipien der Wettbewerbsordnung des Freiburger Ökonomen Walter Eucken: ein rechtliches, fest verankertes und durchgesetztes Privateigentum, Vertrags- und Gewerbefreiheit, offene Märkte, ein klares Haftungsrecht, die Sicherung eines funktionsfähigen Wettbewerbs, eine stabile Währung und darüber hinaus auch eine halbwegs stetige Politik. Es handelt sich somit um eine regelgebundene Freiheit, die auch unter dem Begriff *Ordoliberalismus* bekannt ist.

Was das Soziale angeht, so basiert das Konzept zunächst auf den positiven Wirkungen eines dynamisch wachsenden und wettbewerblich strukturierten offenen Marktes, was nicht nur insgesamt für den größtmöglichen »Kuchen«, sondern auch für Chancengleichheit sorgt. Darüber hinaus waren aber auch Staatseingriffe vorgesehen. Gleichsam in Form einer kollektiven Versicherung auf Gegenseitigkeit, die das System insgesamt kraftvoller und sozialer machen sollte, immer das Ziel des Wohlstands für alle im Blickpunkt. Dazu sollte es eine Korrektur der Einkommensverteilung geben durch ein progressives Steuersystem und das soziale Netz kollektiver Daseinsvorsorge.

Was den Einfluss der christlichen Soziallehre betrifft, so wurden hier vor allen Dingen drei Begriffe formuliert, nämlich: 1. Personalität, (die Würde des Menschen ist unantastbar, d.h. der Mensch bildet die Mitte und das Ziel der gesellschaftlichen Ordnung); 2. Subsidiarität, Eigenverantwortung für sich und die ihm zugeordneten Individuen wie Familie und Arbeitnehmer - d.h. im Besonderen, dass Staat und Gesellschaft dem Einzelnen nicht das entziehen, was er selbst leisten kann; 3. Solidarität, die Pflicht zum umfassenden Füreinander einstehen soweit es in seinem Vermögen steht.

Diese drei Prinzipien sind Ausdruck einer Ethik christlichen Handelns, d.h. auf der Grundlage des im Glauben gebundenen Wissens sollte an der Verwirklichung einer humanen Gesellschaft mitgewirkt werden.

Die Soziale Marktwirtschaft stellte damit den Menschen in den Mittelpunkt, seine individuelle Freiheit und seine soziale Bindung. Dies ist insofern von besonderer Bedeutung als die Soziale Marktwirtschaft mit außerökonomischen, geistig-moralischen Bindungen steht und fällt.

Insgesamt geht es also beim Rheinischen Kapitalismus bzw. bei der Sozialen Marktwirtschaft um das Prinzip, die Freiheit auf dem Markt mit dem des sozialen Ausgleichs zu verbinden.

Soweit also meine Interpretation des Rheinischen Kapitalismus bzw. der Entwicklung des »reinen« Kapitalismus zum »Rheinischen« Kapitalismus!

Geschichtlich wäre noch anzumerken, dass das Konzept schon während des Zweiten Weltkrieges, vor allem in Widerstandskreisen in Freiburg heimlich entwickelt wurde von Ökonomen und Juristen, aber auch von Theologen, um nach einem erhofften Zusammenbruch der nationalsozialistischen Zwangsherrschaft als Leitidee für ein freies Deutschland dienen zu können. Neben Walter Eucken waren unter anderem auch der Jurist Franz Böhm sowie die Nationalökonomen und Sozialwissenschaftler Alexander Rüstow und Wilhelm Röpke daran beteiligt.

Der eigentliche Begriff *Soziale Marktwirtschaft* wurde 1947 dann von Alfred Müller-Armack (einem Mitarbeiter von Ludwig Erhard) geprägt. Er wollte, dass sich das Soziale und der Markt gegenseitig durchdringen. Die

Soziale Marktwirtschaft sollte ein offener, immer wieder der konkreten Ausgestaltung bedürftiger »progressiver« Stilgedanke sein; ihre dabei freilich unverrückbaren Grundpfeiler sind Eigenverantwortung, Leistungsgerechtigkeit, Wettbewerb, Subsidiarität und soziale Sicherung.

Für Ludwig Erhard war der Begriff an sich ein Pleonasmus, denn für ihn war der Markt an sich sozial und brauchte nicht erst sozial gemacht werden. Erhard konkretisierte diesen Gedanken noch, indem er betonte »je freier die Wirtschaft, um so sozialer ist sie auch«. Dennoch erkannte er die Integrationswirkung, die sich mit dem Müller-Armackschen Etikett erzielen ließ.

B.

Mit diesen einleitenden und klärenden Bemerkungen stellt sich also nun die Frage nach der Zukunftsfähigkeit des Rheinischen Kapitalismus. Dabei gliedert sich diese Frage in zwei Teile, nämlich:

1) Wie stark sind wir heute schon vom ursprünglichen Konzept abgewichen?

Ohne Vollständigkeitsanspruch möchte ich doch einige wichtige Entwicklungen und Abweichungen schildern.

a) Der Einfluss des angelsächsischen Kapitalismus, der insbesondere in den Finanzmärkten, aber auch in der Unternehmenspolitik spürbar war. Im Zusammenhang mit dem Globalisierungsprozess sind dann auch Entwicklungen eingetreten, die insgesamt zu der zurückliegenden Finanz- und Wirtschaftskrise geführt haben. Inzwischen ist die Einsicht gewachsen, dass bei zunehmender Globalisierung und zunehmendem Freihandel weltweite Institutionen und Regeln notwendig sind, um diese Entwicklungen zu begleiten und richtig zu kanalisieren. Es handelt sich also um einen weltweiten Ordoliberalismus, wie wir ihn in Deutschland mit der Einführung der Marktwirtschaft immer verbunden haben. Fortschritte in dieser Richtung sind inzwischen erzielt worden, aber weitere Verbesserungen sind notwendig.
b) Unternehmenspolitik und unternehmerische Verantwortung. Obwohl die deutschen Unternehmen im Großen und Ganzen ihre Verantwortung auch in sozialer Hinsicht immer wahrgenommen haben, gab es doch Auswüchse, die dem Unternehmensimage und auch der Akzeptanz unserer Marktwirtschaft geschadet haben. Zu nennen sind hier die sozial

nicht immer verträglich erfolgten Rationalisierungen und Restrukturierungen, kurzfristiges Handeln, verbunden mit einer kurzfristigen Profit- und Geldgier, sowie einige, wenn auch wenige, nicht akzeptable Vergütungen in den Vorstandsetagen. Öffentliche Diskussionen, Corporate Governance Regeln und die ständig zunehmende Befürwortung einer nachhaltigen sozialen und wertorientierten Unternehmenspolitik lassen auf positive Korrekturen schließen.

c) Sozialpolitische Fragen und Arbeitsrecht. Was wir heute in Deutschland haben, ist nicht wirklich eine Soziale Marktwirtschaft, sondern eher eine soziale Staatswirtschaft, die ein international beinahe unvergleichlich dichtes Netz an Regulierungen hat und eine nahezu einzigartig hohe Lohnnebenkosten-, Steuer- und Abgabenquote produziert hat. Ein Teil davon ist vernünftig und gehört zu einer Sozialen Marktwirtschaft. Ich bin also sehr wohl für ein soziales Netz, aber nicht für eine soziale Hängematte. Viele Einrichtungen, die den sozialen Dialog fördern, wie zum Beispiel Gewerkschaften, Betriebsverfassungsgesetz usw., sind zu großen Teilen sinnvoll und haben auch den sozialen Konsensus in Deutschland positiv beeinflusst. Gewisse Dinge sind allerdings nur machtpolitisch zu verstehen und haben die Wettbewerbsfähigkeit wie auch die oft im Geschäftsleben notwendige Geschwindigkeit und Flexibilität negativ beeinträchtigt.

d) Unsere Energiepolitik ist, wie bekannt, stark ideologisch geprägt und führt insgesamt zu höheren Kosten in Deutschland und zu einer Einschränkung der Wettbewerbsfähigkeit. Eine gewisse Erleichterung ist erzielt worden durch die Verlängerung der Laufzeit von Atomkraftwerken Es ist auch sinnvoll, Forschung in die alternativen Energien zu betreiben. Unser Problem ist, dass die Unterstützung der alternativen Energien und die damit verbundenen sehr teuren Subventionen von unseren Nachbarn, geschweige denn von den anderen Weltgegenden, nicht gemacht werden. Insgesamt leisten wir dadurch einen lächerlich geringen Beitrag zum weltweiten Klimaschutz, erhöhen aber andererseits als einziges Land unsere Kosten mit der damit verbundenen Einschränkung unserer Wettbewerbsfähigkeit. Alle Fachleute weisen darauf hin, dass wir noch für lange Zeit alle Energiequellen, von der Kohle über Öl und Gas bis zur Atomenergie und den alternativen Energien, brauchen, um insgesamt den Bedarf zu decken und nicht zu sehr vom Ausland abhängig zu sein. Die jetzt kürzlich neu konzipierte Energiepolitik der deutschen Regierung mit noch rascherem Ausstieg aus der Kernenergie verschlimmert die Situation.

e) Der Einfluss des Staates. Der offene Bruch mit dem Ordnungskonzept Soziale Marktwirtschaft nimmt mit der im Stabilitätsgesetz von 1967 dokumentierten Allzuständigkeit des Staates ihren Anfang. Dem Staat kommt demnach die Aufgabe zu, für Vollbeschäftigung, Preisstabilität, außenwirtschaftliches Gleichgewicht und ein stetiges Wirtschaftswachstum zu sorgen. Dies mündet in eine Serie von Wohlfahrtsgesetzen und damit verbunden in exponentiell zunehmende Staatsausgaben. Die Staatsquote nähert sich 50 %, die Staatsverschuldung hat inzwischen astronomische Höhen erreicht. Damit verbunden ist natürlich eine ständig zunehmende Regelungsdichte, die durch den Einfluss von Brüssel noch verstärkt wird. Wir brauchen zwar in vielerlei Hinsicht einen starken Staat (auch auf Gebieten, wo er zum Teil schwach ist), aber gleichzeitig auch einen schlanken Staat. Von Schlankheit kann hier keine Rede mehr sein. Statt normaler Ordnungspolitik haben wir dadurch zunehmend einen Interventionismus und eine Subventionspolitik und statt einer leistungsorientierten Politik eine Verteilungspolitik.
f) Andererseits haben wir es mit einer Ausweitung der Individualinteressen und einer Zunahme von Einspruchsmöglichkeiten, Widersprüchen und Protestmöglichkeiten zu tun, die zusammen mit einer unflexiblen Planungsbürokratie zu Realisierungsverzögerung oder gar zum Stopp von demokratisch entschiedenen Gemeinschaftsaufgaben führt, über die unsere Nachbarn, und besonders auch die Chinesen, nur den Kopf schütteln können. Sie führen nämlich auch zu einer Einschränkung unserer Wettbewerbsfähigkeit. Ich erinnere in diesem Zusammenhang an Autobahnabschnitte, die zum Teil 30 Jahre gebraucht haben, um realisiert zu werden. Denken Sie auch an den Ausbau des Flughafens in Frankfurt und in Berlin oder an die Diskussion um Stuttgart 21.
g) Demographische Veränderungen. Maßnahmen, um der zunehmenden Alterung der Bevölkerung entgegenzuwirken, sind erst zum Teil umgesetzt. Auch unsere Einwanderungs- und Integrationspolitik wird jetzt erst viel zu spät verändert. Hoffentlich wird sie auf eine Art und Weise in Angriff genommen, die stärker durch Interessenlagen und weniger durch eine »Multikulti-Philosophie« geprägt ist. Viele weitere mentale Veränderungen können hier nur stichwortartig angedeutet werden: die Abnahme der Leistungsbereitschaft, gestiegener Egoismus und weniger Rücksicht auf andere. Des Weiteren Technikfeindlichkeit, übertriebenes Sicherheitsbedürfnis, Missbrauch der Freiheit und Ähnliches, die das Leben nicht unbedingt leichter machen und die Wettbewerbsfähigkeit und die Bedeutung unseres Landes international sicherlich nicht erhöhen werden.

2) Ist der Rheinische Kapitalismus trotz dieser negativen Entwicklung noch zukunftsfähig?

Hierzu sind zwei Unterfragen zu beantworten, nämlich: 1. Wie stark sind wir noch in der Lage (d.h. bekommen dafür Mehrheiten bei Wahlen), das ursprüngliche Konzept des Rheinischen Kapitalismus wieder stärker zu verwirklichen? 2. Wie viel an Verwerfungen, Abweichungen und Verschlechterungen können wir verkraften, ohne dass das ganze System in die Brüche geht?

Als geborener Optimist hoffe ich, dass wir doch Mehrheiten bekommen für einige Verbesserungen. Gewisse Ansätze und auch Einsichten scheinen mir vorhanden zu sein. In Demokratien dauert es manchmal lange und geändert wird in der Regel erst, wenn die Katastrophe schon in Sicht ist.

Ich hoffe insbesondere, dass wir in der Energiepolitik und einigen Punkten des Arbeitsrechtes und der Sozialpolitik zu weiteren Fortschritten kommen und demokratisch zustande gekommene Entscheidungen politisch durchsetzen können und diese nicht durch Minderheiten und schwerfällige Planungsbürokratie zu Fall gebracht werden.

Schließlich hoffe ich, dass Europa sich so entwickelt, dass es einerseits in wesentlichen Fragen entscheidungsfähiger wird ohne Gewicht zu verlieren, und dass aber andererseits durch die konsequente Anwendung des Prinzips der Subsidiarität die einzelnen Länder nicht übermäßig gegängelt werden und in ihren Entfaltungsmöglichkeiten behindert werden.

Der Druck der Globalisierung und der dadurch verschärfte internationale Wettbewerb werden das Leben nicht einfacher machen, aber anderseits helfen, dass gewisse Dinge in Richtung mehr Produktivität, Effizienz und Wettbewerb zwangsläufig verbessert werden.

Quelle: Maucher, Helmut: »Ist der Rheinische Kapitalismus zukunftsfähig?«, in: *Rheinischer Kapitalismus und seine Quellen in der Katholischen Soziallehre*, herausgegeben von Michael Spangenberger, Aschendorff, 2011.

Visionen und Innovationen als wichtiger Erfolgsfaktor bei fortschreitender Globalisierung der Lebensmittelwirtschaft

Im folgenden Vortrag thematisiert Helmut Maucher die Zukunft der Lebensmittelindustrie unter den Bedingungen der Globalisierung. Er geht auf die Bedeutung der Forschung, der Innovation und des Zeitfaktors ein und kommentiert gängige Marketingmethoden.

Meine sehr verehrten Damen und Herren,

gerne bin nach München gekommen, um am heutigen Vormittag, an dem es ja vor allem gilt, dem Gedanken der anhaltenden Internationalisierung und Globalisierung der Märkte Rechnung zu tragen, gemeinsam mit Ihnen einen Blick in die Zukunft der Lebensmittelindustrie zu werfen. Ich werde das Thema in vier Abschnitten behandeln:

1. Allgemeine Trends und Entwicklungen, die für die Lebensmittelindustrie weltweit relevant sind
2. Visionen und Konzepte, um die Zukunft erfolgreich zu gestalten
3. Die Bedeutung von Innovationen für eine erfolgreiche Unternehmensführung
4. Die Bedeutung des Zeitfaktors.

1) Allgemeine Trends

Diese möchte ich Ihnen gerne in folgenden Einzelaspekten aufzeigen:

- Allgemeine Trends und Entwicklungen, die für die Lebensmittelindustrie weltweit relevant sind
- Tendenzen in Forschung und Entwicklung in der Lebensmittelindustrie
- Die Bedeutung und die Chancen für die Lebensmittelindustrie in der Zukunft.

Im Allgemeinen werde ich mich mit den weltweiten Entwicklungen befassen, aber natürlich auch einige Anmerkungen zu Europa und besonders der Bundesrepublik machen.

Allgemeine Trends und Entwicklungen, die für die Lebensmittelindustrie weltweit relevant sind

Die Weltbevölkerung beläuft sich heute auf über 6 Milliarden Menschen. Nach Schätzungen der Vereinten Nationen werden es im Jahre 2010 6,8 Milliarden sein. Das bedeutet einen jährlichen Zuwachs um ca. 1% bzw. 74 Millionen Menschen.

Die Bevölkerungsentwicklung und die Entwicklung von Einkommen und Wohlstand dieser Bevölkerung sind natürlich die wichtigsten Daten für die Zukunft der Lebensmittelindustrie.

Eine große Rolle spielt zweifelsohne auch die Verteilung. Zurzeit besitzt das wohlhabendste Fünftel der Weltbevölkerung 86% des Welt-Bruttosozialproduktes, das ärmste Fünftel gerade etwa 1%.

Laut World Watch Institute ist die Zahl der übergewichtigen Menschen mit 1,1 Milliarden größer als die Zahl der Hungernden, die wir zurzeit bei 800 Millionen ansetzen. Nestlé erzielt gegenwärtig 70% des Umsatzes mit 30% der Weltbevölkerung.

Das Weltsozialprodukt wächst je nach Konjunkturlage zwischen 1% und 3% pro Jahr, wobei es in den Entwicklungsländern generell stärker wächst. Im Übrigen ist dieses Sozialproduktwachstum größer als das Bevölkerungswachstum, so dass tendenziell mit einer Zunahme des Pro-Kopf-Einkommens gerechnet werden kann. Es ist nur natürlich, dass die Entwicklungsländer einen Lebensstandard anstreben, wie wir ihn in der industrialisierten Welt haben.

Die zunehmende Globalisierung, die Zunahme des freien Welthandels, die Schaffung gemeinsamer Märkte in größeren Regionen, der ständige Transfer von Technologien, die Informationstechnologie sowie die allgemeinen technologischen Entwicklungen werden ganz sicher zu einem ständig steigenden Wohlstand in den Entwicklungsländern führen. Allein durch die Globalisierung sind in den letzten Jahren 500 bis 600 Millionen Menschen von der Armutsgrenze befreit worden.

Die Anzahl der Menschen in den Entwicklungsländern mit steigendem Kaufkraftpotenzial nimmt fortwährend zu. Wir wissen, dass das Umsatzwachstum in der Lebensmittelindustrie in den Einkommensgrößenordnungen zwischen 1000 und 15000 USD pro Kopf am stärksten ist. Damit ergeben sich in den Entwicklungsländern durch Bevölkerungs- und Einkommenszunahmen ungeheure Chancen für die Lebensmittelindustrie.

Fraglos wird es eine weitere Konzentration und Strukturbereinigung, eine starke Zunahme des Geschäfts der multinationalen Unternehmen geben. Es werden zudem neue multinationale Firmen entstehen, auch aus den Entwicklungsländern heraus. Der Prozess der Fusionen, Akquisitionen und Kooperationen (Joint-Ventures) wird mit Blick auf langfristig-orientierte, strategische Entscheidungen eine Fortsetzung erfahren. Als jüngste Beispiele sind hier z. B. Unilever/Bestfood und Nestlé/Ralston Purina zu nennen. Aber in unserer Branche werden immer sehr viele kleine und mittlere Unternehmen bestehen bleiben, die regional eine Bedeutung haben oder bestimmte Nischen bearbeiten. In der Bundesrepublik gibt es immer noch 5 500 Unternehmen, die zu unserer Branche zählen, wobei allerdings damit zu rechnen ist, dass hier Bereinigungen stattfinden werden und die Zahl in den nächsten 5 bis 10 Jahren kleiner werden wird. Dennoch erzielen beispielsweise die 10 größten Lebensmittelhersteller in der Bundesrepublik nur 18 % des Umsatzes. Nestlé als größtes Unternehmen hat einen etwa 3 %-Anteil an den Umsätzen der deutschen Lebensmittelindustrie.

Weltweite Verbrauchertrends

Hier sind klar zwei Trendrichtungen auszumachen: Einerseits der Fortbestand und die Ausweitung von globalen Segmenten, deren Produkte unverändert und oft erfolgreich auf den Markt gelangen. Coca Cola, Nescafé, KitKat, McDonalds und Nike sind typische Vertreter. Andererseits die Neigung zur Regionalisierung und zur eigenen Identität und Beibehaltung regionaler Geschmacks- und Verzehrsgewohnheiten. Traditionen, kulturelle und religiöse Faktoren sowie klimatische Einflüsse werden auch weiterhin eine wichtige Rolle für einen großen Teil der Menschen spielen.

In diesem Zusammenhang möchte ich auch eine weitere, gerade für die Lebensmittelindustrie bedeutende Strömung erwähnen: Die weltweite Verbreitung von attraktiven Produkten, die in einem bestimmten Land oder einer Region entstanden sind. Denken Sie an das Beispiel Pasta, an asiatische Gerichte oder auch an Ethnic Food.

In der industrialisierten Welt spielen Convenience, Qualität und Gesundheit eine erhebliche und immer wichtigere Rolle. Mit der Zunahme der Ein- und Zwei-Personen-Haushalte sind auch häufiger Kleinpackungen und steigende Convenience gefragt. Der Außer-Haus-Verzehr nimmt zu. Als Beispiele möchte ich nur einige Einrichtungen wie Kantinen, Restaurants und

Schulen nennen. Ein gewisser Trend geht auch weiterhin in Richtung vegetarische Ernährung, d.h. Rückgang des Fleischverzehrs – und dies nicht nur wegen der jüngsten BSE-Ereignisse.

Ein wichtiger Wohlstandsindikator ist der Getränkeverbrauch, der bei uns etwa 600 l pro Kopf beträgt. Innerhalb dieses Verbrauchs stellen wir erhebliche Bewegungen fest: z.B. weniger Konsum von Spirituosen und Bier in den letzten 10 Jahren, ein eher stabiler bis zunehmender Weinkonsum, ein in etwa gleichbleibender Kaffeeverbrauch, hingegen eine starke Zunahme bei Wasser und Soft Drinks.

In den Entwicklungsländern spielt natürlich nach wie vor die quantitative Versorgung der Bevölkerung eine große Rolle, aber mit der Veränderung des Lebensstils, der sich immer weiter unseren Gewohnheiten annähert, und der gleichzeitigen Zunahme des Mittelstands, gewinnt hier in zunehmendem Maße auch Convenience an Bedeutung.

Fleischkonsum von derzeit ca. 50–60 kg ist schon wegen der hohen Kosten und Preise, wegen des Energie- und Wasserverbrauchs und aus ökologischen Gründen undenkbar. Der Trend muss also stärker in Richtung Verbrauch von Nahrungsmitteln gehen, deren Erzeugung nicht den Umweg über das Tier nimmt. Somit kann im Übrigen eine Verteuerung um etwa das Siebenfache vermieden werden.

Entwicklung des Handels und der Verbrauchereinkaufskanäle generell

Hier beobachten wir nach wie vor eine weitere Zunahme der Konzentration und der Nachfragemacht, eine immer noch leicht steigende Tendenz zu Handelsmarken, aber gleichzeitig auch einen steigenden Anteil von alternativen Absatzkanälen (Kioske, Schwimmbäder, Sportplätze, Tankstellen, Direktbelieferung der Haushalte usw.). Nestlé erzielt mit einigen seiner Produkte bereits heute schon über 50% des Umsatzes außerhalb des klassischen Lebensmittelhandels. Außerdem gilt es selbstverständlich auch, weiterhin die neuen virtuellen Entwicklungen wie Internet und HomeShopping zu verfolgen. Deren Wachstumspotenzial wie auch Wachstumsgrenzen werden sich mit Sicherheit in den nächsten Jahren deutlicher überblicken lassen.

Im Übrigen sind ähnliche Tendenzen, insbesondere die Handelskonzentration, zunehmend auch in Entwicklungsländern zu beobachten.

Eines der zentralen Elemente wird die ständige Verbesserung der Qualität, der von der Lebensmittelindustrie hergestellten Produkte bleiben. Aber auch Innovationen bei den Herstellungsverfahren und den Produkten selbst werden weiterhin erfolgsbestimmend sein – denken Sie nur an die Dehydrierungstechnologie, die heute sehr preiswerte Produkte und erstklassige Qualität sowie Convenience anbieten, oder an die immer schonenderen Konservierungsmethoden mit immer weniger Geschmackseinbußen. Auch die Instantisierungs-Technologie hat sich gewaltig entwickelt. Ferner kommen mehr und mehr Produkte mit mittleren Haltbarkeiten bis ca. 35 Tage auf den Markt, die über eine Kühlkette mit 8°C vertrieben werden. Oder nehmen wir die Entwicklung der Zerealienprodukte, die praktisch erst in der jüngsten Zeit erfolgt ist.

Als weitere Trends sind u.a. die enorme Entwicklung des Pet Food-Geschäfts, eine starke Veränderung der Struktur des Schokoladengeschäfts zu beobachten: weniger Tafeln und Pralinen, dafür eine zunehmende Zahl von Riegelprodukten. Nicht zu vergessen ist auch das wachsende Segment von kalorien- und fettarmen Produkten (Eiskrems, Joghurts, Wurstwaren, die weniger oder keine Geschmackseinbußen aufweisen).

Veränderungen, die letztendlich erst durch die Innovations- und Entwicklungskraft der Lebensmittelindustrie entstehen konnten.

Als einen sehr wichtigen und zukunftsweisenden Trend möchte ich hierbei auch die Herstellung von Produkten mit ernährungsbezogenem Zusatznutzen – kurz »Nutrition« – nennen. Die Forschung zeigt uns immer mehr Zusammenhänge von Food und Gesundheit auf. Die positive Wirkung der Ernährung auf Gesundheit und Wohlbefinden wird einen zentralen Stellenwert im Nahrungsmittelsektor einnehmen.

2) Visionen

Mit dem Wort Visionen bin ich in vielerlei Hinsicht vorsichtig. Auf jeden Fall geht es hier nicht um Traumtänzer und Phantastereien. Andererseits genügen auch reine Extrapolationen nicht, um die Zukunft zu erfassen. Wir müssen alles tun, um uns eine Vorstellung von der Zukunft zu verschaffen, und gleichzeitig die Fähigkeit entwickeln, rasch und flexibel auf Veränderungen zu reagieren. Im Übrigen gilt das Wort des berühmten Soziologen Max Weber:

»Wir brauchen die geschulte Rücksichtslosigkeit des Weitblicks in die Realitäten des Lebens.«

Es stellt sich hierbei auch die Frage, wie weit bei der Einschätzung künftiger Entwicklungen Intuition eine Rolle spielt. Für mich bedeutet Intuition eine kreative Verwertung von Informationen. Zusammenfassend geht es also um kreative, mutige, aber auch realistische Überlegungen als Basis für eine erfolgreiche Unternehmenspolitik.

Spezielle Konsequenzen für die Zukunft der Lebensmittelindustrie

Allgemeine Folgen

In den industrialisierten Ländern muss die Lebensmittelindustrie weiter den Trends Convenience, Qualität, Vielfalt und Gesundheit folgen und diese Verbrauchertrends mit Innovationen begleiten. Das heißt im Speziellen, dass die Bedürfnisse einzelner Konsumentensegmente befriedigt werden müssen, wie z.B. von Kleinhaushalten, unterschiedlichen Lifestyles und Altersgruppen. Betreffend letzterem wird insbesondere den demographischen Veränderungen Rechnung zu tragen sein. Hieraus ergeben sich auch weiterhin Wachstumspotenziale in der industrialisierten Welt.

Zur Erhaltung der Wettbewerbsfähigkeit und erfolgreichen Entwicklung der einzelnen Unternehmen werden Kostensenkungs- und Rationalisierungsmaßnahmen weiterhin unvermeidbar bleiben; dies darf aber nicht zu Lasten der Qualität gehen – was heute leider manchmal der Fall ist. Schließlich gehört zur Konkurrenzfähigkeit auch ein erstklassiges und oft verbesserungswürdiges Marketing. Hier ist weniger intellektuelles Vokabular und »Heißa-Marketing« gefragt, sondern mehr »back to the basics«, d.h. richtige Produkte richtig bewerben und richtig verkaufen. Trotz kurzfristiger Pressures muss eine langfristige Markenpflege betrieben werden. Die Werbung muss generell verbessert, d.h. sie muss informativer gestaltet werden. Sie muss Aufmerksamkeit wecken, den »reason why« herausstellen und die Marke stärken. Hierfür müssen die neuen Medien und das Direktmarketing eingesetzt werden.

Wie bereits erwähnt, müssen die alternativen Absatzkanäle stärker noch als bisher gepflegt werden; insbesondere der Ausbau des Großverbrauchergeschäfts spielt hierbei eine wichtige Rolle.

Noch ein Wort zur heutzutage wieder sehr oft erwähnten und besonders herausgehobenen Kundenorientierung. Dies ist für mich nicht ganz verständlich. In einer durch den Verkauf von Produkten an Konsumenten und Kunden bestimmten Marktwirtschaft war es immer wichtig und richtig, kundenorientiert zu denken.

Spezielle Aspekte der Entwicklungsländer

Wie bereits eingangs angesprochen, bestehen ungeheure Möglichkeiten beim wachsenden Potenzial innerhalb der Verbrauchergruppe mit einem Pro-Kopf-Einkommen von ca. 1000 bis 15000 USD. Hierbei sei aber darauf hingewiesen, dass die Wertschöpfung in diesen Ländern nicht allein durch den Export, sondern vielmehr durch den Bau von Fabriken in diesen Absatzgebieten erhöht werden muss. Wo es sinnvoll ist, muss auf lokale Geschmacksgewohnheiten eingegangen werden. Verbrauchergewohnheiten im Nahrungsmittelsektor sind nur zum Teil global gültig. Die These, dass der Geschmack durch die Globalisierung und globale Aktivitäten von Unternehmen weltweit gleichgeschaltet wird, hat sich nicht bewahrheitet. Mit der Entwicklung der so genannten Doppelstrategie bei der Produktentwicklung (d.h. dass man bei Nestlé für die Entwicklungsländer zusätzlich zu den klassischen Produkten Strategien erarbeitet, mit denen man Produkte auf Basis lokaler Rohmaterialien entwickelt, die an lokale Geschmacksgewohnheiten angepasst sind) eröffnet sich die Möglichkeit, den Umsatz zu erweitern und gleichzeitig preiswertere Produkte zu schaffen.

Ganz wichtig für ein zukünftiges stabiles Geschäft in diesen Ländern ist es, unsere Marken zu verankern! Aus einer Kombination von internationaler Synergieauswertung und emotionalen Traditionen, die dem Verbraucher lieb sind, erklären sich letztlich die Bekanntheit, der Erfolg und der Fortbestand einer Marke. Hierbei darf nie vergessen werden, dass bei jedem Marketingansatz auf den einzelnen Märkten auch deren höchst unterschiedliche Wettbewerbssituationen, Handelsstrukturen, Konsumentengewohnheiten und Gesetzgebungen einbezogen werden müssen. Es muss immer wieder aufs Neue abgewogen werden, welche Maßnahmen auf globaler und welche auf lokaler Ebene ergriffen werden müssen.

3) Innovationen

Innovativ und kreativ sein, ist ein ganz entscheidender Wettbewerbsvorteil bei zunehmender Konkurrenz. Die Schaffung von Qualitäts- und Innovationsdifferenzen bringt mehr Erfolg beim Verbraucher, beim Handel und gegenüber dem Wettbewerber.

Im Einzelnen zu dem Thema folgendes:

a) Generell gilt es ein innovatives Klima zu schaffen (Freiräume geben, die Mitarbeiter zu Neuerungen ermutigen, Fehler tolerieren und akzeptieren). Bei der Auswahl von Führungskräften muss auch ganz besonders auf die Fähigkeit zur Innovation geachtet werden.
b) Wie fördert man Kreativität? Schritte hierzu gibt es auf drei Ebenen:

    1. Stimulieren durch richtige Strukturen (mit den richtigen Signalen und Anreizen, den richtigen Leuten und der richtigen Atmosphäre).
    2. Auf den Markt hören, aber auch selber Ideen haben, auf die der Konsument vielleicht noch gar nicht gekommen ist. Hierbei kommt der Forschung und Entwicklung eine ganz entscheidende Rolle zu. Diesem wichtigen Aspekt trägt auch Nestlé mit seinem Basic Research Center in der Schweiz und den etwa 17 Forschungsstätten auf vier Kontinenten und einer international zusammengesetzten Belegschaft von etwa 3 500 Mitarbeitern Rechnung.
    3. Abbau von Kommunikationshemmnissen in Bezug auf Innovation (kurz: deblockieren). In diesem Zusammenhang muss auch auf die Wichtigkeit eines aktiven und gut funktionierenden, direkten Informationsflusses innerhalb der Unternehmen hingewiesen werden. Die Schaffung von Vertrauen und Sicherheit sowie eine offene Information der Mitarbeiter sind letztlich eine Grundvoraussetzung dafür, dass ein kreatives und innovatives Klima entstehen kann.

Mehr Kreativität erzielen wir auch durch eine bewusste Auswahl von Mitarbeitern, die wir aufgrund ihrer kreativen, innovativen Begabung, und nicht nur aufgrund rationaler Checklisten und Zeugnisse einstellen (Goethe hat schon gesagt: *»Wenn Ihr's nicht fühlt, Ihr werdet's nicht erjagen«).*

Generell gilt: Die Selektion von Führungskräften ist mindestens so wichtig wie die Schulung (bei der richtigen Mitarbeiterauswahl bedarf es wesentlich weniger Schulung, während bei mangelnden Fähigkeiten eine Schulung nur marginale Verbesserungen bringen würde).

- Wir müssen den freien, auch horizontalen Kommunikationsfluss mehr fördern; dazu gehören flache Organisationen, Durchlässigkeit und Ermutigung.

Man muss im Übrigen neben generellen Maßnahmen auch individuell angepasste Bedingungen für Mitarbeiter und Abteilungen als Voraussetzung zur Entfaltung der Kreativität schaffen. Dazu gehört auch die Frage, welche »Typen« von Mitarbeitern wir akzeptieren können. Kann »Verrückten« und »Spinnern« eine Rolle zukommen? Generell würde ich dies bejahen; allerdings unter Einhaltung gewisser Grenzen!

Wir sollten auch nicht vergessen, dass mehr Kreativität beim richtigen »fighting spirit« – und nicht zuletzt auch unter Wettbewerbsdruck – entsteht.

Darüber hinaus gibt es natürlich systematische Methoden, die Kreativität zu fördern:

- Kreativität fördern durch »cross-fertilisation« (ankämpfen gegen das »not-invented-here«-Syndrom)
- Anwendung von Brainstorming
- Anwendung von Analogieschlüssen (d.h. Übertragung von bestimmten Erkenntnissen auf ein anderes Gebiet oder ein anderes Produkt)

Und manchmal gilt es auch einfach, die Menschen ein wenig aufzurütteln. Gewisse provokative Aussagen setzen oft und schneller Überlegungen, Reaktionen und Prozesse in Gang als es sonst der Fall wäre. Ich spreche in dem Zusammenhang manchmal von *»Management by provocation«*. Auch halte ich gelegentlich plastische Sprüche wie z.B. *»I want more pepper, less paper«* für durchaus wirksam.

Es gilt, nicht nur bei Produkten innovativ zu sein, sondern auch bei Marketing, Werbung, Systemen, Organisation, Führungsstil und Kostensenkungsmaßnahmen. Es ist eine der wichtigsten Führungsaufgaben, ein innovatives Klima zu gestalten, um so Forschung und Entwicklung und neue Ideen zu erleichtern. Hierfür ist die Zusammenarbeit aller Stellen in einem Unternehmen wichtig, die sich mit Innovationen oder der Entwicklung neuer Produkte befassen. Hierbei ist ganz wichtig zu sehen, dass nicht nur die großen Innovationen entscheidend sind, sondern auch die Renovationen und die kleinen, konstanten Schritte zur Verbesserung.

4) Das richtige Timing

Die Globalisierung beschleunigt alle Entwicklungen. Im Erfolgsfall spielt das Timing und die schnelle und unverzügliche Implementierung der notwendigen Entscheidungen und Maßnahmen eine ganz entscheidende Rolle für den weiteren Erfolg. *»Be first, be daring, be different.«*

5) Schlussbemerkungen

1. Es ist zwar eine Binsenweisheit, doch wird sie oft vergessen: Letztlich wird alles durch Menschen gemacht (durch Führungskräfte und deren Mitarbeiter gleichermaßen), weshalb die Auswahl, die Schulung und die Motivation des Managements und der Mitarbeiter das Allerwichtigste ist.
2. Globalisierung und offener Wettbewerb werden noch mehr als in der Vergangenheit dazu führen, dass gute Performance und gute Leistung noch stärker belohnt und schlechte Leistung noch stärker bestraft wird.
3. Zunehmender Wettbewerb und zunehmende Globalisierung erfordern einen noch sportlicheren Kampfgeist – getreu dem Motto von Bertold Brecht: »Wer kämpft kann verlieren, wer nicht kämpft, hat schon verloren.«

Quelle: Maucher, Helmut: »Visionen und Innovationen als wichtiger Erfolgsfaktor bei fortschreitender Globalisierung der Lebensmittelwirtschaft«, Vortrag anlässlich der 3. Internationalen Molkenkonferenz (WHEY) im September 2001

Die soziale Verantwortung der Konzerne im Zeitalter der Globalisierung

Helmut Maucher zeigt sich überzeugt, dass ein langfristiges Management sowie ein ethisch-moralisches Verhalten die Basis zum Erfolg des Unternehmens bilden – auch und vor allem in Zeiten zunehmender Globalisierung. Maucher erläutert, welche Konsequenzen die Globalisierung in Bezug auf eine verantwortungsvolle Unternehmensführung hat.

Zum Thema Globalisierung und soziale Verantwortung

Trotz aller Gegner und Kritik bleibt das Folgende doch wahr: Globalisierung ist letztlich im Interesse aller. So konnten sich innerhalb der vergangenen zehn Jahre dank Globalisierung und Liberalisierung zwischen 500 und 600 Millionen Menschen neu oberhalb der Armutsgrenze etablieren. Jedoch muss auch einiges dafür getan werden, um die Probleme zu lösen:

1) Unsere Märkte müssen stärker für die Dritte Welt geöffnet werden. Hier hat die WTO eine wichtige Aufgabe wahrzunehmen: Nur wenn die industrielle Welt sich in dieser Hinsicht positiver und offener verhält, können die Entwicklungsländer in vollem Umfang von der Globalisierung profitieren.

   Schwierigkeiten entstehen durch die Forderung seitens der Industrieländer, die Entwicklungsländer müssten strikte Qualitätsstandards (insbesondere soziale und ökologische Standards) einhalten. Dies kann zu einem neuen Protektionismus der Industrieländer führen, weshalb man über Mindeststandards nicht hinausgehen und den Rest anderen Organisationen überlassen sollte. »Social standards« sollte man Institutionen wie der ILO überlassen und Übereinkommen bezüglich der Mindestregeln zum Schutz der globalen Umwelt separat halten (wie es mit den Vereinbarungen in Kyoto geschehen ist).
2) Wie jeder Übergang schafft auch die zunehmende Globalisierung Probleme (Wettbewerbsverschärfung, Restrukturierung, stärkerer Zwang zur Rationalisierung). Deshalb muss die Globalisierung mit flankierenden sozialen Maßnahmen begleitet werden – sowohl von den Staaten wie von den Unternehmen.

Die Unternehmen sollten nicht nur exportieren, sondern auch die Wertschöpfung in den Entwicklungsländern durch jeweilige Produktionsstandorte erhöhen. Dies hat auch viele andere positive Auswirkungen für diese Länder, da die multinationalen Unternehmen in der Regel höhere Löhne bezahlen, mehr soziale Leistungen erbringen, mehr für die Ausbildung der Mitarbeiter tun und eine positive Wirkung im jeweiligen Umfeld einer Produktionsstätte haben (hier seien z.B. die Zulieferer genannt). In diesem Sinne hat beispielsweise Nestlé mit ca. 300 Werken in den Entwicklungsländern schon Entwicklungshilfe geleistet, bevor das Wort überhaupt erfunden worden ist. Im Übrigen leisten die multinationalen Unternehmen aufgrund ihrer Beschäftigung von vielen Nationalitäten und Kulturen einen wichtigen Beitrag zum gegenseitigen Verständnis.

3) Wenn die Welt zum Markt wird, muss auch mehr an Weltordnung und Weltinstitutionen entstehen, wie es früher im Ordoliberalismus und in den sozialen Marktwirtschaften pro Land gemacht wurde.

   Einige Beispiele: Wettbewerbsordnung, Schaffung von Gesetzgebung, auf die man sich verlassen kann, und nicht Case-by-Case-Entscheidungen, was bekanntlich auch die Korruption fördert.

Schlussbemerkungen

Insgesamt bin ich der Meinung, dass die soziale Marktwirtschaft, verbunden mit langfristig orientiertem und verantwortlichem Verhalten der Unternehmen und ergänzt durch eine weltweite Ausweitung des Ordoliberalismus, sehr wohl ein Modell für eine erfolgreiche und allen Bevölkerungsteilen nutzbringende Globalisierung sein kann.

Quelle: Maucher, Helmut: »Die soziale Verantwortung der Konzerne im Zeitalter der Globalisierung«, Einführungsstatement im Rahmen der Podiumsdiskussion anlässlich der BKU-Tagung im Oktober 2001.

Das rechte Maß

In diesem Artikel äußert Helmut Maucher sich zu Problemen der Demokratie, zu allzu hohen Managerlöhnen und zu den Vorteilen einer langfristig angelegten Unternehmenspolitik.

Meine sehr verehrten Herren,

die Bundesrepublik Deutschland hat zurzeit eine Gesamtverschuldung von 1,5 Billionen Euro mit einer jährlichen Zinslast, die nicht nur gegen 100 Milliarden Euro pro Jahr tendiert, sondern damit auch eine Belastung zukünftiger Generationen mit sich bringt. Die Gründe sind vielfältig; wir kennen sie. Sie sind aber sicherlich Ausdruck unserer generellen Anspruchsgesellschaft sowie der Tendenz, in demokratischen Verfassungen im Wettbewerb zwischen den einzelnen Parteien mehr auszugeben als einzunehmen, um so Wähler zu gewinnen und damit das rechte Maß – und damit bin ich beim Thema – eklatant zu überschreiten.

Eine zweite, viel diskutierte Angelegenheit sind einige Managergehälter. Hier wird allerdings oft nicht ausreichend eingesehen, dass die Manager in gut gehenden Unternehmen auch anständig honoriert werden müssen. Und es wird ferner zu wenig beachtet, dass tausende von Unternehmen ihre Manager maßvoll und vernünftig bezahlen. Was hingegen Kritik herausfordert, meine Herren, sind die Verhaltensweisen einiger, sehr weniger Unternehmer, die aber leider allesamt in der Zeitung stehen. Diese Topmanager treten mit Tränen in den Augen vor ihre Belegschaft und sagen: »Wir müssen Opfer bringen«, stecken sich aber zugleich zweistellige Millionenbeträge in die Tasche. Das versteht kein Mensch. Es ist natürlich völlig egal, was einzelne Topmanager verdienen bei Unternehmen, die 5 oder 6 Milliarden Nettogewinn machen. Nur wenn gleichzeitig von den Mitarbeitern Einbußen verlangt und kurzfristige Entlassungen vorgenommen werden, versteht das keiner. Außerdem gefährdet es die Akzeptanz unseres gesellschaftlichen und marktwirtschaftlichen Systems. Aus diesem Grund habe ich diesbezüglich ab und zu Kritik geübt. Nicht nur aus dem Grund, dass das rechte Maß überschritten wird, sondern vor allem aus Gründen der Klugheit sollte dafür gesorgt werden, solche Übertreibungen zu vermeiden. Hier scheint offensichtlich die Geilheit oder Gier zu Lasten des Verstandes zu obsiegen.

Eine dritte aktuelle Situation: Zum Thema Gier, kurzfristiges Denken (und wahrscheinlich auch noch Dummheit) muss man ebenfalls die derzeitige, immer größere Formen annehmende internationale Finanzkrise zählen. Wir stellen hier eine kaum zu übertreffende Maßlosigkeit fest.

Mit diesen einleitenden Bemerkungen sind wir mitten in diesem nicht einfachen Thema. Ich bin mir bewusst, dass es hierzu im Einzelnen sehr unterschiedliche Ansichten gibt, und auch ich nur meine persönliche Meinung zum Ausdruck bringen kann. Das rechte Maß vermag man weder mathematisch noch objektiv exakt zu definieren.

Im Lexikon, das man in solchen Fällen klugerweise bemüht, steht hierzu: »Das rechte Maß ist die Mitte zwischen zu viel und zu wenig.« Das ist sicher richtig, aber damit bleibt immer noch die Frage, was zu viel und was zu wenig ist. In den folgenden Ausführungen denke ich über das rechte Maß auf verschiedenen Gebieten, und ganz besonders natürlich in der Wirtschaft und der Unternehmenspolitik, nach. Ich erläutere den Zusammenhang, der zwischen langfristiger Politik und dem rechten Maß besteht. Ich möchte das noch einmal wiederholen: Zwischen langfristiger Politik und rechtem Maß. Betreibt man langfristige Politik, gelingt es einem nämlich sehr wohl, das rechte Maß zu halten.

Nun also zunächst einige Bemerkungen zur Unternehmensführung. Ohne langfristige Politik kann ein Unternehmen auf Dauer nicht überleben. Deshalb ist trotz aller kurzfristigen Zwänge durch den Wettbewerb und den Finanzmarkt langfristige Investition in den Markt einschließlich eines langfristigen Aufbaus von Image und Marken sowie langfristige Personalpolitik absolut notwendig. Wir alle wissen, dass dagegen heute sehr viel gesündigt wird. Natürlich darf man es auch nicht versäumen, einen laufenden Gewinn zu erzielen. Der Finanzmarkt bzw. die Eigentümer wollen in der Regel auch im laufenden Jahr eine Rendite erzielen, mit anderen Worten: Wenn man Verluste macht und das Wasser einem bis zum Hals steht, wird es schwer, langfristige Politik zu betreiben. Die richtige Balance, also das rechte Maß zwischen langfristiger Strategie und kurzfristiger Gewinnerzielung zu finden, ist eine der schwierigsten, aber gleichzeitig wichtigsten unternehmenspolitischen Aufgaben. Darüber hinaus gibt es viele Gebiete der Unternehmenspolitik, in denen es gilt, diese Balance, das richtige Maß, zu finden. Ich erwähne beispielsweise die folgenden Punkte:

1. Langfristige versus kurzfristige Aspekte
2. Zentralisierung versus Dezentralisierung
3. Marketingpriorität versus Controlling, also spending versus saving
4. Vielfalt und Diversifikation versus Focusing
5. Notwendigkeit von Regelungen und Vorschriften versus Gewährung von individuellem Spielraum.

6. Leistung und Wettbewerbsorientierung (insbesondere in der Personal- und Gehaltspolitik) versus soziale Verantwortung und sozialer Schutz
7. Nationale und kulturelle Identität des Unternehmens versus internationale Ansprüche und weltweite Aktivitäten.

In diesem Zusammenhang ein Wort zur Unternehmenskultur. Ich habe bei Nestlé gesagt: Unsere Unternehmenskultur muss so sein, dass sie sich von anderen Unternehmen unterscheidet. Wenn wir nur »Edel sei der Mensch, hilfreich und gut« hineinschreiben, unterscheidet uns das nicht von dem, was bei Unilever, Shell oder sonst wem steht. Wenn wir uns aber zu spezifisch oder zu schweizerisch verhalten, dann erfassen wir die verschiedenen Kulturen der Welt nicht, in denen wir ja überall Geschäfte machen. Es gilt folglich etwas zu finden, was spezifisch ist für das Unternehmen, aber die Kulturen und die Traditionen anderer Länder, in denen wir tätig sind, nicht verletzt. Dies ist es, was eine richtige Unternehmenskultur ausmacht. Aber es gibt viele Dinge, die überall passen (mehr Fleiß statt Faulheit, Integrität, mehr Pragmatik als Dogmatik und vieles andere mehr), und die Sie deswegen auch in unseren Unternehmensrichtlinien finden.

Zum rechten Maß für die Unternehmensführung und für die Leitung des Unternehmens gehören auch, meine Herren, der persönliche Lebensstil und die Kontrolle der eigenen Verhaltensweisen wie auch der eigenen Eitelkeit. [...]. Bei Nestlé habe ich einen Grundsatz entwickelt, der auch in unseren Management-Prinzipien steht; er lautet: *Wir sind bescheiden, aber mit Stil.*

Ein weiterer Punkt ist der Umgang der Manager mit der Macht und der dazugehörenden Verantwortung. Das Thema »Macht« wird zum Teil mystisch überhöht (»Was sind wir doch für mächtige Kerle« usw.). Das ist natürlich totaler Quatsch. Denn erstens ist der Wettbewerb die beste Machtverteilung, der wir alle unterliegen, und zweitens haben wir eine öffentliche Kontrolle, da wir Verwaltungsgremien, Betriebsräte usw. haben, durch welche Macht automatisch kontrolliert wird. Und trotzdem, glaube ich, kommt noch etwas hinzu, das Manager dazu veranlasst, die Macht, die sie haben, mit der dazugehörigen Verantwortung zu kombinieren, damit Auswüchse vermieden werden können. Macht und Verantwortung müssen also kongruent sein.

Nun zum Thema Organisation der Führung. Ein ausgewogenes Verhältnis zwischen Führungsautorität und kollegialem, kooperativem Führungsstil scheint mir das Vernünftige zu sein. Darüber gibt es allerdings, wie wir wissen, sehr unterschiedliche Auffassungen. Meine Meinung dazu ist die Folgende: Ich bin für ein Team mit Spitze und nicht für ein Team als

Spitze, weil ich glaube, dass man an jedem Ort einen »point de cristallisation« benötigt, wie die Franzosen sagen, damit keiner sagen kann, »ich wollte, aber der wollte nicht«. Das ist meine Erfahrung; Dialog und Team, aber mit einem Mann im Team, der die Verantwortung nicht einfach an seine Kollegen abschieben kann. Manchmal besteht das Top-Management auch aus zwei Persönlichkeiten – in Deutschland haben wir das früher wenigstens hochgehalten –, nämlich aus dem technischen Vorstand und dem kaufmännischen Vorstand. Das mag gut gehen, solange das Wetter schön ist und die beiden sich gut verstehen. Aber ich zitiere das bekannte türkische Sprichwort, das lautet: *»Zwei Kapitäne bringen jedes Schiff zum Sinken.«* Also das richtige Maß zwischen Führungswillen, Kollegialität und Zusammenarbeit ist wichtig, wenn ein Unternehmen funktionieren soll. Man kann es abgekürzt auch so sagen: Autorität ja, autoritär nein.

Bezüglich des Maßes, des richtigen Verhaltens und der richtigen Motivation der Mitarbeiter habe ich in meinem Unternehmen drei Dinge propagiert:

1) Das so genannte Value-Added Leadership Prinzip, das heißt, dass man weniger mit formaler Autorität führen soll, als sich vielmehr jeden Tag zu überlegen, ob man dazu beigetragen hat, um den Wert dieses Unternehmens zu erhöhen. Das ist eine andere Fragestellung als »Welche Autorität habe ich?«
2) Das Employee-Involvement-Concept bedeutet, dass man Änderungen und Verbesserungen mit den Mitarbeitern rechtzeitig und ausführlich bespricht, um ihre Meinungen einzuholen. Dadurch dass sie die Praxis besser verstehen, resultieren oft bessere Entscheidungen, als die »von weiter oben« treffen würden. Hierdurch kommt man außerdem zu Entscheidungen, die dann auch von den Mitarbeitern getragen werden. So einfach ist das, wird aber häufig nicht gemacht.
3) Ich habe das vorhin erwähnt und komme bewusst noch einmal darauf zurück: das Prinzip einer langfristigen Personalpolitik. Eine langfristige Personalpolitik, die ihnen langfristig Sicherheit gibt, motiviert die Mitarbeiter. Dies entspricht einem Goodwill und einem Asset für ein Unternehmen, das durch nichts anderes zu ersetzen ist! Dagegen wird heute am laufenden Band verstoßen. Und dann wundern sich die Leute, was sie nachher für eine Mannschaft haben. Natürlich müssen wir alles tun, was möglich ist, um zu rationalisieren und Kosten zu senken. Wenn wir das nicht tun, sind wir eines Tages nicht mehr wettbewerbsfähig. Aber für mich stellt sich die Frage, wie man das macht – und dabei wird eben

viel gesündigt. Wenn ein Unternehmen, sagen wir mal, 5 oder 6 Milliarden verdient, und das gleiche Unternehmen am nächsten Tag hingeht und sagt: »Ach übrigens, wir müssen in den nächsten drei Wochen 6000 Leute entlassen«, dann ist für die Mitarbeiter die Sicherheit und die Motivation weg.

Hierdurch wird ein Schaden für das Unternehmen angerichtet – nach innen und nach außen –, der langfristig nachwirkt. Ich bin daher für folgendes Vorgehen: Wenn jemand derartige Gewinne macht und 6000 Leute weniger gebraucht werden, dann sollte man den Abbau ohne betriebsbedingte Kündigungen über 3–4 Jahre laufen lassen, also die normale Fluktuation, die Alterspensionierungen und eventuell Umschulungen nutzen. Im ersten Jahr wird dies vielleicht noch 400 Millionen kosten, im zweiten Jahr noch 300 Millionen, im dritten Jahr noch 200 Millionen etc. Die damit verbundene Gewinnschmälerung ist wesentlich weniger schädlich für das Unternehmen als die oben zitierte drastische Vorgehensweise. Mit einer solchen Investition in das Personal wird die Motivation erhalten, mehr Sicherheit gewährleistet, die Loyalität gesichert und das Image des Unternehmens nach außen nicht beschädigt. Das ist ganz sicher eine der besten Investitionen im Unternehmensinteresse, die man machen kann! Und trotzdem wird das am laufenden Band falsch gemacht. Meine Meinung ist also: Rationalisieren ja, aber die Frage ist, wie.

Eine Führungseigenschaft, die meines Erachtens zu einer maßvollen, aber effizienten Führung gehört, ist die Glaubwürdigkeit. Ich halte das für ganz wichtig, da heute so viel versprochen, geschwafelt und gelogen wird und populistische Sprüche verbreitet werden. Wenn die Leute sich am Montag nicht darauf verlassen können, dass das, was der Chef am Sonntag verbreitet hat, noch Gültigkeit hat, dann hat er das Vertrauen auf lange Sicht verloren. Deshalb ist für mich heute die Glaubwürdigkeit eine der wichtigsten Führungseigenschaften.

Ein weiterer Punkt einer maßvollen und ausgewogenen Unternehmenspolitik besteht im Umgang mit Werten, also einer wertorientierten Führung. Und wir alle wissen, dass Wertorientierung in aller Munde ist. Ich habe noch nie eine Zeit erlebt, in der so viel über Werte gesprochen wurde und gleichzeitig so viele Werte verletzt und missachtet werden. Bei Nestlé habe ich immer gesagt, dass wir absolut progressiv und dynamisch in der Verfolgung neuer Verbrauchertrends, bei den technologischen Entwicklungen sowie der Forschungs- und Innovationspolitik sind, aber konservativ in der Beibehaltung von menschlichen Grundwerten. Auch hier geht es folglich wiederum um das richtige Maß und die richtigen Werte, also darum, wie wir uns verhalten.

Ein interessantes Gebiet, um über das rechte Maß nachzudenken, stellt auch die heute viel diskutierte Corporate Governance dar. Geregelt werden soll da die optimale Verteilung der Aufgaben und Kompetenzen zwischen Hauptversammlung, Aufsichtsrat und Vorstand; ferner soll hier entschieden werden, was gesetzlich geregelt werden soll, und was man in der Kompetenz der Unternehmen lassen soll. Lord Cadbury, der frühere Chairman von Cadbury, war einer der ersten, der sich mit dieser Frage befasst hat. Er hat sie wie folgt definiert: »Corporate governance is a system by which companies are directed and controlled.« Die verschiedenen aktuellen Überlegungen und Diskussionen haben die Tendenz, die Rechte der Hauptversammlung und des Aufsichtsrats gegenüber dem Vorstand zu stärken, um so den Einfluss der Eigentümer besser zu gewährleisten. Dies scheint mir teilweise berechtigt. Eine stärkere Ausweitung der Rechte der Hauptversammlung halte ich allerdings bei großen Publikumsgesellschaften für falsch. Man kann schließlich ein Unternehmen nicht über eine breite Aktionärsdemokratie führen. Zurzeit wird ja sogar darüber diskutiert, ob beispielsweise die Gehälter des Vorstandes von der Hauptversammlung festgelegt werden sollen. Viel wichtiger scheint es mir zu sein, dass die Aktionäre einen Verwaltungsrat wählen, der in ihrem Interesse wirklich die Verantwortung wahrnimmt und den Vorstand kontrolliert. Es gibt heutzutage in der Struktur der Aktionäre allerdings Entwicklungen in Richtung größere Anteile von Institutional Investors und Hedgefonds, die aufgrund ihrer substantiellen Beteiligung an den Unternehmen ihren Eigentümereinfluss stärken wollen; in diesem Fall ist es auch sinnvoll, aber dafür brauchen wir keine Gesetze. Andererseits beobachten wir bei großen Publikumsgesellschaften, dass einzelne Aktionäre mit oft nur einer Stimme ihre Rechte missbrauchen und sich in der Hauptversammlung zu allen möglichen Themen zu Wort melden. Das verlängert die Hauptversammlungen unnötig; hier sollte man Regelungen zur Beseitigung dieses Missbrauchs schaffen, indem man beispielsweise die Stellung des Leiters der Hauptversammlung stärkt. Das ist alles viel wichtiger als das, was zurzeit diskutiert wird.

Beim Aufsichtsrat bin ich dagegen der Meinung, dass diesem Gremium im Verhältnis zur jetzigen deutschen Gesetzgebung mehr Rechte eingeräumt werden sollen. Die derzeitigen Aufgaben des Aufsichtsrats betreffen im Wesentlichen die Befassung mit allem, was die Hauptversammlung zu beschließen hat, alle Vorstandsangelegenheiten und die Informationsrechte. Darüber hinaus ist nach der jetzigen Gesetzgebung der Vorstand fast autonom: Er kann neue Strategien festlegen, er kann Akquisitionen vornehmen, er kann alles. Diese allumfassenden Kompetenzen werden allerdings durch die Satzungen und Geschäftsordnungen oft eingeschränkt, indem Geschäfte festgelegt werden, die der Zustimmung des Aufsichtsrats bedürfen. So kann man das lösen. Nur kommt in Deutschland dann wiederum das Problem der Mitbestimmung dazu: Alles, was man in die Zuständigkeit des Aufsichtsrats legt, bestimmen dann auch die Gewerkschaften und Arbeitnehmervertreter mit. Deshalb befinden wir uns in Deutschlang dahingehend in einem gewissen Dilemma. Unabhängig von diesem spezifisch deutschen Problem sollte meines Erachtens der Aufsichtsrat auf jeden Fall gestärkt und beispielsweise an allen strategischen Entscheidungen stärker beteiligt werden. Dazu gehören wichtige Akquisitionen oder der Eintritt in neue Geschäfte oder Investitionspläne. Es gibt einen Punkt, meine Herren, der meines Erachtens viel zu wenig beachtet wird, und der auch nicht in diesen neuen Regelungen steht: Er betrifft die Aufgabe des Aufsichtsrats, insbesondere die langfristigen Aspekte und Auswirkungen von Geschäftsentscheidungen auf das Unternehmen zu diskutieren und die Ergebnisse dieser Diskussion in den Entscheidungsprozess einzubringen. Warum ich das sage? Das sage ich, weil eine langfristige Politik von überragender Bedeutung für das Unternehmen ist – ich habe das verschiedentlich gesagt – und weil Vorstände und Führungskräfte unter dem heutigen Druck der Finanzwelt sowie durch die zunehmende Verschärfung des Wettbewerbs infolge der Globalisierung immer wieder verstärkt dazu neigen, eher kurzfristig zu denken. Da kann der Aufsichtsrat ein Korrektiv sein.

Ganz allgemein bin ich der Auffassung, dass die heutige Diskussion über das Thema Corporate Governance nicht zu allzu vielen Regelungen führen sollte. Überregulierungen sind immer problematisch und können die unterschiedlichen Verhältnisse in den Firmen nie berücksichtigen. Das geht von Siemens über Bertelsmann bis zu Shell – das sind alles verschiedene Firmen, auch die Größe ist unterschiedlich. Außerdem kann man auch mit vielen Regelungen Fehlverhalten letztlich nicht vermeiden. Deshalb ist es viel wichtiger, dass die richtigen Personen in die Aufsichtsräte delegiert werden. Dabei geht es nicht um Fachleute – diese müssen im Unternehmen sein – sondern um Persönlichkeiten mit Charakter sowie einer allgemeinen Lebens- und Geschäftserfahrung, die einerseits auch in schwierigen Situationen zum Unternehmen und zum Vorstand stehen, andererseits aber auch handeln und Vorstände abwählen, wenn dies notwendig erscheint.

Also, das rechte Maß zu finden in der Aufgaben- und Kompetenzverteilung zwischen Hauptversammlung, Aufsichtsrat und Vorstand ist ein wichtiges Thema und hat eine große Auswirkung auf das richtige Funktionieren des Unternehmens.

Einige Worte zur Finanzpolitik. Es gibt ja bekanntlich zwei extreme Ansichten, nämlich einerseits nur mit Eigenkapital zu arbeiten, langfristige Schulden zu vermeiden und damit für das Unternehmen sehr viel Sicherheit zu schaffen, allerdings zu Lasten der Rentabilität. Die gegenteilige Politik ist ein sehr starkes Leverage, was in letzter Zeit insbesondere all die Hedgefonds praktiziert haben: das heißt maximale Verschuldung, dadurch höhere Rentabilität des Eigenkapitals, allerdings bei entsprechender Reduzierung der Sicherheit. Hier das richtige Maß zu finden ist bei verschiedenen Unternehmen unterschiedlich schwierig. Hierfür gibt es kein Rezept; das hängt vielmehr von der Größe, der Struktur, der Ertragslage, vom Cash Flow sowie der Mentalität und der Risikobereitschaft der Eigentümer ab. Ich hatte mal einen Professor, der hat gesagt: »There are two ways of doing business: you can eat well or you can sleep well.«

Nun einige Bemerkungen zum rechten Maß auf anderen Gebieten. Ich will hier nur einige Themen anreißen, die ich nicht vollständig ausführen kann:

Das richtige Maß beim Essen und Trinken, das bekanntlich die Gesundheit fördert und die Ästhetik eines Menschen beeinflusst.

Selbstverständlich sind auch Liebe und Sexualität ein Thema, bei dem man über das richtige Maß nachdenken kann. Ich möchte mich aber vorsichtshalber hierzu nicht weiter äußern.

Des Weiteren: Demokratische Verfassung einerseits und Führungsnotwendigkeiten andererseits. Bürokratie, Regelungen und Gängelungen gegenüber mehr Freiheit für die Bürger und Subsidiarität. Dazu gehört auch das Thema »Sicherheit für den Bürger«, anlässlich dessen dem Opfer im Vergleich zum Täter wieder mehr Schutz zugestanden werden soll, was ja zurzeit zum Teil umgekehrt gehalten wird.

Die Frage »Zentraler Staat oder Föderalismus?« muss neu durchdacht werden im weltweiten Kontext, in Anbetracht der zunehmenden Globalisierung sowie im Hinblick auf die Europäische Union. Die Bundesrepublik gibt, wie jedes andere Land auch, in diesem Zusammenhang ja bekanntlich Kompetenzen und Funktionen an übergeordnete Gremien ab. Dadurch werden die Kompetenzen der Nationalstaaten eingeschränkt. Andererseits ist es unter Berücksichtigung einer Bevorzugung von Subsidiarität sicher sinnvoll, möglichst viel von Entscheidungen und Maßnahmen auf die einzelnen Bundesländer oder die Kommunen zu verlagern. Was ist also das richtige Maß in der Aufteilung von Kompetenzen und Aufgaben zwischen UNO,

G8, Europa, Land, Bundesländern und Kommunen? Diese Fragen sind meines Erachtens zurzeit nicht zu Ende gedacht. Wenn ich nur an das Europäische Parlament denke! Wir streben einerseits an, diesem Parlament Rechte einzuräumen. Zugleich wollen aber die Nationalstaaten nichts von diesem Recht abgeben und über die eigenen nationalen Vertreter in den Ministerräten die Kompetenzen ausüben und dort die wichtigsten Entscheidungen treffen. Man kann aber nicht doppelspurig arbeiten. Das Problem ist meines Erachtens noch nicht richtig durchdacht.

Es ist deshalb auch kein Wunder, dass die Franzosen eine Zeit lang gesagt haben, das Europaparlament sei nur eine »Quatschbude«, solange wir, die demokratisch Legitimierten, von den Ländern aus nach Brüssel gehen, um dort mit den anderen zusammen die Entscheidungen zu treffen. Giscard D'Estaing hat sich viel Mühe gegeben, in der neuen Verfassung einige der Probleme zu regeln, doch besteht hier noch weiterer Handlungsbedarf.

In einem anderem Gebiet geht es darum, staatlich notwendige Gemeinschaftsaufgaben einerseits und Individualinteressen von Eigentümern und Bürgerrechtsbewegungen andererseits in Einklang zu bringen. In diesem Zusammenhang möchte ich nur auf den Flughafenausbau in Frankfurt oder in Berlin hinweisen. Wir sind, so glaube ich, meine Herren, das einzige Land auf der Welt, dem es Mühe bereitet, in einer Hauptstadt innerhalb einer gewissen Zeit einen anständigen Flughafen zu bauen. Jeder Kleinstaat bringt das fertig. Auf der Autobahnstrecke zwischen Lindau und München, die ich sehr gut kenne, weil ich aus dem Allgäu komme, gibt es seit fast zwei Jahrzehnten Strecken, wo die Autobahn wegen verschiedener Einsprachen bis heute nicht gebaut werden konnte. Wo liegt also das rechte Maß zwischen solchen Einzelinteressen und Gemeinschaftsinteressen?

Vergleichen wir das einmal mit anderen Ländern, zum Beispiel Frankreich oder Amerika. Die Chinesen lachen sich sowieso tot über unsere Verhaltensweisen.

Ein anderes Gebiet umfasst die Frage: freie Marktwirtschaft à la Hayek und Friedman oder Ordoliberalismus à la Freiburger Schule oder stärkere Betonung der sozialpolitischen Komponente durch den so genannten vorsorgenden Sozialstaat, den die SPD anstrebt, oder gar Planwirtschaft ohne Privateigentum?

Meine Herren, es besteht in Deutschland sicherlich ein allgemeiner Konsens über irgendeine Art von sozialer Marktwirtschaft. Über die Ausgestaltung im Einzelnen wird aber heftig gestritten. Ich glaube, dass wir zurzeit die soziale Ausgestaltung und die damit verbundene Bürokratie zu weit treiben und dem möglichen Missbrauch und dem Gießkannenprinzip zu viel

Raum geben. Ich erwähne in diesem Zusammenhang einen von mir sehr geschätzten Ökonomen des vergangenen Jahrhunderts, nämlich Röpke. Er hat einmal gesagt: »Jedes System neigt dazu, an seinen eigenen Übertreibungen zugrunde zu gehen.« Das ist ein wahres Wort. Der Mensch ist offensichtlich so veranlagt. Andererseits, so glaube ich, gibt es aber auch viele, echte soziale Probleme, die wir noch nicht richtig berücksichtigt haben. Wo ist also das rechte Maß in der Wirtschafts- und Sozialpolitik?

Kurz erwähnen möchte ich auch das Gebiet des Sports, wo wir auch hin und wieder zu Übertreibungen neigen. Schon der Grundwahlspruch der Olympiade, nämlich »Schneller, höher, weiter«, neigt zu Maßlosigkeit. Die Maßlosigkeit, die wir in letzter Zeit in Richtung Doping, Bezahlung von Spitzenstars und Ähnlichem gesehen haben, hat nichts mehr mit fairem Sportsgeist zu tun. Da muss sich die Gesellschaft überlegen, wo sie das richtige Maß ansetzt.

Im Übrigen neigen wir auf vielen anderen Gebieten zu Übertreibungen und Überreaktionen. Begreiflich sind sicher gewisse Reaktionen gegen einige Entwicklungen der Hochtechnologie. Da kann man verstehen, dass der Mensch sie nicht mehr versteht, dass er die Welt nicht mehr versteht. Die Reaktionen gegen solche Dinge haben aber bei uns extreme Formen angenommen. Denken wir nur an das Waldsterben, an bizarre Aktivitäten in den an sich sinnvollen ökologischen Bestrebungen, an die Auseinandersetzungen mit Atomenergie, Biotechnologie, Grüner Gentechnologie und ähnlichen Dingen bis hin zur 68er Bewegung. In Deutschland haben wir das zum Extrem getrieben und haben in der Beziehung sicherlich nicht Maß gehalten. Aber, meine Herren, ich sage immer, wir in Deutschland waren in der Mystik und der Romantik immer schon besser als in der Klassik.

Schließlich stelle ich hier die Frage, ob das rechte Maß immer sinnvoll ist. Zunächst möchte ich dazu sagen, dass das rechte Maß nicht bedeutet, dass man Initiativen und mutiges Voranschreiten verhindert, oder dass man resigniert; so darf das nicht verstanden werden. Manchmal ist es notwendig, das normale oder rechte Maß zu überschreiten. Oft sind in Unternehmen mutige und weitreichende Entscheidungen notwendig, die manchen zu dem Zeitpunkt als maßlos erscheinen oder zumindest nicht von allen vollumfänglich begriffen werden. Auch in der Geschichte gibt es viele Beispiele: Hätte Alexander der Große all das erreicht, wenn er sich mit unseren Vorstellungen, mit meinen heutigen Vorstellungen über das rechte Maß begnügt hätte? Oder Churchill, der in schwierigen Zeiten an die Spitze von England berufen worden ist. Er wäre in »normalen« Zeiten wohl nie Premierminister von England geworden. Der gleiche Churchill hat aber – nur nebenbei bemerkt –

gleich nach dem Krieg eine maßvolle Rede in Zürich gehalten, mit der er das Freund-Feind-Verhältnis zu beenden versuchte und die Vereinigten Staaten von Europa propagiert hat. Kolumbus wiederum wäre nie in See gestochen, wenn er nach unseren Grundsätzen des rechten Maßes gehandelt hätte.

Aber zurück zum Maß und damit zu meinen Schlussbemerkungen. Sie sehen, meine Herren, die Diskussion über das rechte Maß ist ein unerschöpfliches Thema, das alle Gebiete der Gesellschaft und der Wirtschaft umfasst.

Es versteht sich von selbst, meine Herren, dass ich unter dem rechten Maß nicht Mittelmaß verstehe. Es scheint mir durchaus nützlich, in diesem Zusammenhang auf die vier Kardinaltugenden von Platon hinzuweisen. Eine dieser vier Kardinaltugenden ist bekanntlich die Mäßigung, die Bescheidenheit, die ergänzt wird durch die anderen drei Kardinaltugenden: Tapferkeit, Weisheit und Gerechtigkeit. Diese vier Kardinaltugenden haben mein Leben immer begleitet. Meines Erachtens sind sie eine gute Grundlage für die Einhaltung des rechten Maßes.

Chinesische Weise scheinen es im Übrigen nicht für realistisch zu halten, dass es uns vor dem Erreichen eines gewissen Alters gelingt Maß zu halten. Der berühmte chinesische Weise Konfuzius soll in seinen Lehrgesprächen (Lun Yu) über das Leben unter anderem gesagt haben: »*Mit sechzig kann ich die Wünsche meines Herzens erfüllen, ohne das Maß zu überschreiten!*«

Es gibt ein Gedicht von Goethe – Goethe kann man immer zitieren; er passt für alle Gelegenheiten –, das mich immer beschäftigt hat. Es ist eines meiner Lieblingsgedichte und heißt »Natur und Kunst«. Der zweite Teil dieses Gedichts lautet wie folgt:

So ist's mit aller Kunst wohl auch beschaffen, vergebens werden ungebundene Geister nach der Vollendung reiner Höhen streben, wer Großes will, muss sich zusammenraffen, in der Beschränkung erst zeigt sich der Meister, und das Gesetz nur kann uns Freiheit geben.

Welch eine Weisheit liegt in diesen Sätzen! Hätte man den Ratschläge, die in diesem Gedicht geäußert werden, mehr Beachtung geschenkt und sie besser befolgt, wäre uns mancher Ärger der Geschichte erspart geblieben.

Ganz zum Schluss möchte ich ein Gedicht des berühmten schwäbischen Dichters und Pfarrers Mörike zitieren. Jetzt werde ich etwas persönlich; dieses Gedicht hat mich mein ganzes Leben lang begleitet, obwohl ich seine Philosophie in dem Gedicht nicht zur Gänze teile, da ich – und Sie sicherlich auch – an meine Zukunft und an mein Leben mit einer positiveren Haltung und Willensstärke herangehen möchte. Und trotzdem zitiere ich abschließend dieses Gedicht:

»Herr, schicke, was Du willst
ein Liebes oder Leides.
Ich bin vergnügt, dass beides
aus Deinen Händen quillt.
Wollest mit Freuden und wollest mit Leiden
mich nicht überschütten.
Doch in der Mitten
liegt holdes Bescheiden!«

Meine Herren, ich hoffe, mit meinen Ausführungen das rechte Maß an Redezeit nur leicht überschritten zu haben. Ich danke Ihnen fürs Zuhören.

Quelle: Maucher, Helmut: »Das rechte Maß«, Vortrag anlässlich der Carl Friedrich von Weizsäcker-Gespräche im Januar 2008.

Wirtschaftliche Chancen für Oberschwaben in der heutigen Welt

Ausgehend von den gegenwärtigen Problemen und Trends zeichnet Helmut Maucher in der folgenden Rede ein Bild davon, in welche Richtung sich die Wirtschaftswelt künftig entwickeln könnte und was dies für die Unternehmen bedeutet.

Meine sehr verehrten Damen und Herren,
Oberschwaben in der heutigen Welt heißt mein Thema.

Deshalb zunächst stichwortartig, und zur Erinnerung, ein Blick auf die gegenwärtige und zukünftige Welt:

- Die Globalisierung und Internationalisierung werden weiter zunehmen, ebenso wie der Freihandel und die internationale Verflechtung der Finanzwelt.
- Wir beobachten eine rasant fortschreitende Digitalisierung und Technologisierung, d.h. die vollständige Erfassung der Welt durch Computer, Internet usw.
- Wir beobachten zudem eine demographische Entwicklung hinsichtlich der zunehmenden Alterung der Bevölkerung, hinsichtlich der Verschiebung der Anteile der Weltbevölkerung in andere Regionen (insbesondere in Richtung Asien) sowie hinsichtlich der fortschreitenden Zunahme der Weltbevölkerung und Steigerung des Wohlstands.
- Ebenso sind geopolitische Veränderungen zu beobachten, da Regionen außerhalb von Amerika, also China, Russland, Indien, Brasilien usw. zunehmend an Bedeutung gewinnen.

Hierbei stellt sich die Frage, welche Bedeutung und welche Rolle Europa künftig spielen wird. Ich hoffe, dass Europa auch in Zukunft im geopolitischen Kontext eine bedeutende Rolle spielen wird. Das wird unter anderem davon abhängen, inwieweit sich Europa politisch und wirtschaftlich weiterentwickelt, inwieweit es ihm gelingt, mit einer Stimme zu sprechen und ob es ihm gelingt, in der internen Struktur entscheidungsfähiger zu werden.

Wichtig für die Zukunft ist, dass sich die EU wieder mehr auf ihre Kernaufgaben konzentriert, d.h. auf die Außen-, Sicherheits- und Einwanderungspolitik sowie die Sicherung von Frieden und Wohlstand ihrer Bürger, und den Grundsätzen der Subsidiarität und der Dezentralisierung mehr Beachtung schenkt.

Griechenland zeigt die Schwäche der jetzigen Regelungen auf.

Im Übrigen macht auch der Euro nur bei einer strengeren Disziplin und Koordination der Wirtschaftspolitik und härteren Sanktionen bei Fehlleistungen Sinn.

Des Weiteren sind auch ein gewisser Abbau von Bürokratie und die Zurücknahme von Übertreibungen in der Sozialpolitik notwendig.

Wichtig wird sein, welche Regierungschefs wir künftig in Europa haben werden. Hoffentlich werden wir in der Zukunft wieder mehr Staatsmänner (siehe Adenauer, Kohl, Mitterand) und weniger »Prime Ministers« haben, was man ja vom größten Teil der derzeitigen Regierungschefs nicht sagen kann.

Im Zusammenhang mit diesen geopolitischen Veränderungen marschieren wir ja von G7 in Richtung G20 mit einer hoffentlich damit verbundenen Verbesserung der weltweiten Zusammenarbeit.

- Es herrscht seit längerer Zeit – und ich bin überzeugt, dass das auch in Zukunft so bleiben wird – ein Weltfrieden zwischen den Großmächten, wie wir ihn noch nie erlebt haben; wenngleich nach wie vor lokale Kriege und Terrorismus stattfinden.
- Wir beobachten gewisse gesellschaftliche Entwicklungen, die im Großen und Ganzen tendenziell in Richtung Demokratie gehen – auch außerhalb der Vereinigten Staaten, Japans und Europas.
- Trotz lokaler oder einzelner Rückschläge bewegen wir uns immer mehr in Richtung marktwirtschaftlicher Systeme. Diese sind verbunden mit einem Ordoliberalismus, wie er in unseren Breitengraden definiert worden ist.
- Trotz der derzeitigen Krise stehen vermehrt soziale und ökologische Verantwortung einschließlich Fragen des Klimaschutzes im Mittelpunkt.
- Zu diesem Fragenkomplex gehört auch der zunehmende Mangel an Wasser, die wachsende Diskrepanz zwischen Angebot und Nachfrage bei Agrarprodukten und die Reduzierung der Agrarflächen durch Verstädterung. Wasser ist ein knappes Gut. 70 % des verfügbaren Frischwassers verbraucht die Landwirtschaft. In China herrscht die schlimmste Dürrekatastrophe seit mehr als fünf Jahrzehnten (die durch kürzliche Niederschläge nur geringfügig gemildert wurde), in Indien bohrt man sieben Meter tief nach Grundwasser. Wasser muss einen Preis bekommen. Der Anteil des Mineralwassergeschäfts der Nestlé beträgt lediglich 0,0067 Prozent am Gesamtwasserverbrauch.

[...]

- Tendenziell erleben wir auf der ganzen Welt eine Zunahme der regionalen Zusammenarbeit, auch außerhalb der EU. Wir werden hoffentlich auch zu einer Stärkung der internationalen Institutionen und weltweit gültigen Regeln kommen, um so die Globalisierung ohne Auswüchse wirksam werden zu lassen.

Was bedeutet dies nun alles für die Unternehmen?

1) Zunächst muss man ganz lapidar festhalten, dass mehr Globalisierung zu mehr Wettbewerb führt.

Das bedeutet auch, dass gute Leistungen am Markt stärker belohnt und Misserfolge stärker bestraft werden.

In diesem verschärften Wettbewerb gilt noch mehr, was ich immer schon vertreten habe, nämlich, dass eine rein kollegiale Führung in schwierigen Zeiten nicht funktioniert. Ich bin deshalb für ein Team mit Spitze und nicht für ein Team als Spitze.

Im Übrigen: Die Welt dreht sich immer schneller, ganz besonders in den Bereichen von technologischen Veränderungen und wissenschaftlichen Erkenntnissen (das Wissen verdoppelt sich alle drei Jahre). In einer solchen Situation spielt der Zeitfaktor, also die Geschwindigkeit, eine immer größere Rolle. Ich sage deshalb: »be first, be daring, be different.«

Wer zuerst, und damit vor den anderen, Trends und Entwicklungen erkennt, frühzeitig über notwendige Änderungen entscheidet und sie dann konsequent und schnell umsetzt, wird einfach erfolgreicher sein.

2) Bevor wir zu den spezifischen Chancen für Oberschwaben kommen, einige Bemerkungen zu den generellen Chancen der Bundesrepublik und Europas.

Zur geographischen Wahrnehmung: Es ist noch zu wenig in unserem Bewusstsein verankert, dass Europa in der geographischen Mitte der globalisierten Welt, also zwischen Amerika und dem Fernen Osten, liegt. Es gibt ferner Vorteile für Europa, die man sich ab und zu in Erinnerung rufen muss:

- Es herrscht ein gemäßigtes Klima, das Europa ausreichend Niederschläge beschert und damit vor Wasserknappheit bewahrt.
- Europa wartet mit relativer Sicherheit, hohen Qualitätsstandards und einem guten Ausbildungsstand der Bevölkerung auf.

- Es gibt viele technologische Fortschritte sowie politische Stabilität.
- Hinsichtlich der Wirtschaftsstruktur besteht generell ein ausgewogenes Verhältnis von Industrie, Dienstleistungssektor, Mittelstand usw. (was insbesondere auf die Bundesrepublik zutrifft).

3) Chancen für Oberschwaben

Es ist vielen nicht bekannt, dass Oberschwaben auf der Nord-Südachse von Europa in der Mitte liegt: zwischen Sizilien und Narwick. Dies trifft im Übrigen auch auf die Schweiz zu.

Außerdem wird Südeuropa trotz der derzeitigen Probleme im Finanzsektor und sinkender Beschäftigungszahlen an Bedeutung zunehmen.

Wir müssen endlich aufhören zu glauben, dass sich Oberschwaben in einer Randlage befindet.

Darüber hinaus kann heute durch die Online-Möglichkeiten jederzeit eine Verbindung mit der ganzen Welt hergestellt werden. Damit kann jeder Mittelständler international tätig und ein multinational tätiges Unternehmen sein.

4) Entwicklung und Chancen auf einzelnen Gebieten

Landwirtschaft (siehe auch Eingangsbemerkungen)

Agrarprodukte werden weltweit zunehmend knapper, und werden im Zusammenhang mit der generellen Bevölkerungsvermehrung und dem steigenden Wohlstand insbesondere in den asiatischen Ländern immer knapper werden. Dies ist eine echte Chance auch für die oberschwäbische Landwirtschaft.

Wir dürfen uns von der derzeitigen Milchpreiskrise nicht zu sehr beeindrucken lassen.

Die eingangs erwähnte zunehmende Knappheit von Wasser ist ein weiterer Vorteil für Oberschwaben, weil hier das Wasser im wahrsten Sinne des Wortes von den Bergen herunterfließt und auch kostenmäßig günstiger sein wird als in vielen wärmeren Ländern.

Bei den landwirtschaftlichen Produkten dürfen außerdem Obst, Früchte, Wein und Hopfen (hier herrschen günstige Voraussetzungen in Oberschwaben) nicht vergessen werden.

Allerdings wird die Strukturbereinigung weitergehen müssen. Die durchschnittliche Betriebsgröße in Oberschwaben beträgt 25ha, in Mecklenburg

250 ha. Auch Mischformen haben Überlebenschancen (andere Berufsausübung der Bauern und landwirtschaftlicher Betrieb nebenbei).

Auch sollte noch mehr Fantasie und Initiative auf dem Gebiet der alternativen Einnahmequellen entwickelt werden (siehe die Beispiele Bioenergie, Ferien auf dem Bauernhof, Konsumententrends usw.).

Industrielle Struktur

Oberschwaben ist besser als sein Ruf. Es gibt viele gute Firmen (zum Beispiel Liebherr, VAUDE, Ravensburger, Böhringer, ZF Friedrichshafen, Vetter, MTU, Hümer und natürlich auch Weishaupt).

Ferner gibt es einen starken Mittelstand, der bekanntlich relativ krisenfest ist. Speziell zu diesem Mittelstand möchte ich noch einige Worte anfügen:

- Mittelständische Unternehmen werden oft von Familien geführt, was zu einer nachhaltigeren Politik führt. Wichtig bleibt jedoch hierbei, dass die Frage der Nachfolge optimal gelöst wird.
- Mittelständische Firmen sind oft flexibler und näher am Markt. (Nicht die Großen fressen die Kleinen, sondern die Schnellen die Langsamen.)
- Es bestehen Chancen für den Mittelstand durch die Entwicklung des tertiären Sektors.
- Bei der stetig wachsenden Differenzierung des Konsumverhaltens ist und wird es für mittelständische Unternehmen immens wichtig sein, Nischen zu bearbeiten, die von den großen Unternehmen gar nicht oder nicht ausreichend bedient werden.
- Die heutige Möglichkeit, durch Internet-Verbindungen weltweit tätig zu sein, habe ich schon erwähnt.

Oberschwaben ist also insgesamt auch auf dem industriellen Sektor gut aufgestellt.

Touristik, Fremdenverkehr etc.

Dieser Bereich ist eine Wachstumsbranche!

Ich sehe hier gute Chancen für Oberschwaben: Bodensee, Allgäu, Weingegenden, enorme Schätze in Kunst und Kultur, Barockstraße, generell Klima und Landschaft und viele familienfreundliche Angebote.

Im Zusammenhang mit dem Tourismus muss auch an das Thema Gesundheit gedacht werden. In Oberschwaben gibt es inzwischen viele etablierte Institutionen in den Bereichen Reha, Gesundheitszentren, Bäder,

Seen (siehe beispielsweise auch Neutrauchburg) und einige weitere Einrichtungen am Bodensee.

Insgesamt besehen besteht aber ein großer Bedarf, Oberschwaben in dieser Hinsicht marketingmäßig besser zu bearbeiten und herauszustellen. Vielleicht müssen auch die Kräfte einzelner Städte und Gegenden noch stärker gebündelt werden.

5) Probleme

Natürlich stellt sich nicht alles rosig dar. Es gibt auch viele Dinge, die eine positive Entwicklung erschweren. Ein Teil dieser Probleme betrifft allerdings nicht nur Oberschwaben, sondern auch die Bundesrepublik und zum Teil ganz Europa. Da ist beispielsweise die übermäßige Bürokratie und Regeldichte zu erwähnen. Dazu gehören auch Übertreibungen im gesamten sozialen Netz, im Arbeitsrecht, bei der Betriebsverfassung und der Mitbestimmung. Um Missverständnisse zu vermeiden, sei hinzugefügt, dass dies alles bis zu einem gewissen Grad sinnvoll ist, und es lediglich um die bürokratischen Übertreibungen und die Gefahr des Missbrauchs geht. Zudem sind wir viel zu langsam in der Planung vernünftiger Gemeinschaftsaufgaben. Ich erinnere an zwei Autobahnabschnitte zwischen Lindau und München, an den Ausbau des Flughafens in Frankfurt und den Flughafen Berlin oder an den Ausbau des Bahnhofs Stuttgart. Oberschwaben braucht generell eine bessere Verkehrsanbindung. Fortschritte sind durch den Ausbau der Flughäfen Friedrichshafen und Memmingen erzielt worden. Stuttgart muss vielleicht ab und zu daran erinnert werden, dass Oberschwaben nicht in Sibirien liegt!

Bezüglich der Regeldichte und Bürokratie möchte ich noch zwei Gebiete erwähnen, und zwar: die Überlastung der Ärzte und Apotheker mit bürokratischen Aufgaben (ein befreundeter Apotheker hat mir kürzlich erzählt, dass er inzwischen eine Vollarbeitskraft benötigt, um mit dem ganzen Bürokram zurechtzukommen).

Als ein weiteres Beispiel möchte ich das Anti-Diskriminierungsgesetz nennen. Es kommt zwar von Europa, wurde aber zum Teil auf der dritten Ebene durch deutsche Bürokraten initiiert. Der neueste bizarre Vorschlag auf diesem Gebiet besteht in der Forderung nach der Anonymisierung der Bewerbungen, um dadurch mögliche Bevorzugungen zu vermeiden!

All diese Dinge zusammengenommen erhöhen natürlich unsere Kosten und verringern unsere Handlungsgeschwindigkeit. Zwei Dinge, die im zunehmenden globalen Wettbewerb eine große Rolle spielen.

Erwähnt werden muss außerdem unsere generelle Technikfeindlichkeit (siehe Atomenergie und Gentechnik). Oberschwaben entwickelt diesbezüglich teilweise spezielle Tendenzen, wie beispielsweise das Bündnis konservativ-christlicher Kräfte mit den Grünen oder auch die großen Schwierigkeiten bzw. die Hürden bei der Erschließung neuer, vernünftiger Industriegebiete. Mit dem Schlagwort »Erhaltung der Schöpfung« wird Missbrauch betrieben; man scheint zu vergessen, dass sich die Welt immer verändert hat und verändern wird! Hier gibt es ja so genannte gentechnisch freie Zonen, und es besteht zudem die Schwierigkeit, Strommasten aufzustellen, da sich die Leute vor der Strahlung fürchten und sich verstrahlt vorkommen. (Generell die Germanen und speziell die Oberschwaben waren in Mystik und Romantik eben schon immer besser als in der Klassik.) Und soweit ich weiß, haben die Oberschwaben am längsten an die Hexen geglaubt.

Deshalb mein Rat: Beobachten Sie die Dinge kritisch, bleiben Sie wachsam und überlassen Sie die Diskussion hierüber nicht nur unseren Gegnern.

Natürlich brauchen wir eine vernünftige Balance zwischen Ökonomie, Ökologie usw., aber bitte ohne ideologische Überfrachtung.

6) Nun aber wieder zurück zu den positiven Entwicklungen, unabhängig von den bereits eingangs objektiv erwähnten positiven Fakten.

Nochmals: Die ausgeprägte Mittelstands-Struktur wird sich nachhaltig günstig auf die Entwicklung von Oberschwaben auswirken. Darüber hinaus möchte ich nur stichwortartig erwähnen, dass wir eine relative politische Stabilität (und ich füge hinzu: Vernunft) haben, eine gute Mischung der Bevölkerung zwischen Tradition und Aufgeschlossenheit für Neues und im Großen und Ganzen eine gesunde Mentalität. Nach wie vor werden auch die Sekundärtugenden und Eigenschaften wie Fleiß, Realismus, Loyalität und Rücksichtnahme geschätzt. Die Oberschwaben haben im Allgemeinen wenig Sinn für politische oder sonstige Utopien.

7) Zusammenfassung

Ganz lapidar und mit Überzeugung möchte ich feststellen: Oberschwaben hat in der Zukunft gute Chancen aufgrund seiner geographischen, strukturellen und wirtschaftlichen Gegebenheiten, aber auch aufgrund der Qualität und Mentalität seiner Bevölkerung. Dies gilt zum Teil auch im Vergleich zur übrigen Bundesrepublik.

Verschiedene Entwicklungen und Tendenzen weltweit, wie ich sie eingangs erwähnt habe, eröffnen auch neue Chancen für Oberschwaben.

Um Oberschwaben aber weiter nach vorne zu bringen und die Zukunft wirklich zu meistern, sind drei Dinge notwendig:

1. Wir müssen bereit sein, die Zukunft aktiv mitzugestalten und uns auf keinen Fall nur auf unseren Lorbeeren ausruhen.
2. Die erwähnten negativen Tendenzen müssen mutiger und konsequenter bekämpft werden.
3. Wir müssen auch etwas besser lernen zu kommunizieren, was wir alles können und wollen; kurzum, wir müssen unser Marketing für Oberschwaben verbessern, damit die Bezeichnung Oberschwaben zukünftig nicht nur die höher gelegenen Region bezeichnet, sondern auch bedeutet, dass wir eben in jeder Beziehung »oben« sind.

Ich danke Ihnen für Ihre Aufmerksamkeit.

Quelle: Maucher, Helmut: »Wirtschaftliche Chancen für Oberschwaben in der heutigen Welt«, Rede anlässlich der Veranstaltung »Reden in Oberschwaben« im Mai 2010.

Bleibt euch treu!

Helmut Maucher wurde als Deutscher zu einem der wichtigsten Wirtschaftsführer der Schweiz. Im folgenden Gepräch erläutert Maucher seine unterschiedlichen Erfahrungen, die er in Bezug auf die beiden Länder gesammelt hat.

[...]
Herr Maucher, wissen Sie, was Henri Nestlé und Sie gemeinsam haben?

Lassen Sie mich überlegen. Heinrich Nestlé ist in die Schweiz gegangen und hat dort ein hervorragendes Unternehmen gegründet. Ich bin in die Schweiz geholt worden, um ein hervorragendes Unternehmen weiterzubringen. Er hat die Marke mit der Vogelmutter erfunden, die ihre Kleinen füttert. Ich habe verhindert, dass das Nest durch ein neues Logo ersetzt wurde. Beide verstanden, was Alleinstellung und Marketing bedeuten.

Beide Familien stammen aus Baden-Württemberg und beide landeten via Frankfurt, dem deutschen Hauptsitz von Nestlé, am Genfer See.

Richtig. Und wir fühlten uns in der Romandie beide sehr wohl.

Nestlé hat sogar seinen Familien- und Firmennamen mit einem französischen Accent aigu angereichert ...

... nicht wirklich. Er hat bis zum Schluss Heinrich Nestlé geheißen und wurde erst nach seinem Tod zu Henri Nestlé – eine pragmatische Anpassung an die französische Schweiz. *Why not?* Nestlé ist übrigens nie Schweizer geworden.

Aber er blieb in der Schweiz und starb in Montreux. Sie hingegen sind nach Ihrer beruflichen Karriere nach Frankfurt zurückgekehrt. Warum?

Ich liebe die Schweiz, aber es zog mich in die Nähe meiner Kinder. Und vor allem wollte ich, dass mein Nachfolger völlig frei schwimmen kann – ohne meine Präsenz im Hintergrund. Wenn die Macht übergeben worden ist, ist sie übergeben.

Wenn jemand wie Sie aus freien Stücken die Schweiz verlässt, ist der Schweizer pikiert – trotz Klagen über den hohen Anteil von Deutschen an Universitäten und Spitälern.

Die Schweizer boten mir immer wieder an, Schweizer zu werden. Ich habe einfache Grundsätze in meinem Leben: Man wechselt nicht ohne Not seine Religion, seine Frau und sein Vaterland. Wenn Schweizer das hörten, haben sie gesagt: *recht häsch.*

Apropos Dialekt: Wenn Schweizer sich bemühen, Hochdeutsch zu sprechen, klingt das in deutschen Ohren immer noch wie Dialekt – also irgendwie niedlich. Umgekehrt klingt für Deutschschweizer jeder Deutsche wie Goethe.

Leute wie Franz Blankart haben immer gesagt: Wir müssen das Hochdeutsche als gemeinsame Sprache hochhalten, aber daneben können wir weiterhin den Dialekt pflegen, der farbiger und ursprünglicher ist. Das Gleichgewicht zwischen internationaler deutscher Kommunikation und lokalem Dialekt zu wahren, daran könnte die Schweiz noch arbeiten.

Blankart hat auch pointiert auf den Schweizer Hang zum Mittelmaß hingewiesen.

Er hat gesagt, dass in der Schweiz Mittelmaß als Bürgernähe ausgegeben werde (lacht).

Sie scherzen. Mittelmaß ist des Managers Feind.

Ich empfinde die Tendenz, jedem auf den Kopf zu hauen, der über das Mittelmaß hinausragt, als Pervertierung der sozialen Gerechtigkeit.

Wirtschaftlich hat die Schweiz ihren Platz als Produktionsstandort für Qualitätsprodukte gefunden, von Mittelmaß ist nicht mehr die Rede. Und das nicht zuletzt dank herangezogener Expertise aus Deutschland. Trotzdem musste man sich zuerst daran gewöhnen, dass Deutsche mitunter die wichtigsten Schweizer Unternehmen führen.

Die Wirtschaftsräume sind enger zusammengerückt, Management ist ein internationales Gut. Das ist eine vernünftige Entwicklung, von der alle Beteiligten profitieren. Aber Sie haben recht: Dass ein Germane das größte

Schweizer Unternehmen führt, war Anfang der 1980er Jahre ein bisschen revolutionär. Ich wurde jedoch erstklassig empfangen. Das lag einerseits an mir, andrerseits an den Schweizern. Wer in die Schweiz kommt und sich über ein feindliches Umfeld beklagt, ist selber schuld. Ich bin nicht rumgelaufen wie Graf Koks, habe kein elitäres Leben geführt. Das spürten die Leute. Als ich nach Vevey kam, habe ich all die Winzerdörfer besucht, zwischen denen Nestlé damals wie ein Moloch lag, mit den Leuten ein *verre d'amitié* getrunken und gesagt: Wenn ihr ein Problem habt, kommt direkt zu mir. Das wurde sehr geschätzt.

Als Allgäuer fiel Ihnen das leicht.

Ich habe sicher ein Flair für die Mentalität der Schweizer. Wenn wir als Jugendliche betrunken waren, haben wir jeweils im Wirtshaus die Alpenländische Republik gegründet. Da gehörte die Schweiz dazu, Österreich, und nach Norden haben wir nur gefragt, ob die Preußen schon nach der Donau anfangen oder erst nach dem Neckar.

Das klingt alles sehr harmonisch. Aber Berlin und Bern streiten sich um Steuern, Baden-Württemberg und Zürich liegen seit Jahren wegen Anflügen auf den Flughafen im Disput. Das ist ein Kommunikations- und also ein Mentalitätsproblem.

Ich würde das nicht überbewerten. Wenn die Welt keine anderen Probleme als die zwischen Deutschland und der Schweiz hat, dann leben wir in einer schönen Welt. Unterschiedliche Interessenlagen unter Nachbarn gibt es immer. Es gab nun mal viele Konten in der Schweiz, die mit unversteuerten Geldern in Verbindung gebracht wurden. Ich bin gegen Steuerbetrug und habe meine Konten immer deklariert. Aber wenn die Steuern hoch sind, fragt sich natürlich einer, der 30 Jahre lang gearbeitet und viel Geld auf die Seite gelegt hat, ob er das alles wieder versteuern muss. Andererseits mussten die Schweizer erkennen, dass sich die Welt verändert hat und Steuerbetrug, Pardon: Steuerhinterziehung, heute nicht mehr möglich ist in Europa.

Die Schweiz hat das Bankgeheimnis lange wie eine Festung verteidigt und ist dann plötzlich auf vorauseilenden Gehorsam umgeschwenkt. Was sagt der strategisch geschulte Manager dazu?

Die Schweiz stand an der Wand. Es war schwierig, da wegzukommen. Deswegen hat man versucht, die Dinge zu bereinigen. Aber die Schweiz sollte klar Position beziehen: Die Verhinderung von Steuerbetrügen ist das eine, der Schutz der finanziellen Privatsphäre das andere. Der Schutz der Privatsphäre gehört nun mal zur Schweiz. Und ich sage: Schweizer, vergesst das nicht!

Wer die Privatsphäre konsequent schützt, muss damit leben, manchmal auch ein schwarzes Schaf zu schützen.

Transparenz ist gut, totale Transparenz ist eine Gefahr. Die Schweiz kann sagen: Wir sind selbstverständlich gegen Steuerbetrug, aber wir sind nicht die Polizisten der ganzen Welt. Ich habe kürzlich privat eine Geschichte erlebt, bei der ich sagen musste: Verdammt nochmal, das geht zu weit – in die andere Richtung.

Was ist passiert?

Es gab diese Geschichte mit dem Verkauf der Kärntner Bank Hypo Alpe Adria an die Bayerische Landesbank. Der Vermögensverwalter Tilo Berlin, den ich schon seit langem kenne, suchte vor ein paar Jahren Investoren, die sich mit ihm an der Alpe Adria stärker beteiligen. Ich investierte und machte beim Verkauf an die Bayerische Landesbank ein gutes Geschäft. Der Freistaat Bayern und die Bayerische Landesbank haben jedoch viel Geld verloren, was einen öffentlichen Streit auslöste. Die Bayerische Staatsanwaltschaft wollte zuerst den ehemaligen Chef der Landesbank und die Kärntner Verkäufer anklagen. Dann suchten sie bei Tilo Berlin nach möglichen Verstößen gegen das Gesetz. Sie fanden nichts. Also gingen sie einen Schritt weiter und suchten bei den Investoren. Mit der willkürlich anmutenden Begründung, dass Investoren möglicherweise ein *kickback*, also unerlaubte Provisionen, bezahlt haben könnten, wurde bei der Staatsanwaltschaft Zürich angefragt, ob man Zugriff auf mein Konto bei einer großen Schweizer Bank erhalte. Der Anfrage wurde stattgegeben, und meine Daten wurden auf der Grundlage eines fadenscheinig begründeten Verdachts herausgegeben – ohne mein Einverständnis, ich wurde erst später darüber informiert. Nun kommt der Clou: Die Österreicher haben gesagt, dass der Verdacht nicht ausreiche, um die Konti preiszugeben. Und ich habe mich gefragt: Was habe ich noch für einen Grund, ein Konto in der Schweiz zu besitzen, wenn jeder mit sehr fadenscheinigen Auskunftsgesuchen kommen und Einblick in mein Konto nehmen kann? Ich habe selbstverständlich kein *kickback* bezahlt, was inzwischen auch von der Staatsanwaltschaft bestätigt worden ist.

Die Schweiz ist verunsichert. Rhetorisch halten Wirtschaft und Politik das Bankgeheimnis hoch, faktisch schaffen sie es ab.

Das haben Sie gesagt.

In Deutschland denken viele, dass die Schweiz Deutschlands garantiertes Steuersubstrat abziehe. Es geht hier um Grundsätzliches: Darf man das dem Empfängerland anlasten?

Nein, darf man nicht. Ich habe Verständnis, wenn Firmen aus steuerlichen Gründen ihren Sitz in die Schweiz verlegen. Das ist eine freie Entscheidung. Wir können nicht den Wettbewerb und die Globalisierung bejahen und dann die Leute daran hindern, sich entsprechend zu verhalten. Die Deutschen werden sich vielleicht mal überlegen müssen, was sie tun, damit die Firmen im Lande bleiben. Aber ich kann Ihnen sagen, was ich ablehne.

Briefkastenfirmen?

Meine Ablehnung betrifft Herren wie Schumacher und Vettel, die mit einer Gemeinde einen Vertrag abschließen, wonach sie 80 Tage im Jahr im Schweizer Domizil verbringen. Sie lassen sich in der ganzen Welt als deutsche Symbolfiguren feiern und ziehen dann in die Schweiz, um Steuern zu sparen. Bei solchen Symbolfiguren, die Hunderte von Millionen haben und von ihrem Image als Deutsche leben, finde ich das zynisch und falsch.

Was würden Sie Deutschland raten, um seine relative Attraktivität für Unternehmen und Privatpersonen zu erhöhen?

Deutschland sollte sich fragen, was die Schweiz besser macht. Ob wir nun die Sozialisten oder die Bürgerlichen regieren lassen: Zu hohe Steuern sind immer ein Grund dafür, dass Leute abziehen. Die Deutschen müssten langsam begreifen, dass sie nicht alleine auf der Welt sind.

»Wettbewerb« ist in der deutschen Öffentlichkeit mittlerweile ein Reizwort. Als Guido Westerwelle unlängst von spätrömischer Dekadenz sprach, hat das ähnliche Wellen geschlagen wie das Wort »Wohlstandsmüll«, das Sie Ende 1996 benutzten. Woher kommt diese Hysterie?

Wir haben in Deutschland viele Vorteile. Wir haben eine gute Infrastruktur, wir haben gute Leute. Die Industrie hat in den letzten 10 bis 15 Jahren ihre Hausaufgaben gemacht. Deswegen sind deutsche Firmen weltweit erfolgreich. Ich pflege zu sagen: Die Deutschen waren in der Romantik immer schon besser als in der Klassik. Die Mystik ist in Deutschland entstanden, die Jugendbewegung war am stärksten, die Pietisten im Schwabenland. Bei aller Tüchtigkeit haben wir eine leichte Verstiegenheit. Was diese mentale Seite, die Überregulierung und die Planungszeiträume betrifft: das ist nach wie vor zu kritisieren. Die technologischen Vorsprünge, die wir heute in Deutschland auf vielen Gebieten haben, werden sukzessive kleiner. Die Chinesen lernen jeden Tag ein Stück dazu, wie man präzise Maschinen baut.

Den Leuten in Deutschland und in der Schweiz geht es ja nach wie vor gut. Es fehlt der Leidensdruck.

Die Wohlstandsgesellschaft ist ein junges Phänomen! Die Menschheit hat 100 000 Jahre lang jeden Tag kämpfen müssen, um nicht zu hungern, nicht zu frieren und nicht von Löwen gefressen zu werden. Diese Unsicherheiten haben wir Stück für Stück beseitigt. Fritz Gerber, der frühere Chef von Roche, hat mir erzählt, wie seine Urgroßeltern aus dem Emmental nur einen einzigen Sohn ernähren konnten. Den anderen Kindern wurden 20 Franken in die Hand gedrückt, um sie dann nach Amerika zu schicken.

Das ist lange her!

Deutschland und auch die Schweiz haben sich enorm entwickelt. Gott sei Dank. Nur, wenn wir jetzt alle zu Softies werden und jemand eine Versetzung von Frankfurt nach München ablehnt, weil er in Frankfurt im Tennisclub ist, dann muss man sagen: Das sind keine Leute mehr, mit denen man die Welt gewinnen kann.

In der Schweiz lässt sich ein ähnliches Wohlstandsdenken feststellen. Ist die Schweiz einfach ein verspätetes Deutschland?

Sie ist in vieler Hinsicht anders, aber manche Tendenzen sind ähnlich. Wir hatten eine *association du personel* auch ohne entsprechende Regelung im

Schweizer Betriebsverfassungsgesetz. Das ist gut so. Die Schweiz sollte also ab und zu nach Deutschland gucken und nicht die Fehler machen, die Deutschland gemacht hat.

Ist Deutschland der Schweiz voraus – im Guten wie im Schlechten?

Deutschland will aus historischen Gründen stets zu den besten demokratischen Schülern gehören, das sorgt für eine manchmal etwas überhastete Politik. Die Bürgerrechte wurden so weit getrieben, dass partikulare Interessen heute fast alles blockieren können. Phänomene wie »Stuttgart 21« gibt es in fast jeder deutschen Großstadt, wenn heute neu gebaut wird. Berlin will seit 15 Jahren einen richtigen Flughafen auf die Beine stellen, und bei der Erweiterung des Flughafens in Frankfurt wurden alle Murmeltiere in der Gegend untersucht und geschaut, ob Schmetterlinge ihre Landung allenfalls um fünf Meter verschieben müssen. Die Mischung aus partikularen Interessen und irrationaler Ökologie verhindert vieles. Wilhelm Röpke, der zu meinen meistgeschätzten Ökonomen gehört, sagte treffend: »Jedes System stirbt an seinen eigenen Übertreibungen.«

Die chinesische Regierung macht das Gegenteil: Wenn sie einen Staudamm bauen will, werden Tausende von Menschen umgesiedelt. Das kann es auch nicht sein.

Das geht selbstverständlich zu weit. Aber selbst in Frankreich, Großbritannien und in den USA geht es viel schneller als in Deutschland – das gilt sowohl für staatliche Infrastrukturprojekte als auch für private Fabriken. Im Nahen und Fernen Osten wächst derweil nicht nur die Bevölkerung, sondern auch der Wohlstand.

Sie sind bereits früh in diese Länder gegangen und haben Vevey als eine Globalisierungsplattform aufgebaut.

Ich habe immer versucht, die Welt zu verstehen. Ich habe bei Nestlé klar gesagt: Wir sind multinational, wir verkaufen an die ganze Welt, haben Mitarbeiter und Aktionäre aus der ganzen Welt. Entscheidend ist nicht der Pass, sondern ob jemand zu unserer Unternehmenskultur passt. Wenn wir in Brasilien tätig sind, passen wir uns an Brasilien an und wollen niemandem einen anderen *way of life* aufdrängen. Gleichzeitig habe ich als Deutscher immer betont: Nestlé ist ein Schweizer Unternehmen mit Schweizer Ursprung. Wir haben eine Schweizer Kultur und pflegen Schweizer Tugenden. Das ist nicht nur richtig, es ist auch ein Imagevorteil, den wir gegenüber Konkurrenten haben.

Die Schweiz muss darum kämpfen, auf internationaler Bühne Wirtschaftskraft in Macht umzusetzen, Deutschland muss seine wahre Macht innerhalb der EU kaschieren. Was ist besser?

Meine Erfahrung ist, dass man besser bei der Wahrheit bleibt. Man kann sie besser oder schlechter erzählen. Für unsere Kommunikationspolitik habe ich eine leicht abgeänderte Form des Kant'schen Imperativs gebraucht: *Tue nichts, was nicht morgen in der Zeitung stehen kann.* Das heißt nicht, dass ich will, dass das morgen drin steht. Aber wenn es drin steht, soll man es vertreten können. Wenn ich Macht habe und das verneine, glaubt mir niemand. Die Deutschen sollten vernünftig mit ihrer Macht umgehen, aber auch sagen: Wir übernehmen auch die Verantwortung. Und den Schweizern kann ich nur raten: Bleibt, was ihr seid, und verteidigt eure Haltung. Ihr habt Erfolg damit gehabt, die passt zu eurem Land, zu seiner Größe und Struktur. Gebt nicht aus Opportunismus alles auf.

Quelle: Rittmeyer, Florian: »Bleibt euch treu«, in: *Schweizer Monat* (Sonderdruck Nr. 4), Ausgabe Oktober 2011.

Erziehung für die Zukunft – Gedanken eines Unternehmers

Maucher äußert in diesem Vortrag seine allgemeinen Ansichten über Erziehung. Er spricht über die Trends der Zukunft, welche Kenntnisse erforderlich sind, um in Zukunft bestehen zu können, und darüber, welche Widersprüche dahinsichtlich heutzutage bestehen.

Ein Jubiläum ist nicht nur Anlass zum Feiern, sondern der richtige Augenblick, sich über die Zukunft Gedanken zu machen. Deshalb hat mich die Schulleitung gebeten, heute zum Thema »Erziehung für die Zukunft« zu Ihnen zu sprechen. Heute redet kein Pädagoge, kein Fachmann und kein Lehrer zu Ihnen, sondern jemand mit einer ganz anderen Erfahrung und Verantwortung. Doch Erziehung ist ein Thema, das uns alle interessieren sollte, weil es einen großen Einfluss darauf hat, wie sich die Zukunft gestalten wird. Meine Gedanken habe ich in zwölf Themen gegliedert.

1) Als unternehmerisch und wirtschaftlich denkender Mensch stelle ich mir natürlich zunächst die Frage: Was kann Erziehung überhaupt bewirken? Wir wissen inzwischen durch die Wissenschaft immer mehr, wie stark wir durch die Vergangenheit und durch unser Erbgut geprägt sind, und dass einige Philosophen früherer Jahrhunderte eben nicht Recht hatten, wenn sie von einer *tabula rasa* ausgingen und meinten, nur Erziehung und Gesellschaft würden den Menschen formen. Von daher hat die Erziehung ihre Grenzen, was aber den Wert und die Bedeutung der Erziehung in keiner Weise einschränkt. Wir müssen auch wissen, dass natürlich viele andere Einflussfaktoren auf den jungen Menschen einstürmen: seine Umgebung, die Medien, der Zeitgeist, die Gemeinschaft, in der jemand lebt, das Vereinsleben, der Sport, die kulturellen Einflüsse usw. Natürlich ist es wichtig, dass die Eltern ihre Verantwortung in der Erziehung wahrnehmen. Die Entwicklung eines jungen Menschen kann sicherlich am besten gedeihen, wenn Eltern, Schule und viele Institutionen zusammenwirken und sich in der gleichen Richtung bemühen.
2) Wenn wir über Erziehung für die Zukunft sprechen, müssen wir natürlich auch eine Vorstellung davon haben, wie diese Zukunft aussieht. Dazu nur einige wenige Anmerkungen:
   - Die Bedeutung der modernen Kommunikations- und Informationstechnologie wird noch einmal gewaltig zunehmen und auch unser Leben verändern. Diese Technologien machen die Welt immer mehr

zu einem globalen Dorf mit all den damit verbundenen Auswirkungen auf unsere gesellschaftlichen und politischen Institutionen und unser Zusammenleben. Andere technologische Entwicklungen, wie beispielsweise die Biogenetik, neue Energiequellen oder die Hirnforschung, tragen das ihre dazu bei.

- Diese Entwicklungen gehen immer schneller vor sich: Mindestens alle zehn Jahre verdoppelt sich unser Wissen, und 90 % aller Wissenschaftler, die auf der Erde gelebt haben, leben heute!
- Darüber hinaus gibt es enorme demographische Entwicklungen (starke Zunahme der Bevölkerung in den heutigen Entwicklungsländern mit einem hohen Anteil an jungen Menschen, mehr oder weniger starke Stagnation der Bevölkerung in den industriellen Ländern mit einem ständig zunehmenden Anteil von älteren Menschen). Wir wissen auch, dass beispielsweise in den nächsten Jahren die Zunahme des Weltsozialproduktes zu 50 % aus Asien kommt, unabhängig von den derzeitigen Krisenerscheinungen. All dies bringt gewaltige, strukturelle Verschiebungen der relativen Anteile von Bevölkerung und wirtschaftlicher Stärke in den verschiedenen Teilen der Welt mit sich sowie ein stärkeres Weltbewusstsein.
- Gleichzeitig entsteht ein neuer Wunsch nach regionaler und persönlicher Identität als Kompensation für diese Entwicklungen.

3) Ein wichtiger Faktor in der Erziehung – das soll auch hier gesagt sein – ist natürlich die Qualität der Lehrer und ihr Engagement für die Belange der Erziehung und für die jungen Menschen. Das erfordert von den Lehrern viel Einsatz, eine ständige Aktualisierung ihrer Kenntnisse, eine Beobachtung der Strömungen dieser Zeit und deren dosierte und vernünftige Einbeziehung in den Unterricht. Sicher haben es jene Lehrer leichter, die Persönlichkeiten und nicht nur Fachleute sind, und sicher hat die Gesellschaft viele Gründe, die Leistungen der Schule und der Lehrer anzuerkennen und zu honorieren. Nur am Rande möchte ich erwähnen, dass auch die Schulen ihre Effizienz und Wirtschaftlichkeit mittels der heutigen Mittel der Kommunikation und der Informationstechnologie (PC) erhöhen müssen.
4) Wir müssen uns auch die Frage stellen, was wir lernen sollen, welche Prioritäten wir setzen, und welche Kenntnisse für die Zukunft notwendig sind. Ich kann darüber heute keine langen Ausführungen machen und möchte diese den Experten überlassen; außerdem hängt dies von den unterschiedlichen Schultypen ab, welche die Jugend auf verschiedene Berufe usw. vorbereiten. Das Folgende scheint mir jedoch wichtig zu sein:

- Neben dem Spezialwissen müssen auch allgemeine Kenntnisse über unsere Welt vermittelt werden.
- Ferner ist es wichtig, dass Grundkenntnisse, beispielsweise im Rechnen und Schreiben, sowie ein solides Allgemeinwissen im Lehrstoff wieder stärker betont werden (11 % der Deutschen glauben, dass sich die Sonne um die Erde dreht, 9 % sind sich nicht sicher).
- Die Beherrschung der Sprache ist wichtig; und heute gilt dies nicht nur für eine Sprache, sondern für viele Sprachen, weil wir sonst nicht international kommunizieren können.
- Jeder Bürger sollte politische Grundkenntnisse und auch Interessen haben und die wichtigsten Grundsätze unserer Verfassung kennen. Das gehört schließlich auch zum mündigen Bürger, der ja immer wieder zur Wahl oder zu anderen Entscheidungen aufgerufen wird. Im Übrigen wäre es auch schön, wenn man in den deutschen Schulen wieder Text und Melodie der Nationalhymne lernen würde, wie es in allen anderen der Fall ist.
- Besonders in den weiterführenden Schulen sollten die jungen Menschen mit den wichtigsten wissenschaftlichen und kulturellen Entwicklungen vertraut gemacht werden. Dazu gehören auch die Kenntnis der Wirtschaft und das Wesen einer sozialen Marktwirtschaft (manchmal ist es erstaunlich, wie wenig selbst relativ gebildete Menschen wissen).
- Alle Facetten der modernen Informationstechnologie werden immer wichtiger.
- Für die weltweite Zusammenarbeit müssen die jungen Menschen ein Verständnis auch für andere Kulturen entwickeln. Man sollte ein Interesse für die eigene kulturelle Entwicklung ebenso wie ein generelles Interesse für kulturelle Belange wecken.
- Die zunehmende Globalisierung erfordert, dass wir die ganze Welt kennen und nicht nur Oberschwaben, Baden-Württemberg, Deutschland oder Europa. Aber natürlich sollte man vielleicht auch Oberschwaben wieder kennen, bevor man alle Orte von Mallorca kennt.

5) Wir müssen uns meines Erachtens auch wieder offen dazu bekennen, dass Haltungen, Einstellungen, Wertmaßstäbe und Ähnliches wichtig sind. Wir müssen darüber nachdenken, wie wir unser Gemeinwesen und unsere Gesellschaft gestalten, wie wir zusammenleben, und wie wir miteinander umgehen.

Der Präsident des Deutschen Lehrerverbandes hat kürzlich einmal gesagt:

»Schulpolitik im Bermuda-Viereck zwischen Rousseau, Skinner, Markuse und Greenpeace: das heißt, zwischen Gleichheitsutopie, Machbarkeitswahn, Lustprinzip und Untergangsalarmismus. In diesem Viereck gehen Persönlichkeitsentfaltung, Realitätssinn, Anstrengungsbereitschaft und Lebensfreude allmählich verloren.«

6) Zu diesem Themenkreis gehören auch die richtige Balance zwischen Individualität oder Egoismus und Gemeinschaftssinn, zwischen dem richtigen Verständnis von Gleichheit (im Sinne von Chancengleichheit, Freiheit und freie Entfaltung) und den Grenzen der Freiheit (im Sinne von Bindung und Verantwortung usw.). Dazu zwei Zitate, über die es sich nachzudenken lohnt.

Das eine stammt von dem berühmten englischen Philosophen Hobbes, der schon vor 300 Jahren gelebt hat; es lautet: »*Freiheit bedingt Einsicht in die Notwendigkeit.*«

Und das andere ist von Goethe, aus seinem berühmten Gedicht *Natur und Kunst*; der letzte Teil lautet: »So ist's mit aller Kunst wohl auch beschaffen, vergebens werden ungebundene Geister nach der Vollendung reiner Höhe streben. Wer Großes will, muss sich zusammenraffen; in der Beschränkung zeigt sich erst der Meister, und das Gesetz nur kann uns Freiheit geben.

7) Heute wird auch viel über die Erziehung zur so genannten sozialen Kompetenz gesprochen. Das ist im Prinzip richtig, wenn damit wirkliches soziales Verhalten und nicht abstraktes, kollektives, sozialistisches Gebaren gemeint ist. Das soziale Verhalten fängt bekanntlich zuhause und in der nächsten Umgebung an und kann nicht durch demonstrative Deklarationen zu Problemen ersetzt werden, die sich irgendwo einige tausend Meilen von uns entfernt abspielen.
8) Bei der heute weit verbreiteten Anspruchshaltung und dem Verlangen nach totaler sozialer Fürsorge müssen wir die jungen Menschen auch wieder dazu anhalten, mehr Mut zu Eigeninitiative und Selbsthilfe zu entwickeln. Wir sind sicher alle für ein soziales Netz für die Bedürftigen, die Schwachen und Alten, aber ich bin gegen eine soziale Hängematte. Der Staat darf kein Selbstbedienungsladen werden, der zum Teil von den gleichen Leuten gefordert wird, die andererseits ständig für den mündigen Bürger plädieren.
9) Wir müssen uns in den Schulen auch einige Widersprüche bewusst machen. Ich meine damit beispielsweise folgendes:
   - Wir bewegen uns in Richtung einer Dienstleistungsgesellschaft, wobei die Dienstleistungsmentalität zugleich abnimmt.

- Wir befinden uns bereits mitten in einer Kommunikationsgesellschaft, und gleichzeitig nimmt die Fähigkeit, ein echtes Gespräch zu führen, ab.
- Wir müssen den Menschen auch wieder klarmachen, dass die Wahrnehmung von Rechten auch die Erfüllung von Pflichten bedeutet.

10) Im Rahmen der bereits erwähnten Beschleunigung der technologischen Entwicklungen und der vielen Veränderungen auf der ganzen Welt muss die Jugend zur inneren Bereitschaft erzogen werden, mit diesen ständigen Veränderungen zu leben und sie bewusst zu verarbeiten. Dazu gehört auch der Wille und die Bereitschaft, das Lernen nicht mit der Beendigung der Schule abzuschließen, sondern zu wissen, dass wir heute ständig lernen und uns auf neue Situationen einstellen müssen. Auch dies muss Bestandteil der zukünftigen Flexibilität werden, da so auch ein Beitrag an das heutige ernste Problem der Arbeitslosigkeit geleistet werden kann.
11) Wir müssen den festen Willen haben, diese Zukunft zu begreifen und mitzugestalten, aber gleichzeitig auch unsere Geschichte zu begreifen und bewusst anzunehmen. Ein berühmter Philosoph unserer Zeit, Bodo Marquardt, hat einmal gesagt: »*Zukunft braucht Herkunft*«. Deshalb brauchen wir auch eine offene Diskussion und hoffentlich wieder mehr Konsensus über Grundwerte, moralische Fragen im weitesten Sinne und den Sinn von Rechtsstaatlichkeit. Wenn wir uns weiter in Richtung »permissive society« oder nach dem Slogan »anything goes« bewegen, dann wird diese Gesellschaft oder Europa im globalen Zusammenhang keine Rolle mehr spielen und in die Gefahr der Selbstzerstörung laufen.
12) Von besonderer Bedeutung ist heute das Verständnis für moderne Technologien und für Umweltfragen. Hier geht es auch darum, irrationale Einstellungen, Technologiefeindlichkeit und zum Teil wissenschaftlich nicht begründete Ängste abzubauen, und zugleich den verantwortungsvollen Umgang mit Technologie und Umwelt zu fordern. Angst ist ja ein typisch deutsches Wort, und diese Angst hängt teilweise damit zusammen, dass die Dinge heute komplexer, abstrakter, und nicht mehr so einfach zu begreifen sind wie früher.

Meine Damen und Herren, lassen Sie mich zusammenfassen:

1. Erziehung kann nicht alles leisten, aber sie kann wesentlich zur Hebung des qualitativen und auch persönlichkeitsbezogenen Niveaus der Bürger beitragen, einschließlich ihrer Haltungen, Einstellungen und ihrer Verantwortung.

2. Das Erlernen von Kenntnissen muss ausgerichtet sein am zukünftigen Bedarf. Wichtig sind hierbei neben den rein fachlichen Kenntnissen das Erfassen von allgemeinen Entwicklungen und Zusammenhängen von Politik über Wirtschaft bis hin zu Kultur, Wissenschaft und Globalisierung.
3. Eine gute Erziehung setzt fähige Erzieher, gute Schulen und intakte Elternhäuser voraus. Hierbei muss man wissen, dass die Jugend von heute die Eltern von morgen sind, und dass wir keine guten Schulen bekommen, wenn wir diese Schulen nicht finanziell vernünftig ausstatten, ihre Leistungen anerkennen und von den Erziehern neben den fachlichen Kenntnissen auch Engagement für die Belange der Erziehung verlangen.
4. Erziehung muss auch dazu beitragen, dass wir wieder vermehrt Konsens über Grundwerte, Einstellungen und Haltungen einschließlich moralischer Fragen im weitesten Sinne erreichen.
5. Letztlich muss es das Ziel der Erziehung sein, junge Menschen in die Lage zu versetzen, die Zukunft besser begreifen und dadurch optimal gestalten zu können. Dazu gehören auch die Kenntnis unserer Geschichte und die Anerkennung und der Respekt von Werten und Erfahrungen, die sich in der bisherigen Geschichte der Menschheit als nützlich, sinnvoll und vorteilhaft erwiesen haben.

Lassen Sie mich in diesem Zusammenhang aus einem Artikel von Herrn Gerhardt, dem derzeitigen Leiter der FDP, zitieren:

»Wer nicht ein Mindestmaß an Geschichte in der Schule angeboten bekommt, wird Probleme bei der Bewertung von Entwicklungen haben und sich nur schwer in Deutschland und der Welt zurechtfinden. Wer nicht ein Mindestmaß an Fremdsprachenkenntnissen erwirbt, wird in der Kommunikation in einer immer internationaler werdenden Gesellschaft Nachteile spüren. Wer nicht ein Mindestmaß ungeschmälertes naturwissenschaftlich-mathematisches Angebot in der Schule erfährt, wird in unserer Gesellschaft mit ihren technischen Entwicklungen und ökologischen Herausforderungen immer weniger begreifen. Wer nicht ein Mindestmaß an Umgang mit den Technologien erlernt, wird schnell zum Verlierer der Informationsgesellschaft und auf dem Arbeitsmarkt. Wer nicht ein Mindestmaß an Erziehung zu Toleranz, zu Demokratie und zum sozialen Handeln erhält, wird unserer Gesellschaft und ihren Werten und der Wahrnehmung von Verantwortung gleichgültig oder ablehnend gegenüberstehen.«

Zusätzlich möchte ich dem noch hinzufügen: Wer nicht ein Mindestmaß an Kenntnissen über Wirtschaft und Marktwirtschaft hat, wird sich immer wieder von vordergründigen Parolen verführen lassen.

Sonst möchte ich diesem Zitat eigentlich nur noch ein Wort von Goethe hinzufügen, das in seiner Kürze fast alles über Erziehung sagt. Es heißt: *»Wir müssen der Jugend zwei Dinge mitgeben, nämlich Wurzeln und Flügel.«*

Wenn wir diesen Spruch vollständig erfassen, begreifen und beherzigen, werden wir als Lehrer, Eltern und Verantwortliche in dieser Gesellschaft schon vieles besser machen.

Ich gratuliere dem Wirtschaftsgymnasium in Wangen zu seinem 30-jährigen Bestehen und wünsche ihm viel Erfolg bei seinem Bemühen, einen wichtigen Beitrag zu leisten für die Erziehung unserer Jugend und damit für die Gestaltung unserer Zukunft.

Quelle: Maucher, Helmut: »Erziehung für die Zukunft. Gedanken eines Unternehmers«, Vortrag am Wirtschaftsgymnasium Wangen im Oktober 1998.

Teil 3

Helmut Maucher und Fredmund Malik im Gespräch

Gedanken über Management und Wirtschaft

Es folgt speziell für den Zweck dieses Managementwerks ein Gespräch aus dem Jahr 2012. Helmut Maucher und Fredmund Malik unter der Leitung von Farsam Farschtschian, der die Managementansätze und Denkschulen von Maucher und Malik bestens kennt und diese Ansätze als Autor in seinen eigenen Büchern dementsprechend ausgearbeitet und hervorgehoben hat.

Einführung in das Gespräch

Farschtschian: Die folgende Debatte, ein besonderes Gipfeltreffen zwischen Fredmund Malik und Helmut Maucher, soll der heutigen Managergeneration »als Leuchtturm für Seeleute im Sturm« dienen. Dies scheint gerade im aktuellen wirtschaftlichen Kontext und in Anbetracht der derzeitigen Turbulenzen wichtig.

Die aussagekräftigen Quellen dieses Werkes werden im Rahmen dieses Dialogs durch den Austausch beider Koryphäen zu wesentlichen Fragen über Management und Wirtschaft ergänzt und abgerundet.

Besonders interessant ist, dass teilweise zum ersten Mal auch Themen zur Sprache kommen, die zwar von größter Wichtigkeit sind, über die bis heute im Allgemeinen kaum geschrieben wurde. Vielleicht rührt dies daher, dass gewisse Dinge für Maucher so selbstverständlich sind, dass er es nie als etwas Besonderes genannt hat und es daher in der Vergangenheit nie zur Sprache kam. Genau so, wie es jemandem nicht bewusst ist, eine besondere Stärke zu besitzen, weil es einem so leicht fällt als sei es das Gewöhnlichste auf der Welt. Wie Professor Malik es treffend sagt: »*Das Offenkundige ist nicht so offenkundig.*«

Ich habe über die letzten Jahre in zahlreichen persönlichen Gesprächen die Ansichten und auch die Entwicklungen beider Persönlichkeiten eng verfolgen können. Beim genauen Betrachten haben Maucher und Malik über die meisten der wirklich wesentlichen Fragen sehr ähnliche oder die gleichen Ansichten. In der folgenden Niederschrift unseres Gesprächs wird gut ersichtlich, dass sich die Meinungen der zwei Persönlichkeiten in gewissen Fragestellungen jedoch, prima facie, stark unterscheiden. Beim Ausdiskutieren der Fragen hingegen ist aber festzustellen, dass beide schlussendlich zu sehr ähnlichen Resultaten kommen, jedoch auf verschiedenen Wegen.

Die Gesprächsteilnehmer sind:

- Helmut Maucher, einer der erfolgreichsten und vorbildlichsten Unternehmensführer, der fast zwei Jahrzehnte lang an der Spitze des Branchenprimus Nestlé gestanden hat. Herr Maucher hat stets nachhaltig für das Unternehmen gedacht und gehandelt. Er ist nie den Irrtümern des Zeitgeistes verfallen und hat Nestlé zu einem der führendsten Weltkonzerne ausgebaut.
- Professor Fredmund Malik, der führende Managementvordenker, der mit seiner Denkschule eine ganze Generation von Managern prägt. Er ist einer der angesehensten Berater, Wissenschaftler, Unternehmer und Bestsellerautoren, der von Peter Drucker als »der führende Managementexperte in Europa« und »die wichtigste Stimme – in Theorie und Praxis des Managements« bezeichnet worden ist. Er hat die Herausforderungen, die auf die Unternehmen zugekommen sind, immer im Voraus klar gesehen.

Folgende Schwerpunktthemenkreise sollen hier nun besprochen werden:

1. *Corporate Governance, Unternehmensorganisation und Strategie*
2. *Wirksames Management und Führungsalltag*
3. *Politik, Wirtschaft und Gesellschaft*

Corporate Governance, Unternehmensorganisation und Strategie

Shareholder Value und Unternehmensführung

Farschtschian: Lassen Sie uns mit der angelsächsischen Corporate Governance beginnen. Sie beide, Herr Dr. Maucher und Herr Professor Malik, haben das Shareholder-Value-Prinzip schon sehr früh kritisiert. Warum, glauben Sie, ist dieses Prinzip eine Fehlleitung der Unternehmensführung?

Maucher: Wir haben ja, sagen wir, leicht unterschiedliche Meinungen. Ich bin ja im Prinzip nicht gegen den Shareholder Value. Nur sind es vor allen Dingen drei Dinge, die dabei total schief gelaufen sind. Das ist der Grund dafür, dass ich den Shareholder Value genauso kritisiert habe wie Professor Malik.

Erstens, der Shareholder Value ist ein Endprodukt. Ich kann aber in der Zielsetzung nicht mit dem Endprodukt anfangen, sondern muss über das Unternehmen sprechen, und erst dann, wenn das gut geführt wird – das heißt erfolgreich auf lange Sicht –, steigt komischerweise auch der Aktienwert. Aber man hat das Pferd vom Schwanz her aufgezäumt. Das ist der erste Punkt.

Zweitens, was ich besonders kritisiert habe, ist, dass mit dem Shareholder Value die Kurzfristigkeit im Denken noch verstärkt worden ist. Ich habe diese Leute Shareholder-Value-Fetischisten genannt. Kurzfristigkeit im Denken und Handeln ist in vielen Fällen langfristig falsch.

Und Sie, Herr Malik, haben in Ihrem zuletzt erschienenem Buch über Strategie gesagt, was sonst noch niemand so richtig gesagt hat: Auch wenn Leute aktuell einen großen Gewinn ausweisen, sagt das überhaupt nichts darüber aus, wie gut das Unternehmen ist – vielleicht laufen die Ansätze für die Zukunft schon in eine total andere Richtung, oder sie sind eben nur mit dem glücklich, was heute und morgen an Gewinn entsteht. Also in dem Moment, in dem man über Aktien, Erfolge, Gewinn oder Return on Investment für die Aktionäre nachdenkt, hat der Unternehmer die Verantwortung, die Sache

langfristig zu sehen. Wie ich immer gesagt habe, wollen wir ja nicht nur eine Schlacht gewinnen, sondern einen Krieg. Wir müssen langfristig denken, und wenn man langfristig denkt, verbietet sich automatisch ein Haufen von Blödsinn, der aufgrund des kurzfristigen Denkens heute gemacht wird. Wenn ich Marketing kurzfristig betreibe, die Preise senke und kein Geld mehr für Werbung ausgebe, um jetzt, während der nächsten zwei Jahre, Gewinn zu erzielen, ist dies für das Unternehmen eine Katastrophe. Mein Kritikpunkt an der ganzen Geschichte besteht also darin, dass durch das Shareholder-Value-Denken die Verengung der Sichtweise und also die Kurzfristigkeit im Denken zugenommen hat.

Und das Dritte ist der prinzipielle Punkt, dass mit dem kurzfristigen Shareholder-Value-Denken nicht nur nicht langfristig gedacht wird, sondern dass alle anderen Gesichtspunkte, die im Leben und in der Firma eine Rolle spielen, die letztlich – langfristig betrachtet – auch dem Shareholder Value dienen, total vernachlässigt werden.

Deswegen war ich gegen diese Haltung, die uns viel Ärger und Katastrophen gebracht und letztlich auch zur Finanzkrise geführt hat. Dies sind also im Wesentlichen meine drei Punkte, warum ich dagegen war. Obwohl ich im Prinzip sage: Es ist ja richtig, dass, wenn einer in eine Firma investiert hat, er auch *langfristig* eine Wertsteigerung hat; aber der Aspekt der Langfristigkeit wurde ja total auf die Seite geschoben.

Farschtschian: Der Aktienpreis sollte also eigentlich Konsequenz und nicht Ursprung des Ganzen sein …

Maucher: Ja, man soll das Pferd nicht am Schwanz aufzäumen und eben längerfristig denken.

Farschtschian: Von daher gesehen sind Sie ja absolut einer Meinung. Herr Malik, worin unterscheidet sich Ihr Standpunkt?

Malik: Wir sind diesbezüglich im Kern tatsächlich derselben Meinung; es sind vielleicht Nuancen, in denen wir uns unterscheiden. Ich will ein paar zusätzliche Dinge erwähnen. Ich beginne bei dem, was mir im Moment tatsächlich am Dringlichsten erscheint, nämlich dass man erkennt, dass eine der maßgeblichsten Ursachen für die Krise, in der wir uns jetzt befinden, tatsächlich dieser Shareholder Value ist – wegen seiner Einseitigkeit ...

Maucher: ... wegen dieser Kurzsichtigkeit.

Malik: Genau. Das ist eine der wesentlichsten Ursachen.

Maucher: Absolut.

Malik: Das hat zwar niemand so gewollt – aber es hat sich de facto so herausgestellt. Meine Position war früh die, dass ich sage, wer sich am Shareholder Value – und *nur* an diesem – orientiert, maximiert die Wahrscheinlichkeit, mehr falsche als richtige Entscheidungen zu treffen, weil er sich eben am falschen Orientierungsstern ausrichtet.

Dann stellt sich die Frage, was die Alternativen sind, und damit kommt man zu einer sehr guten Grundlage für die Unternehmensführung. Es kommt natürlich hinzu, dass man das Unternehmen mit dem Shareholder-Value-Denken den Zufälligkeiten des Börsengeschehens aussetzt. Bei boomender Börse mag das ja alles wunderbar erscheinen. Doch führt der Shareholder Value zum Beispiel zu sehr fragwürdigen Bonifizierungssystemen. Zwar bin ich immer sehr dafür gewesen (und bin es weiterhin), dass Führungskräfte sehr gut verdienen und gar noch besser, damit habe ich überhaupt nie ein Problem gehabt, mein Anliegen besteht aber darin, dass Führungskräfte eben für die richtigen Dinge bonifiziert werden. Ich bin gerade nicht für diese Kurzfristigkeit, sondern für eine langfristige Ausrichtung ...

Maucher: ... ja, für die langfristige Entwicklung.

Malik: In meiner Diktion heißt das *auf Dauer*: Ich muss heute so entscheiden, dass das Unternehmen auf Dauer erfolgreich sein kann, dass die Wahrscheinlichkeit dafür maximiert wird. Im Übrigen wird aber die Ursache der Krise, obwohl wir jetzt seit 2008 ins vierte Jahr der Krise gehen, bis heute nicht erkannt. Ich sehe nicht, dass dieser Aspekt in den Medien problematisiert wird, und bevor man dort nicht damit ansetzt, werden meines Erachtens die rein ökonomischen Maßnahmen nicht wirklich fruchten. Nicht einmal von den Banken hat man verlangt, dass sie ihre Funktionsweisen verändern; damit hätte man das ja verbinden können. Stattdessen macht man im Finanzwesen im Wesentlichen so weiter, wie man es vor der Krise getan hat. Ja, im Grunde läuft nun die Politik darauf hinaus, dass man das alte System retten will oder de facto rettet, von dem wir doch anscheinend derselben Meinung sind, dass ...

Maucher: Ja.

Malik: ... es so nicht funktionieren kann. Nun kommt hinzu, dass der heutige Shareholder – also, ich muss auch dazu sagen, dass ich natürlich dafür bin, dass Aktionäre gute Gewinne machen können – eine hervorragende Rendite hat ...

Maucher: ... ja, aber langfristig – wenn ich da unterbrechen darf –, deswegen hab' ich immer gesagt, ich bin sehr für Shareholder, aber nicht für Sharetrader.

Malik: Das ist genau der Punkt, auf den ich hinaus wollte. Der heutige Shareholder ist ja nicht mehr der frühere Eigner, der frühere langfristig denkende Aktionär, der seine Aktien im Grunde gar nicht verkaufen, sondern lieber vererben will, der deswegen eben Nestlé oder General Electric, also Blue Chips kauft, die dort wiederum richtig positioniert sind in den Pensionskassen und so weiter. Womit wir es heute aber zu tun haben – das zeigt sich an der durchschnittlichen Haltedauer von Aktien, die selbst in Deutschland jetzt unter 12 Monate gefallen ist –, sind Trader und Shareflipper ...

Maucher: Ja ...

Malik: ... oder Shareturner – oder wie immer man sie nennen will –, und damit setzt man das Unternehmen den Zufälligkeiten von Börsen und Finanzmanagern aus.

Maucher: Ja, das ist fast der wichtigste Punkt von denen, die Sie genannt haben. Es wird eben klar, dass der Börsenwert von allem Möglichen abhängt; von diesen kurzfristigen Tradern, von irgendwelchen Sprüchen von Finanzleuten, von der Presse ...

Malik: Richtig.

Maucher: ... von allem Möglichen eben. Wenn ich mich dann von dem völlig unsicheren, komischen Shareholder Value des Unternehmens beeinflussen lasse, mache ich noch mehr Fehler. Neben dem Problem des kurzfristigen/langfristigen Denkens ist es diese moderne Mentalität der Aktionäre, der Börsen, der Finanzleute und so weiter, die den Shareholder Value total verzerren beziehungsweise hoch- oder niederknüppeln kann. Das alles hat aber mit dem Unternehmensverlauf gar nichts zu tun. Das ist eine ganz wichtige Ergänzung; Sie verstehen, was ich meine?

Farschtschian: Sie, Herr Maucher, haben diesbezüglich einmal vor den Analysten gesagt: »Hopefully we share more values than the share-value.«

Maucher: Ja, mir fallen solche Sprüche ja immer beim richtigen Anlass ein.

Maucher: Und bedenken Sie, dass das mindestens so wichtig ist wie dieser Share Value.

Malik: Eben! Und von daher komme ich zum Ergebnis, dass der Shareholder Value in dieser kurzfristigen und modisch verzerrten Art und Weise verstanden investitionsfeindlich ist. Denn die Börse goutiert nicht jede Investition – auch nicht die richtige oder langfristige. Die Börse ist zudem innovationsfeindlich, weil gewisse Innovationen eben einfach länger dauern, als das Börsenpublikum Geduld hat. Daher ist das in mehrfacher Hinsicht wirtschaftsschädigend.

Maucher: Was in diesem Zusammenhang auch wichtig zu sehen ist, ist, dass in dem Moment, in dem eine Firma eine langfristige Investition oder eine Akquisition tätigt, die sich erst nach drei Jahren rentabilisiert, der Kurs runter geht, obwohl es das Beste ist, was die Firma hat tun können.

Malik: Genau.

Maucher: Daran wird ersichtlich, wie Meinungen den Share Value verzerren können, gegen die Interessen des Unternehmens. Wenn ich mich an ihm orientiere, mache ich alles falsch.

Malik: Genauso ist es. In vielen Fällen bestraft die Börse das richtige Handeln und belohnt das falsche, was sich – insbesondere bei großen Unternehmungen – als desaströs erweist. Deswegen bin ich zu der Meinung gelangt, dass wir es hier mit der – nach meinem Kenntnisstand – geschichtlich gesehen größten Fehlallokation von ökonomischen und sozialen Ressourcen zu tun haben.

Maucher: Absolut!

Malik: Man sieht das besonders am Beispiel der USA, die sich ja nun realwirtschaftlich in einer geradezu tragischen Weise heruntergewirtschaftet haben, finanzwirtschaftlich aber blühen – wobei man es dort wiederum mit dem Krebsgeschwür von nicht mehr besicherbaren Krediten, mit anderen Worten mit dem Schuldenproblem, zu tun hat. In der Finanzwirtschaft kommen zusätzlich noch zwei Probleme hinzu: Dort, wo diese Ressourcen momentan drinstecken, schaffen sie einerseits nicht wirklich Werte, sondern nur Pseudo-Werte, weil das Ganze auf einem Schuldengebäude beruht. Im Grunde kommt folglich – mit Ausnahme von Kommissionen, Anwalts- und Beratergebühren – keine Wertschöpfung dazu. Andererseits werden außerdem die besten Talente abgezogen – wenn ich an Hochschulabsolventen denke ...

Maucher: Ein anderer wichtiger Punkt!

Malik: ... die dann zu den Consulting-Companies oder ins Investment Banking, nicht aber in realwirtschaftliche Unternehmungen wollen, da diese nicht unbedingt im Vordergrund stehen.

Maucher: Genau so sehe ich das auch.

Malik: Ich denke, diese Entwicklung bedarf nun ganz großer Korrekturen. Unbedingt notwendig ist ein ganz realistisches Verständnis dessen nötig, was der eigentliche Zweck von Unternehmungen ist, oder was er sein sollte. Natürlich kann man frei entscheiden, welcher für das Unternehmen und die Führung des Unternehmens der falsche, richtige oder beste Navigationsstern ist, und was daher ein gesundes Unternehmen ausmacht. Man sollte sich die Frage stellen, was eigentlich ein gesundes, kraftvolles, auf Dauer lebensfähiges Unternehmen ist, das den Aktionären ja in der Regel sehr viel höhere Gewinne – und dabei gesunde Gewinne – beschert, die eben auch nachhaltig angelegt sind.

Maucher: Genau, ich vertrete auch Ihre Meinung.

Malik: So komme ich zum Ergebnis, dass ich ins Zentrum das gesunde Unternehmen stellen muss, und eben nicht irgendeine der Interessengruppen, da das Unternehmen sonst zum Beuteobjekt wechselnder Machtverhältnisse unter den Interessengruppen wird. Da sind einmal die Gewerkschaften, die Shareholder, vielleicht die Medien oder sonstige Gruppierungen, welche die Führung enorm erschweren. Es erfordert von den Führungskräften eine beinahe übermenschliche Kraft, um gegen all diese – und das ist etwas, was uns noch besonders interessiert, Herr Maucher – gegen diese Zeitgeistströmungen anzugehen. Daher komme ich zum Schluss, dass es das Beste ist, sich am Kunden auszurichten. Natürlich sagen dann alle: »Ja, das ist ja ohnehin banal!« – mag ja sein, dass es von der Logik her banal ist, aber es wird so in der Praxis eben seit 20 Jahren nicht mehr gemacht. Ein Unternehmen, das zufriedene Kunden hat, wird immer auch den Aktionären einen anständigen Anteil zukommen lassen.

Maucher: Ja, das ist völlig klar, weil wir uns letztlich in einer Marktwirtschaft befinden, und wenn wir niemanden mehr haben, der die Sachen haben möchte, dann haben wir von vornherein verloren.

Malik: Ja klar. Und das ist eine ganz andere Sichtweise.

Maucher: Und zweitens müssen wir Alleinstellungsmerkmale erzielen, weil wir uns in einer Competition mit vielen anderen befinden: Was können wir den Kunden bieten, was die anderen ihnen nicht bieten? Weiß man in diesen beiden Punkten nicht Bescheid, wird man keinen Erfolg haben. Ich habe in diesem Zusammenhang immer gesagt: Ihr könnt ja alles Mögliche richtig machen, aber behaltet die drei Dinge im Auge, die für mich wichtig sind: »be close to your people«, »be close to your product« und »be close to your customers«. Hat man das begriffen, kann man schon nicht mehr alles falsch machen.

Malik: Genau! Wenn man das beherzigt, gibt es noch immer Risiken, aber man macht eigentlich keine fundamentalen Fehler mehr. Das ist genau der

Punkt. Das führt auch zu einer robusten Unternehmensführung, die eben nicht von Modewellen geprägt ist.

Farschtschian: Zu welchen anderen Folgen hat der Shareholder Value Ihrer Meinung nach geführt?

Malik: Er hat – andersherum noch einmal beleuchtet – zu Bonifizierungssystemen geführt, die ihrerseits unternehmensschädlich sind. Dies wurde von den Medien speziell aufgegriffen, was zu einer neuen Wirtschaftsfeindlichkeit geführt hat; die Bevölkerung hat sich immer schwer getan, das Wirtschaften zu verstehen, aber jetzt kommen diese Neideffekte und so weiter noch hinzu.

Maucher: Verbunden mit der Mentalität vieler Manager, die ihr Verhalten nach dem Jahresbonus ausrichten.

Malik: So ist es; damit ist natürlich eine beinahe offene Einladung verbunden, außerordentliches Bookkeeping zu betreiben, um die Zahlen zu verändern. Dies hat man inzwischen erkannt und etwas eingedämmt, doch sind uns die Fälle *Enron* und wie sie alle geheißen haben nach wie vor in guter Erinnerung, oder sollten es zumindest bleiben. Wie ich ebenfalls immer wieder festgestellt habe, führt der Shareholder Value in diesem Zusammenhang auch dazu, dass ein Typus von Mensch an die Spitze der Unternehmungen kommt, der noch bis vor 20 Jahren kaum eine Chance gehabt hätte. Der gute Peter Drucker – den wir ja beide sehr schätzen, Herr Maucher – hat gesagt, er habe Aktien immer verkauft, wenn ein Finanzchef CEO geworden sei. Dies soll keine Kritik an den Finanzchefs sein, denn die brauchen wir natürlich. Ich will aber auch noch sagen, worin ich durchaus gute Wirkungen des Shareholder Value sehe. Die Finanzchefs müssen so handeln, wie sie handeln. Wenn sie aber als CEO die Allmacht haben, läuft das in der Regel nicht besonders gut. Nun hat der Shareholder Value durchaus dazu geführt, dass man sich der finanziellen Disziplin unterwerfen muss – das ist etwas sehr Positives.

Maucher: Und wie andererseits die Stakeholder-Theorien Oberhand nahmen, da habe ich gesagt: »Tut mir einen Gefallen, vergesst doch bitte den Aktionär nicht.«

Malik: ... und da ist in den Finanzwissenschaften durchaus Neues entdeckt worden: Kennziffern und so weiter. Das ist vorteilhaft, aber als Führungsprinzip ist das Shareholder-Value-Prinzip ein gefährlich fehlleitendes Prinzip.

Maucher: Ja, ich habe oft gesagt, das wenn ein Controller kommt, er ganz sicher das Unternehmen rettet, sodass es noch für weitere 3 Monate überleben wird, um es anschließend umso sicherer in die Katastrophe zu führen. Dies deswegen, weil er das langfristige Denken total vergisst und alle Investitionen, die in die Zukunft gehen, abschneidet.

Malik: Genau.

Farschtschian: Herr Maucher, wie haben Sie die Bonusthematik bei Nestlé behandelt?

Maucher: Ich habe zu meiner Zeit bei Nestlé ein Bonussystem eingeführt, das sich auch am Jahresgewinn orientierte, vorausgesetzt, dieser wird nicht durch Maßnahmen korrigiert, die langfristig wären. Wenn jemand das Jahresergebnis nur dann erzielt, wenn er eine Million Werbung kürzt oder die Sache mit außerordentlichem Bookkeeping verändert, dann habe ich gesagt, dass beides korrigiert wird. Damit habe ich verhindert, dass die ihren Jahresgewinn mit Maßnahmen erzielt haben, die langfristig schädlich gewesen wären.

Farschtschian: Viele Unternehmen berücksichtigen dies nicht.

Maucher: Eben. Diese ganze Geschichte wird noch verstärkt, weil wir heute öfters Führungswechsel haben. Wenn Leute nur zwei oder drei Jahre irgendwo tätig sind, machen sie all diese kurzfristigen Geschichten, um dann als Held abzuziehen. Sie haben nicht mehr im gleichen Maße die Langfristigkeit im Auge, wie jemand, der sagt: »Ich bin in der Firma, und da mache ich die nächsten 20 Jahre weiter« oder »Ich gehöre zur Familie X, der die Firma seit drei Generationen gehört; sie soll uns auch noch die nächsten fünf Generationen gehören.« Das heißt, dass diese Dinge, die sie alle genannt haben, über die Einstellung des Personals oder den kurzfristigen Wechsel von Führungskräften noch verstärkt werden.

Malik: So ist es, ja, und es wird damit eines der wichtigsten Regulative gekappt, nämlich dass ich als Führungskraft die Wirkungen meiner eigenen Entscheidungen ...

Maucher: ... dann bin ich schon weg ...

Malik: ... dann bin ich weg, ja. Ich kann also das Unternehmen beliebig schwer

schädigen, bin danach verschwunden und habe noch eine tolle Abfindung bekommen. Eine solche Praxis korrumpiert nicht nur diese Persönlichkeiten, es korrumpiert ihre Mitarbeiter.

Maucher: Völlig klar.

Malik: Und es hat außerordentlich schädliche Wirkungen auf die Belegschaft. Auf alle, die von den Bonusbezügen ausgeschlossen sind. Ich erlebe in dieser Beziehung viel Agonie, Vertrauensverlust, Zweifel, Mutlosigkeit, ja Aggressivität gegenüber Führungskräften. Und dann, genau dann, wenn man diese Menschen braucht, weil man produktiver sein muss, ist es sehr schwer, wieder eine gute Unternehmenskultur herbeizuführen.

Maucher: Ja, das sind alles sehr wichtige Punkte, die wir besprechen, und ich habe dieses Thema in dieser Präzision und in dieser Zusammenfassung auch nicht in meinem Buch behandelt.

Malik: Dieses ganze Shareholder-Value-Prinzip und seine Auswirkungen gibt natürlich den Medien und der Bevölkerung mit ihren Ideologien den Hebel in die Hand, gegen Führungskräfte zu moralisieren.

Maucher: Auch das ist ein ganz wichtiger Punkt ...

Malik: ... und mit der moralischen Keule vorzugehen.

Maucher: Genau, die gesellschaftliche Wirkung ist katastrophal.

Malik: Ja. Man spricht dann nämlich von den geldgierigen Führungskräften. Nun, es gibt natürlich unter Menschen auch solche, das ist klar. Und obwohl ich nie dafür war, dass man in diesem Sinne moralisiert, spreche ich doch von geldgetriebenen Menschen.

Malik: Es sind ja nun auch sehr anständige Leute dabei, die, weil sie es an den Universitäten und Business Schools nicht besser gelernt haben, tatsächlich glauben, dass das Leben und die Menschen nur aus Geld bestehen, und folglich alles in Geld bewerten. Aber so wichtig das Geld nun sein mag – das genügt einfach nicht, nicht? Denn der Wert eines Menschen würde dann der Summe der abgezinsten Lebensversicherung minus den Begräbniskosten entsprechen. So etwas ist für die Führung natürlich katastrophal.

Maucher: Geldgier oder solche Dinge sind in der menschlichen Evolution angelegt. Wenn diese durch alle diese Methoden noch stärker forciert werden, dann kommt es zur Katastrophe.

Malik: Ergänzend kommt der durch den Neoliberalismus hoch gekommene Egoismus dazu, den es in der menschlichen Natur zwar auch immer gegeben hat, doch haben Philosophen auch immer drüber nachgedacht, wie man diesen Egoismus doch so einbetten kann, dass er nicht gesellschaftsschädigend wird.

Maucher: Früher hat man durch Religionen versucht, alle diese Schwächen und Egoismen der Menschheit zu korrigieren und in Griff zu kriegen, und heute haben wir lauter Systeme, die das forcieren.

Malik: Genau. Und damit wird krasser Egoismus nicht nur als notwendiges Übel akzeptiert, sondern zur ultimativen Smartness hochstilisiert, nicht?

Maucher: So ist es ...

Malik: ... und das Gemeinschaftsgefühl der Menschen, das Bedürfnis nach gegenseitiger Hilfe ... man mag das als romantisch oder idealistisch ansehen, aber gerade in der Krise wird einem wieder bewusst, wie wichtig das ist.

Die Wichtigkeit einer langfristig angelegten Corporate Governance

Farschtschian: Die Konklusionen bezüglich des Shareholder Value führen uns zu meiner zweiten Frage. Aufgrund Ihrer Ausführungen haben wir gesehen, dass der Shareholder Value – auch wegen des Drucks der Börse und so weiter – vielfach zu kurzfristigem Handeln führt. Zudem geht aus Ihren Schriften, Herr Maucher, ja schön hervor, dass es eigentlich die Aufgabe des Aufsichtsrats ist, hier langfristige Vertrauensaspekte einzubringen. Als Leuchtturm für Seeleute im Sturm des aktuellen Wirtschaftsumfeldes wäre es interessant, wenn Sie beide uns Ihre Auffassungen hierzu kundtun würden.

Maucher: Ich sage zum Thema Corporate Governance immer: Einer der wichtigsten Punkte im Pflichtenheft des Aufsichtsrats ist es, die Langfristigkeit stärker zu betonen. Da Aufsichtsräte etwas weiter weg vom Geschäft sind und damit operativ nicht total korrumpiert werden können, kommt ihnen die Aufgabe zu, dem Management ab und zu zu sagen: »Moment mal, stimmt das denn langfristig?« Obwohl in Pflichtenheften von Aufsichtsräten alles Mögliche steht, steht dies in keinem Pflichtenheft drin – wenigstens habe ich es noch nirgends gelesen. In der momentanen Phase stellt das für mich aber eine der wichtigsten Aufgaben dar. Die Sache ist nur, dass man hierfür Aufsichtsräte braucht, die das können.

Farschtschian: Sie haben so langfristig gedacht, dass Ihre Resultate oft sichtbar wurden, als Sie schon lange nicht mehr an oberster Stelle agiert haben. Was muss geschehen, dass es dem Aufsichtsrat gelingt, dass das Management die Wichtigkeit solch langfristiger Aspekte einsieht und danach handelt?

Maucher: Bei der Auswahl im Aufsichtsrat muss stärker auf die Persönlichkeit geachtet werden. Es wird ja oft die Meinung vertreten, dass man im Aufsichtsrat Experten braucht. Ich möchte Leute, die erstens ein allgemeines Verständnis haben für eine Institution, für eine Wirtschaft, für eine Gesellschaft, für allgemeine Dinge, ohne dass sie notwendigerweise Betriebswirtschaft studiert haben. Und zweitens möchte ich Leute, die unabhängig sind, die nicht korrumpiert werden können, die nicht »bezahlt sind« und die drittens die nötige Charakterstärke haben, dann einzugreifen, wenn im Management die Dinge nicht mehr funktionieren. Leute, die sich durch Unabhängigkeit, Charakterstärke und eine allgemeine Persönlichkeit auszeichnen und ein allgemeines

Bild von der Menschheit haben. Das ist wichtig! Die Experten müssen aber natürlich im Unternehmen vorhanden sein.

Malik: Ganz wichtig.

Maucher: Ich meine, da hat immer schon ein Problem zwischen beispielsweise der Industrie und den Banken bestanden. Wir haben ja auch immer enge Verbindungen zur Credit Suisse gehabt. Und ich habe gesagt, dass es da ein generelles Problem gibt, weil ich einerseits Kunde von ihnen bin, und sie damit von mir abhängig sind, sie mich aber andererseits als Unternehmenschef kontrollieren. Deshalb müssen sie mit solchen Dingen sehr vorsichtig umgehen. Ich habe gesagt, dass wir da auf jeden Fall Persönlichkeiten brauchen, die das verkraften, weil das Banken-Know-how für den Aufsichtsrat wichtig, die Bankenmentalität aber schädlich ist. Sie verstehen, was ich meine? Nun, ich hatte das Glück mit Rainer Gut gehabt. Den konnte keiner korrumpieren, der hat eine eigene Persönlichkeit gehabt.

In meinem Präsidium habe ich Persönlichkeiten gehabt, die den Mut hatten, dann Nein zu sagen, wenn ich aus dem Ruder laufe oder anfange zu spinnen oder was auch immer, die den Schneid und die Kraft hatten, zu handeln. Ansonsten wird die Gefahr noch größer, die bei einem so mächtigen Mann an der Spitze, wie ich es war, besteht.

Farschtschian: Ihre Größe bestand ja auch darin – das steht zwar nicht in den Büchern, doch weiß ich es aus unseren Gesprächen –, Ihre eigene Macht in dem Sinne selbst einzuschränken, dass, wenn Sie eine Strategie verfolgt haben, die außerhalb von der mit dem Aufsichtsrat vereinbarten Strategie lag, Sie beim Board Zustimmung einholen mussten. Auch wenn Sie zum Beispiel Akquisitionen getätigt haben, die eine gewisse Größe überschritten, haben Sie sich selber eingegrenzt.

Maucher: Wir hatten unser Gesetzbuch, in dem stand, was gemacht werden muss. Mein Aufsichtsrat wusste aber zwei Dinge: Erstens, dass nichts verheimlicht wird, nur weil es mir unangenehm ist, das zu sagen. Das war das erste Prinzip; das zweite war, dass das, was strategisch von Bedeutung und wichtig ist – ob das nun in den Satzungen der Geschäftsordnung steht oder nicht –, mit diesem Gremium diskutiert werden muss. Drittens war klar, dass dieses engere Gremium aus unabhängigen, starken Leuten bestehen muss. Damit wird eine mögliche Gefahr, die mit einem starken Mann entsteht, bereits etwas reduziert. Also so weit von der Aufsichtsratseite her.

Eine Sache habe ich immer noch gesagt: Wenn es auf so eine Person wie mich zuläuft, wenn also jemand beispielsweise gleichzeitig Delegierter und Präsident ist – das war ich auch sieben Jahre lang –, dann muss darüber hinaus doch sichergestellt werden, dass jemand da ist, der morgen einspringen kann.

Farschtschian: Das Thema Nachfolgeplanung also ...

Maucher: Wichtig ist, dass man jemanden aufbaut, der – wenn ich aus dem Flugzeug falle – morgen übernehmen kann. Ich habe meinem Verwaltungsrat jedes Jahr einen Briefumschlag gegeben, in dem geschrieben stand, dass, wenn mir etwas passiert, ich den Herrn X als Nachfolger vorschlage. Ich kann das Unternehmen nicht in Gefahr bringen; ich kann es nicht von meinem Herzinfarkt abhängig machen. Das Thema »der mächtige Mann an der Spitze und eine sicherere Struktur« war für mich ein wichtiger Punkt.

Farschtschian: Herr Professor Malik, teilen Sie diese Meinung?

Malik: Also ich bin hier d'accord mit Ihren Aufsichtsratkriterien. Im Endeffekt glaube ich, den Mut gehabt zu haben, es sogar auf drei Dinge zu reduzieren, die Sie aber schon genannt haben, nämlich: erstens eine allgemeine, die Wirtschaft einschließende Lebenserfahrung, mit einer großzügigen Weltsicht, die hoffentlich auch mit historischen Kenntnissen untermauert ist, und zweitens die Unabhängigkeit, die Sie auch betont haben. Diese sehe ich als die unabdingbaren Basiskriterien. Wenn diese erfüllt sind, sind weitere Fähigkeiten aber sehr erwünscht.

Wenn man, wie Sie bei Nestlé, Persönlichkeiten zu gewinnen versteht, wie den Herrn Gut, der diesen potenziellen Interessenskonflikt auch aushält, und sourverän damit umgehen kann, möglicherweise auch im richtigen Moment schweigt und das nicht missbraucht, um Geschäfte zu machen und so weiter, dann ist das wunderbar. Nur kann man eben nicht immer davon ausgehen, dass die Menschen so sind.

Maucher: Nein, deswegen habe ich das als den problematischsten Punkt genannt, diese Beziehung zur »Bankindustrie«.

Malik: Ja. Dass natürlich seine Riesenerfahrung und seine überragende Kenntnis des Finanzwesens wichtig war für Nestlé, ist ja wieder klar gewesen.

Maucher: Der kannte die Dinge. Außerdem ist er praktizierender Katholik; ich meine, er hat ein Weltbild, in dem manche Sachen nicht möglich gewesen sind. Dass das so gut funktioniert, ist der Tatsache geschuldet, dass wir beide eine Art – sagen wir mal – Weltbild oder Charakterstärke hatten. Wir haben viele wichtige Entscheidungen getroffen, ohne alles mit zig Leuten zu diskutieren. Aber wir konnten uns am Abend immer im Spiegel betrachten.

Verstehen Sie, was ich meine? Wir haben auch nichts verheimlicht. Mein Aufsichtsratspräsidium ist das Wichtigste; ich meine, die anderen haben mitgemacht, aber die wussten über alles Bescheid. Ich habe gesagt, auch wenn es unangenehm ist, das musst du denen sagen, sonst verhältst du dich nicht richtig.

Malik: Eben. Ich würde gerne dann, wenn wir auf den CEO, den »starken Mann« und so weiter zu sprechen kommen, darauf zurückkommen, denn wie Herr Farschtschian schon gesagt hat, haben Sie natürlich vieles gemacht, was zwar nicht in den Satzungen steht, was aber genau das richtige Funktionieren Ihres Verwaltungsrats bewirkt hat: aus sich selber heraus ...

Maucher: Ja.

Malik: Ich möchte in erster Linie zu dem, was Sie bereits bezüglich Verwaltungsratsmitgliedern gesagt haben, noch einen Punkt hinzufügen, nämlich den Aspekt »Wissen«. Es ist zentral, das richtige Wissen über die Grundlagen der Unternehmensführung zu haben. Denn es entspricht meiner Beobachtung, dass je weniger jemand davon versteht, was als Voraussetzung erfüllt sein muss, damit es Gewinne gibt, er sich umso mehr an den Gewinn selber klammert, weil er da eine Zahl hinschreiben kann ...

Maucher: Völlig klar, ja.

Malik: ... das ist quantifiziert, das versteht man. Ich erlebe in vielen Gremien ähnlicher Art, dass diesbezüglich ein enormer Mangel an Wissen besteht und daher ein enormer Mangel an Konsens: Worüber reden wir eigentlich, wenn wir über Strategie reden? Wenn man gemeinsam weiß, das und das ist gemeint, hat man natürlich ein wunderbares Arbeiten. Aber oft haben wir bei zehn Personen häufig zehn verschiedene Strategie-Auffassungen, um das als Beispiel zu nehmen. »Was sind die wirklich wichtigen Größen?«, ist eine Frage. Ich nehme an, dass das bei Ihnen ohnehin gegeben gewesen ist, bei dieser Art von Personen?

Maucher: Ja, ich meine, das hat man nie bei allen Mitgliedern, aber ich muss es bei der Mehrheit haben. Es gibt immer Aspekte, die man aus politischen

Gründen in einen Aufsichtsrat hineinnimmt: Ich möchte eine Frau drin haben, ich möchte jemanden aus Lateinamerika haben und so weiter. Ich muss aber zumindest zur Hälfte Leute haben, die auch das nötige Wissen haben, um zu wissen, worüber sie reden, ja?

Malik: So ist es. Man braucht für Aufsichtsräte, auch wenn sie nicht vom Fach sind – und ich stimme Ihnen völlig zu, dass man keine Spezialisten braucht, denn die hat man ja im Unternehmen –, sechs Größen. Diese sind sehr wertvoll und beeinflussen untereinander auch die Bonifizierung: Man muss etwas über die Marktstellung wissen, über Qualität, über das Produkt – das, was Sie sagten –; man muss ein Minimum an Verständnis für die Preispolitik aufbringen, für die Konkurrenzlage und die Vertriebssituation eines Unternehmens. Ich fasse das einfach mal zu »Marktstellung« zusammen, Market Position. Eine zweite Sache, die häufig zu kurz kommt, ist die Innovationskraft eines Unternehmens. Diese kann man ja nicht abschließend quantifizieren; da ist viel Urteilskraft erforderlich – die mir übrigens sehr wichtig ist. Auch möchte ich noch die Fähigkeit hinzufügen, sich auch dort noch ein Urteil bilden zu können, wo man eben nicht mehr quantifizieren kann, und trotzdem handeln muss – obwohl sich dieser Aspekt aus den Punkten ergibt, die Sie bereits erwähnt haben.

Maucher: Wo man weiß, dass trotz guter Gewinne eine Gefahr in einem Unternehmen besteht.

Malik: Genau. Und dann spielt die Produktivität eine große Rolle: Jedes Unternehmen kann in der Regel besser werden – und muss dies auch jeden Tag tun. Des Weiteren ist die Attraktivität für die richtigen Leute ganz wichtig, also die Personalfragen. Dann kommen natürlich auch Cashflow und Liquidität hinzu und die Profitabilität. Gerade jetzt muss man ja auch wieder lernen, dass Liquidität unter Umständen sehr viel wichtiger sein kann als Profitabilität, weil man aus dem Markt ausscheidet, wenn sie nicht mehr gewährleistet ist. Also diese ersten vier Punkte jedenfalls scheinen mir wichtig zu sein, um eine gemeinsame Sprach- und Begriffsbasis zu haben.

Maucher: Ja, ja. Ein Punkt, den ich ergänzen möchte, ist die Einschätzung, mit welchen Risiken ein Unternehmen arbeitet. Die Risikopolitik besteht darin, zu sehen, mit wie viel Eigenkapital man arbeitet, mit wie viel Leverage et cetera.

Farschtschian: ... Da unterscheiden sich oft die Amerikaner ...

Maucher: Ich habe bei Nestlé immer gesagt: Wir machen nie das, was die Amerikaner machen. Wir wollen langfristig on the safe side sein. Ich habe als Grundsatz ausgegeben, die Fremdverschuldung könne erstens maximal bis zur Hälfte des Eigenkapitals betragen, zweitens aber nur dann, wenn wir einen guten Cashflow produzieren.

Malik: So ist es.

Maucher: Und bezüglich Risikopolitik habe ich auch immer gesagt, dass ich mit keiner Akquisition das Unternehmen gefährden werde. Ich konnte aber auch Risiken nehmen, weil ich wusste, dass Nestlé daran nicht kaputt geht. Wenn ich jedoch als Mittelständler allein davon abhänge, muss ich anders denken. Das ist einer der Vorteile von einem Großunternehmen. Die Gefahr bei einem Großunternehmen besteht darin, dass Verluste dauernd mit anderen Gewinnen zugedeckt werden, und es kein Mensch merkt.

Malik: Ja, diese finanzielle Disziplin wird von der sogenannten modernen Business-Education-Richtung, den Business Schools, als schrecklich konservativ angesehen ...

Maucher: Ja, »Leverage« war das Wort, nicht wahr?

Malik: ... dann rechnet man Ihnen vor, wie viel Eigenkapitalrendite Sie liegen lassen. Aber man sieht eben bei allen wirklich langfristig erfolgreichen Unternehmen, dass sie nie Risiken eingegangen sind, die sie umgebracht hätten.

Maucher: Eben.

Malik: Man muss eine Investition abschreiben können, wenn es sein muss, ohne dass die Firma daran zugrunde geht. Das sind Prinzipien, die man den jungen Leuten heute kaum beibringt.

Ein starker CEO an der Macht – und Alternativen

Farschtschian: Ich denke, das ist ein guter Übergang zu meiner nächsten Frage. Sie sind ja der Auffassung, dass es einen »starken Mann« braucht. Nun, bei Ihnen hat es natürlich immer gut funktioniert, weil Sie stets im

Sinne des Unternehmens – will heißen: langfristig – gedacht haben. Die Anzahl Mauchers in der Welt ist nun aber leider sehr limitiert, und man könnte argumentieren, dass die Position des CEOs zu wichtig ist, als sie mit einem einzigen Mann zu besetzen – wenn Sie nicht den richtigen Mann haben, wie einen Maucher –, dass es also eine dementsprechend gute Alternative wäre, die Macht des CEOs in mehrere Hände zu geben. Das wäre ein sehr interessantes Thema für die Leser, wenn Sie darüber debattieren könnten.

Maucher: Absolut, ja, das ist sehr interessant. Also ich habe sehr viel Verständnis für eine solche Meinung, weil sie das Unternehmen so besser absichern, weil sie weniger Risiken eingehen, weil sie die Imponderalibien mit irgendwelchen Verrückten und so weiter dadurch reduzieren. So gesehen ist das eine gute Strategie, um mehr Sicherheit zu erlangen und zum Teil auch Gedanken einbeziehen zu können, die ein Alleinherrscher so nicht bringt, ja? Denn keiner kann alles. Und das Risiko besteht eben gerade in der Frage, ob ich den Mann kriege, der vom Charakter, von der Persönlichkeit, vom Wissen und von seiner Dialogbereitschaft her die Kraft hat, das alles zu machen. Dann allerdings halte ich – und ich bin ein Beweis dafür – mein System für das bessere und zwar aus folgendem Grund: Wir stehen heute in den großen Unternehmen oft in einem großen Wettbewerb. Nehmen wir also an, ich würde bei Nestlé solch eine Führungsstruktur einführen – und das ist die zweitbeste –, die würden keine Dummheiten machen, optimieren und richtig arbeiten. Wenn ich jetzt aber bei Unilever 20 Jahre lang einen Maucher habe, dann werden Sie sehen, dass der mich nach 20 Jahren überflügelt hat, weil er dieses Plus dazu addiert, das ich in meiner mäßigen Struktur nicht erzielen kann. Und dieses Beispiel haben wir ja gehabt; ich meine, wie ich Nestlé übernommen habe, hatten wir 70 Prozent des Umsatzes von Unilever; und wie ich abgetreten bin, hatten wir 30 Prozent mehr, obwohl die auch die gleichen Produkte hatten, aber unser Gewinn höher war. Dabei ist Unilever immer anständig geführt worden. Das heißt, dass das Maucher-Plus, das nur über diese Struktur zu erzielen war, dieses Ergebnis gebracht hat.

Aber ich habe wirklich keine Lösung, weil Sie zu Recht sagen: »Ja, ich muss einen Maucher haben, Herrgott noch mal! Es müssen doch bei rund 500 Millionen Europäern 500 da sein, die diese Talente, diese Kombination von Talenten, haben, um diese Unternehmen leiten zu können.« Ich meine, Ford wäre nicht ohne Ford entstanden, die General Electric nicht ohne Welch und Nestlé nicht ohne Maucher. Das alles wäre mit einer anderen Struktur vielleicht nicht in dem Maße entstanden.

Aber auf der anderen Seite würde ich auch den meisten Unternehmen empfehlen, wie Sie es sagen, Herr Professor Malik, nicht dieses hohe Risiko einzugehen mit so einem Burschen. Wahrscheinlich würde ich zu dem Schluss kommen, dass ich sage: »Wählt einen starken Mann, gebt ihm viel Macht und viele Möglichkeiten, damit er seine Talente wirklich ausüben kann. Sorgt aber mit einem unabhängigen Gremium für eine starke Kontrolle um ihn herum.« Es gilt, in dem Moment zu handeln, in dem er irgendwelche Schwächen zeigt. So habe ich es bei mir eigentlich immer gemacht. Die haben am Schluss nicht handeln müssen, weil ich vernünftig geblieben bin.

Malik: Wir sind uns ja anscheinend einig. Ich will auch meinen Respekt vor Leistungen wie den Ihren ausdrücken, denn es gibt ja viele Beispiele, in denen große Unternehmergestalten durch ihre Kraft tatsächlich Weltunternehmen aufgebaut haben, weil sie auch das Durchhaltevermögen und die Überzeugungskraft hatten. Man denke an einen Daimler, an einen Benz und an viele viele Gründergestalten. Ob in Amerika, Japan oder bei uns hier: Ohne solche Persönlichkeiten wären große Unternehmen nicht entstanden. Nun muss man natürlich sagen, dass sie kontrolliert wurden, nicht durch ein Gremium, sondern über ihren eigenen Unternehmenserfolg. Das heißt, ...

Maucher: ... der Markt ist immer noch eine gute Kontrolle.

Malik: ... richtig! Einige sind eben gescheitert und viele sind untergegangen, aber die, die's geschafft haben, haben Hervorragendes geleistet. Wenn wir nun in der modernen Aktiengesellschaft sehen, wie das läuft, so bin ich auch durchaus Ihrer Meinung und überzeugt, dass, wenn man einen starken Mann von Ihrem Kaliber hat, dieser in dem betreffenden Unternehmen eine glorreiche Phase initiieren und das Unternehmen blühen wird. Und über den gegenteiligen Fall sind wir uns ja auch einigermaßen einig – damit ist natürlich diejenige Führungskraft gemeint, die autokratisch et cetera wird, der der nötige Charakter fehlt, die abhebt und das Unternehmen binnen Kurzem in eine bedrohliche Lage bringen kann. Nun kann man sich aber gewisse flankierende Maßnahmen vorstellen – einige sind bei Ihnen de facto erfüllt, Herr Maucher –, nämlich zum Beispiel die, dass Sie Führungskräfte bevorzugt haben, die von innen kommen.

Farschtschian: Und die dementsprechend über Jahre hinweg getestet worden sind; deren Charakter und Verhalten – auch unter schwierigen Umständen – bekannt ist.

Maucher: Genau.

Malik: Der Shareholder Value und all diese Dinge, die vorwiegend angelsächsische Art der Führung, haben dazu geführt, dass CEOs als Quereinsteiger von irgendwoher gekommen sind. Man könnte hier auch Einiges aus Deutschland anführen – wenn beispielsweise jemand, der aus dem Automobilbereich kommt, plötzlich ein Handelsunternehmen führen soll, das komplett anders funktioniert. Sie kennen das, dann ist die Gefahr sehr groß. Diese Leute sind nur kurzfristig da und innerhalb von drei Jahren kann man natürlich genügend Fehlentscheidungen treffen, um das Unternehmen in den Untergang zu treiben.

Maucher: Ich glaube, das ist ein wichtiger Punkt. Und wenn ich in meinem Unternehmen jemanden 30 Jahre lang beobachtet habe, dann weiß ich, dass bei dem in Bezug auf gewisse Sachen keine Gefahr besteht.

Malik: Ihre Personalpolitik an der Spitze bestand eben nicht darin, durch Executive Search Leute hereinzubringen, die ...

Maucher: Nein!

Malik: ... brillieren und oft auch bluffen. Sie haben die Leute 30 Jahre lang getestet, das habe ich aus Ihrer Personalpolitik entnommen. Dann bleibt Ihnen fast nichts verborgen. Es kann dann immer noch irgendeiner ...

Maucher: Es kann immer noch einer in der Midlife-Crisis mal irgendeinen Quatsch machen ...

Malik: ... verrückt werden, nicht? Ja.

Maucher: ... aber die Gefahr ist kleiner.

Malik: Genauso ist es. Und das scheint mir sehr wichtig zu sein. Das zweite, das ich aus Ihren Schriften entnehme, ist, dass Sie sich – wie Herr Farschtschian schon sagte – freiwillig, aus eigenem Entschluss, einer Kontrolle unterstellt haben.

Maucher: Ja.

Malik: Weil Sie sich einerseits sagten, dass Sie allein nicht immer der Klügste sind, dass Sie den Dialog mit anderen ...

Maucher: Genau!

Malik: ... klugen und unabhängigen Menschen brauchen, die auch nicht von Ihnen durch Bezahlung korrumpiert werden, sondern effektiv unabhängig und stark genug sind, eine eigene Meinung zu äußern. Sie haben für Ihre eigene Nachfolge vorgesorgt, falls ein Unglück passiert wäre. Sie haben eine – muss ich schon mit vollem Respekt sagen – beinahe übermenschliche Offenheit und Ehrlichkeit an den Tag gelegt. Die Versuchung, etwas zu verheimlichen, wenn es nicht so gut läuft ...

Maucher: ... ist groß.

Malik: Ja, ist natürlich gewaltig. Man begibt sich damit auch in die Hände dieser VR-Kollegen, die das ja auch ausnützen können ...

Maucher: ... ich verliere das Vertrauen. Wenn die einmal dahinterkommen, habe ich das Vertrauen verloren.

Malik: So ist das.

Farschtschian: Herr Malik, infolge des hier Besprochenen wäre es interessant, wenn Sie Ihre Vorstellung des CEO-Prinzips erläutern könnten.

Malik: Wenn alle diese Dinge zusammenkommen, dann ist das CEO-Prinzip in Form einer Persönlichkeit an der Spitze, eines »starken Mannes« – oder auch einer Frau – natürlich absolut das Beste. Das zeigt die Geschichte ganz eindeutig. Und ich glaube, wenn man diese flankierenden Maßnahmen hat und sich an diese Prinzipien hält, dann, meine ich, wird Ihr Wunsch auch in Erfüllung gehen können, dass man unter 500 Millionen Menschen ausreichend viele Führungskräfte findet, die dem entsprechen. Wenn wir uns aber auf das Headhunting, Quereinsteiger und dieses ganze CEO-Karussell, das dann eben zustande kommt, verlassen, ist die Gefährdung der großen Unternehmen sehr sehr groß.

Nur wenn der Unternehmer mit seinem eigenen Vermögen haften muss, steht er ausreichend unter Kontrolle, weil er für seine eigenen Fehler auch einstehen muss. Und dort kann die Ein-Mann-Spitze dann auch gut funktionieren. Das geht in den großen Unternehmen heute natürlich nicht mehr.

Maucher: So ist es, ja.

Malik: Es ist ja interessant zu sehen, dass in den Privatbanken einer nur an die Spitze kommen kann, der wieder als persönlich haftender Gesellschafter fungiert. Oder bei Henkel, glaube ich, war es zumindest eine Zeit lang so – ich weiß nicht, wie es heute ist. Das wiederum schränkt vielleicht die Innovationskraft eines Unternehmens ein, weil die Haftungen unter Umständen sehr groß sind.

Ich bin also sehr für das CEO-Prinzip, das Sie hier ja auch sogenannt haben: Das heißt, das Unternehmen muss schnell handeln können; es muss kraftvoll handeln können, es muss richtig handeln können. Wenn man das in einer demokratischen Art und Weise zerredet und ewig lange braucht, ist die Konkurrenz natürlich schneller, da stimme ich Ihnen absolut zu.

Maucher: So ist es, dann ist irgendeiner schneller, ja.

Malik: Nur stellt sich die Frage, ob und unter welchen Umständen dieses Prinzip in ein und derselben Person verkörpert werden kann, nicht? Das ist die entscheidende Frage. Wenn nun die Bedingungen, so wie wir sie vorher diskutiert haben, erfüllt sind, ist das mit Sicherheit der bessere Weg. Wenn man das aus einer Reihe von Gründen (familiäre Rücksichtnahmen oder so etwas) nicht erfüllen kann, halte ich diese CEOs, die von extern kommen, für ganz besonders gefährlich. Es kann natürlich auch einmal gut gehen, das kann man nicht ausschließen. Schwierig wird es insbesondere auch dann, wenn das Unternehmen in eine ganz neue Entwicklungsphase kommt, man beispielsweise die Technologie verändern muss. Wer mit der Analogtechnik in der Fotografie aufgewachsen ist, wird kaum die Digitaltechnik beherrschen. Da muss man aber auch von innen her ansetzen, oder man muss ein zweites Unternehmen gewissermaßen nebenher gründen.

Maucher: Dann kann ich mit dem nicht mehr weiterführen, ja, völlig klar.

Malik: Sie hatten auch die Klugheit und die Kraft, das Unternehmen von seinen Geschäftsdivisionen her auf die Unternehmensmission, die Markenpolitik und all diese Dinge auszurichten – da waren Sie sehr nahe am Geschäft. Sie haben mir einmal gesagt, dass Sie 60 und mehr Prozent draußen in den Märkten zugebracht haben. Darauf würde ich gerne noch zu sprechen kommen: nicht über Stabsorganisationen zu führen, das heißt, Sie waren im Grunde – wenn man so will – Mr. Nestlé, nicht?

Maucher: Ja.

Malik: Und das sind Voraussetzungen, die in den heutigen Etagen nicht ohne Weiteres erfüllt werden, nicht?

Maucher: Ja, genau.

Malik: Wo Führungskräfte sich meist weit abgehoben von den Realitäten bewegen.

Maucher: Aber wie gesagt, alles stimmt, was wir gesagt haben. Den folgenden Ausdruck, den sollte man als alter Mann nicht immer verwenden, aber je älter ich werde – ich sag's trotzdem –, desto mehr komme ich zu der Überzeugung, dass die professionellen Kenntnisse zwar wichtig sind, das Entscheidende an der Spitze aber Charakterstärke und Persönlichkeit sind. Alles andere kann ich mir auf dem Markt besorgen, aber genau da wird gefehlt. Die Headhunter, die schauen nur die Checklisten an.

Malik: Ja.

Maucher: Und genau das ist es: nicht abheben, am Boden bleiben, anständig bleiben, auch in schwierigen Situationen Charakter zeigen. Das ist die rarste, aber die wichtigste Eigenschaft, die man an der Spitze braucht.

Malik: Richtig. Und weil das so wichtig ist, stellt sich nun die Frage, welche Methoden uns dabei helfen, diese Charaktereigenschaften früh genug, stabil genug und lange genug zu erkennen. Da kommt eben das Prinzip zum Tragen, das Sie bei Nestlé hatten – ich weiß nicht, ob es das vorher auch schon gegeben hat, oder ob Sie das eingeführt haben. Ich meine die lange, lange Zugehörigkeit zum Unternehmen, die ja häufig als altmodisch angesehen wurde. Man hat von Kaminkarriere gesprochen und so weiter, um das negativ darzustellen. Ich aber halte es für extrem wichtig, Menschen zu testen, sie immer wieder mit größeren Aufgaben betrauen zu können ... Sie haben das ja, wenn ich recht orientiert bin, auch so gemacht. Und Sie hatten – im Prinzip haben wir's besprochen – eine Art, mit Ihren Verwaltungsratskollegen umzugehen, die verhindert hat, dass Intrigen aufkommen konnten.

Maucher: Ja.

Farschtschian: Ich kann vielleicht hier anfügen, dass ich damals, anlässlich unserer vorherigen Gespräche, die meisten Ihrer Boards – wie einen de Weck, einen Kalbermatten oder einen Fritz Gerber – getroffen und mit ihnen gesprochen habe, und alle haben gesagt: »Der Maucher hat uns immer informiert. Wir wussten immer, was er macht, und alles, was er gemacht hat, war vernünftig und war richtig.«

Maucher: Ja ... und es kommt noch etwas hinzu, ich habe es auch dem Verwaltungsrat leicht gemacht, mich zu entlassen. Ich habe gesagt: »Wir konstituieren uns jedes Jahr, und ich bin immer nur für ein Jahr gewählt.«

Malik: Interessant!

Farschtschian: Sie hatten auch keinen Arbeitsvertrag ...

Maucher: Die kamen auf mich zu und haben gesagt: »Welcher Vertrag?« Da habe ich gesagt: »Überhaupt keinen Vertrag. Wir konstituieren uns jedes Jahr. Dann bin ich für ein Jahr gewählt, und nach einem Jahr seid ihr völlig frei, mich ohne gesetzliche Probleme zu entfernen oder das Ganze zu verändern; aber nehmt zur Kenntnis, in dem Jahr, in dem ihr mich gewählt habt, führe ich.«

Malik: Das ist interessant. Hat sich der gesamte Verwaltungsrat nur für ein Jahr konstituiert?

Maucher: Ja.

Malik: Von Anfang an?

Maucher: Und das gilt für alle Gremien: Der Präsident, die Ausschüsse et cetera, wir haben uns jedes Jahr konstituiert.

Malik: Aber auch die Wahl selber nur für ...?

Maucher: Nein, die Wahl selber galt damals noch für fünf Jahre.

Malik: Eben.

Maucher: Und die hat mein Nachfolger jetzt mit Recht auf drei Jahre gekürzt ...

Malik: Gut!

Maucher: ... um auch da etwas früher frei zu sein. Aber früher waren es fünf Jahre gewesen.

Malik: Ich habe ähnliche Schlüsse gezogen, ohne das zu wissen: Fünf Jahre sind zu lange.

Maucher: Ja.

Malik: Man kann sich nicht trennen, wenn sich jemand im Verwaltungsrat nicht bewährt. Drei Jahre sind in Ordnung. Dann kann man das Problem durch Nicht-Wiederwahl lösen. Drei Jahre braucht man aber auch, um sich in ein Unternehmen dieser Komplexität einzuarbeiten. Was ich aber für desaströs halte, ist das, was inzwischen modern geworden ist, dass man jemanden an der Hauptversammlung oder Generalversammlung überhaupt nur noch für ein Jahr wählt.

Maucher: Ja.

Malik: Wie kann ich mich denn bei Nestlé einarbeiten?

Maucher: Da werden Rechte und Verantwortung an Generalversammlungen übergeben, die sie nicht übernehmen können.

Malik: Richtig! Also für fünf Jahre Mandatsträger zu sein, ist zu lange, drei Jahre ist in Ordnung, ein Jahr Mandatsträger zu sein, ist zu wenig lange. Aber sich jedes Jahr neu zu konstituieren, das ist natürlich eine geniale Zwillingslösung sozusagen, nicht?

Maucher: Das habe ich eingeführt. Dann sind die Leute frei, und ich bin auch frei.

Malik: Genau. Ja gut. Nur finden wir zum Beispiel im schweizerischen Aktiengesetz keine solche Lösung. Das könnte der Gesetzgeber ja hineinnehmen ...

Maucher: Natürlich, ja.

Malik: Ich hätte es von Herrn Böckli und anderen Kronjuristen des deutschen, des schweizerischen Gesellschaftsrechts natürlich schon erwartet, dass sie solche Lösungen vorschlagen. Denn wenn das im Gesetz stünde, dass man das tun muss, wäre vieles nicht vorgekommen, was dann insbesondere zu Beginn der 2000er Jahre möglich wurde.

Maucher: Das finde ich auch. Das ist so. Übrigens: Das schweizer Recht, im Gegensatz zum Deutschen, wo alles festgezurrt ist, hat zwar den Nachteil, dass man die Sache schlampig gestalten kann, hat aber auch den Vorteil, dass man die Sache je nach Personen und Situationen flexibel gestalten kann. Ich mag das schweizer Recht lieber, solange die Leute, die daran drehen, es sauber machen.

Malik: Ja.

Maucher: Wenn ich Dinge offen lasse, die anschließend zu Intrigen oder Machtkämpfen führen, da es vom Gesetz her nicht klar geregelt ist, habe ich Probleme. Aber wenn ich mich sauber in einer eigenen Geschäftsordnung bewege: Wo liegt dann die Kompetenz vom Verwaltungsrat? Wo liegt die Kompetenz vom Delegierten? Dem Präsidenten und so weiter? Wenn ich das sauber regle, kann ich es nach Personen regeln.

Malik: Eben. Es hängt genau von solch flankierenden Regeln ab, die bei Ihnen gegolten haben. Ich habe das deutsche Recht deshalb ein bisschen stärker betont als Sie, weil es die Zweistufigkeit hat.

Maucher: Und weil es das automatisch vorsieht.

Malik: Richtig. Das heißt, es kann niemand Executive sein, der sich gleichzeitig selber kontrolliert. Er hat sich einer Kontrolle – und Sie haben ja vorhin erwähnt, einer brutalen Kontrolle – dort zu unterwerfen, wo die Aufsichtsräte in Deutschland gute Leute sind. Ein Nachteil besteht, da stimme ich völlig mit Ihnen überein, in dieser strikten, eisernen Linie, wo man auf die Stärken der Persönlichkeiten nicht mehr eingehen kann. Und darum ist im Prinzip das beste eine Kombination dieser beiden Systeme. Aber Sie, bei Nestlé, hatten de facto ein zweistufiges System, dadurch dass Sie sich diesen Regeln selber unterworfen haben. So konnte man auf Ihre Stärken – beziehungsweise Sie konnten auf die Stärken der anderen Personen – hervorragend eingehen. Das ist der Vorteil des schweizer Rechts.

Maucher: Ja.

Effektives Management von Board Meetings

Farschtschian: Wie lange haben denn bei Ihnen die Verwaltungsratssitzungen typischerweise gedauert? Die haben ja anscheinend am Vorabend schon begonnen und dann …?

Maucher: Dreieinhalb Stunden.

Malik: Aber mit Anreise am Vorabend?

Maucher: Mit Anreise am Vortag; dann haben sie am Morgan auch schon die Unterlagen gelesen. Oft hat, wer schon da war, am Vorabend zusammen gegessen. Es ging dann erst um zehn Uhr los und dauerte bis eins, halb zwei. Sie haben am Morgen noch einmal zwei Stunden lesen und sich mit Kollegen unterhalten können. Sie konnten im Haus herumlaufen, wenn sie irgendjemanden sehen wollten. Das haben sie geschätzt.

Malik: Ja gut. Das würde ich etwas extensiv so interpretieren: Eigentlich haben sie fast anderthalb Tage gedauert ...

Maucher: Genau.

Malik: ... denn sie haben sich am Vorabend reichlich treffen und sich austauschen können.

Maucher: Aber man hat sich nur dreimal getroffen, plus Generalversammlung. Und natürlich hat sich der Ausschuss einmal im Monat getroffen. Wir haben uns öfter mal ausgetauscht.

Malik: Und der Ausschuss hat dann wie lange getagt?

Maucher: Im Prinzip auch etwa einen halben Tag lang. Aber die sind dann auch da gewesen. Und der eine oder andere wollte mit dem Finanzchef nochmal reden (»Ich habe die Seite 17 nicht verstanden« oder so), wollte etwas mehr wissen vom Produktmanagement, von den neuen Produkten oder solchen Dingen. Ich habe gesagt: »Geht hin! Wir haben nichts zu verbergen.«

Malik: Also hat das rein Formale vom Beginn des Protokolls bis zum Ende der Sitzung vielleicht nur dreieinhalb oder vier Stunden gedauert?

Maucher: Ja, weil ich gesagt habe, dass das zügig abgewickelt werden muss und nicht in eine Schwatzbude ausarten darf.

Malik: Genau. Aber die eigentliche Befassung mit der Materie und die Möglichkeit, sich auszutauschen ...

Maucher: ... hatte man während eines Tages. Mindestens.

Malik: ... das war natürlich sehr viel länger als das üblicherweise der Fall ist.

Und wenn man diese Aufsichtsratssitzungen genauer anschaut, sind die so gestelzt, dass eigentlich keine richtige Diskussion zustande kommt.

Maucher: Nein.

Malik: Es sind keine richtigen Kenntnisse der Unterlagen vorhanden ... und dabei fällt mir noch eines auf: Mich würde interessieren, ob bei Ihnen Executives in den Sitzungen partiell präsent waren?

Maucher: Also, in der Verwaltungsratssitzung waren alle Generaldirektoren anwesend.

Malik: Ja, sehen Sie? Das ist natürlich auch ein Punkt.

Malik: Eben. So haben Sie sich als starker Mann natürlich auch eine starke Basis geschaffen, auf die Sie sich verlassen konnten.

Maucher: Aber wissen Sie, starke Leute sind auch nicht ängstlich.

Malik: So ist das, ja.

Maucher: Die haben alle diese Sorgen nicht.

Malik: So ist das. So ist, das darf ich aus dem Gesagten schließen, das Folgende bei Ihnen nicht vorgekommen, dass nämlich die Verwaltungsratssitzungen zu einem Scherbengericht für die Executives geführt haben, und diese sozusagen auf der Anklagebank gesessen haben.

Maucher: Nein.

Malik: Ich erlebe das immer und immer wieder, dass die Vorstände sich abzuschirmen beginnen, weil sie genau wissen, dass der eine »daran« herumkritisieren wird und der andere wissen will, warum die Kosten um 0,5 Prozent zugenommen haben und so weiter.

Maucher: Wir haben allerdings die Gelegenheit gehabt, gewisse Dinge ohne Anwesenheit der Generaldirektoren zu diskutieren. Das heißt, wenn man zum Beispiel über die Generaldirektoren gesprochen hat oder über Nominationen, waren die Generaldirektionen nicht anwesend.

Malik: Genau. Wie groß war Ihr Verwaltungsrat?

Maucher: Zwölf bis dreizehn Leute.

Malik: Aha. Ja gut. Dann haben Sie dieses zweistufige System mit der durchgängigen CEO-Lösung de facto gehabt.

Maucher: Bei uns war ja der Ausschuss de facto das oberste Gremium.

Malik: Und wie viele waren das?

Maucher: Das waren mit mir zusammen fünf. Vier oder Fünf.

Malik: Und die sind jeden Monat zusammengekommen?

Maucher: Wir sind jeden Monat zusammengekommen. Zudem wurde auch telefoniert. Sie haben das Unternehmen sehr eng begleitet.

Farschtschian: Im Gespräch mit Ihrem Board kam auch zur Sprache, dass Sie nie eine Hidden Agenda hatten, und dass man sich als Verwaltungsrat darauf verlassen konnte, dass, wenn was schief läuft, der Maucher einem das sagen wird, dass man sich darauf verlassen darf, dass er einen rechtzeitig informiert.

Maucher: Und das haben die eigentlich sehr rasch begriffen. Ich meine, ich hab das ja 20 Jahre lang gemacht. Die haben gewusst: »Der Maucher beschummelt uns nicht.« Das haben sie rasch mitbekommen und haben daher viel Vertrauen zu mir gehabt.

Malik: In wie vielen Verwaltungsräten oder ähnlichen Gremien waren Sie während Ihrer aktiven Zeit?

Maucher: Maximal in zwei. Also ich war hauptsächlich bei der Credit Suisse. Und dann war ich eine Zeit lang in der ABB, weil Wallenberg und De Pury mich gebeten haben, da rein zugehen. Sie wollten die Schweizer Seite mit einem vernünftigen Mann belegen, zusammen mit den Schweden. Ansonsten war ich nur in internen Gremien. Erst als ich 65 geworden bin, war ich offen, auch andere Sachen zu machen. Ich war in Deutschland bei der Bayer und bei ein paar ähnlichen Firmen. Und in dem Moment, wo ich die Nachfolge gut organisiert hatte und ich mich ein bisschen absetzen konnte, war ich Präsident von der ICC in Paris und auch Präsident der European Round Table of Industrialist. Also das waren natürlich wichtige politische Positionen, in denen ich Kontakte zur ganzen Welt und zu vielen Leuten hatte.

Ich wollte meine diesbezüglichen Aktivitäten abhängig davon machen, wie viel ich intern delegieren kann. So habe ich das eben erst in der letzten Phase meiner Berufslaufbahn gemacht.

Malik: Ja eben. Und in der wirklich hochaktiven Phase haben Sie das später stark diskutierte und auch stark umstrittene Prinzip, wenige externe Mandate zu haben, eingehalten – aus eigener Disziplin.

Maucher: Ganz wenige. Ich habe unseren Leuten, auch den Generaldelegierten, immer gesagt, ich möchte, dass ihr zwei bis drei Mandate habt. Aber nicht mehr. Damit ihr euch aufs Geschäft konzentrieren könnt, aber ab und zu etwas anderes hört!

Malik: Ja absolut. Genau!

Maucher: Das war eigentlich immer mein Prinzip, dass meine Leute in ein paar Sachen drin sind, um etwas anderes zu hören, sich aber ansonsten aufs eigene Geschäft konzentrieren.

Malik: Ja gut. Unter diesen Umständen kann man sagen, dass, wenn man es herausdestilliert, das eine Lösung darstellt, die wir gewissermaßen gemeinsam aus Ihrer Praxis und aus Ihren Prinzipien ableiten können. Diese Lösung von A bis Z in einer Firma immer durchzuhalten, ist natürlich keine einfache Sache, aber Unternehmensführung auf dem Niveau zu betreiben, ist eben auch nicht ganz so selbstverständlich.

Maucher: Das ist so. Ich sage ja immer, dass es ein deutsches Wort gibt, das – obwohl die englische Sprache normalerweise sehr praktisch ist für alle –, besser zutrifft: Es ist das Wort »Führungskunst«.

Malik: Absolut.

Maucher: Es ist an sich alles einfach. Aber man muss einfach denken und die Stärke haben, das durchzuhalten. (lacht)

Malik: Ja, wenn man das geistig durchdrungen hat und auch mit den nötigen Erfahrungen untermauern kann, ist es letztlich einfach, das stimmt.

Personalunion CEO und Chairman

Farschtschian: Wenn wir noch eine wichtige Frage zu diesem Thema behandeln, haben wir das Thema danach eigentlich abgeschlossen. Herr Maucher, Sie waren ja lange CEO und Chairman in einer Person und danach waren Sie nur noch Chairman. Und Sie beide, Herr Maucher und Herr Malik, vertreten ja die Meinung, dass jede Unternehmung für sich selber entscheiden soll, welche Form sie zum jetzigen Zeitpunkt braucht. Als Sie, Herr Maucher, Chairman wurden, haben Sie aufgehört, die aktiven Kontakte wahrzunehmen, und haben das dem CEO überlassen. Gab es dennoch Bereiche, wo Sie selber die Kontakte wahrgenommen haben, weil die Kontakte persönliche Kontakte waren? Sei es zu einem Minister in Asien oder ...? Das wäre interessant zu wissen ...

Maucher: Es gab gewisse Prinzipien, an die ich mich gehalten und mir gesagt habe: »Daran nehme ich nicht mehr teil.« Ich war nicht mehr auf der Kaderkonferenz und habe auch nicht mehr im Sinne der Unternehmensführung Märkte besucht. Das lag im Interesse von Nestlé, und mein Nachfolger wusste selbstverständlich Bescheid.

Das haben wir also sauber geregelt. Für die Leute intern war wichtig, dass sie nicht dachten: »Jetzt gehe ich in dessen Büro«, dass sie also verstanden, wer für was zuständig ist. Bevor ich ganz ausgeschieden bin, war ich ja zwei bis drei Jahre lang Active Chairman, also eine Mischung aus einem normalen Präsidenten und einer näheren Begleitung des CEO. Dann war Gut mein Nachfolger, und er war ein normaler Verwaltungsratspräsident – also in unserem Sinne ein normaler Verwaltungsratspräsident. Das haben wir sauber geregelt, da hat es überhaupt keine Schwierigkeiten gegeben.

Meine Nachfolger haben das genauso gemacht. Da gab und gibt es intern überhaupt keine Probleme. Das ist auch sehr wichtig bei solchen Sachen. Per Saldo bin ich da eher der Meinung: Trennen. Eine andere Lösung darf freilich nicht ausgeschlossen werden. Aber im Prinzip ist es richtig, den Verwaltungsratspräsidenten und den Delegierten in zwei Person zu verankern. Das gibt einen Schuss mehr Sicherheit, und wir kommen damit dem deutschen System näher, weil der Delegierte gewissermaßen der Vorstandsvorsitzende ist, an den der Verwaltungsrat vieles delegiert hat.

Farschtschian: Somit haben wir den ersten Themenbereich behandelt und werden nun die Thematik »Wirksames Management und Führungsalltag« behandeln.

Maucher: Ja gut. Etwas möchte ich hier aber noch sagen. Was mich am meisten freut, das darf ich Ihnen sagen, ist, dass ich immer noch viele Leute kenne, die mit mir gearbeitet haben. Wenn sie Geburtstag haben, schreibe ich ihnen einen Brief, was sie wahnsinnig freut. Und am meisten freue ich mich darüber, was viele mir schreiben; sie sagen: »Wissen Sie, unabhängig davon, was Sie alles gemacht haben, Sie haben mir damals das und das gesagt, da bin ich Ihnen heute noch dankbar.« Oder: »Sie waren einer der ganz wenigen Leute, der uns zugehört hat.«

Farschtschian: Damals, als ich meine Nachforschungen über Nestlé angestellt habe, haben die Mitarbeiter gesagt: »Von der ersten Woche an, als Maucher an der Macht war, hat sich die Kultur bis in die Peripherien geändert.« Die Leute haben gespürt, dass nun jemand neuer hier ist und etwas anders macht.

Maucher: Ja, bezüglich Nestlé-Kultur gab es viel zu tun. Es musste jemand kommen, der die Leute wieder mobilisiert, die wichtigen Dinge artikuliert und eine Kultur vorlebt. Das war schon wichtig für die Leute. Aber ich sage immer: »I did the obvious.« Ich habe nichts Besonderes gemacht.

Malik: Ja. The obvious is not that obvious. Das ist es eben. Ich habe mich immer gefragt, warum das eigentlich nicht so obvious ist, und bin zum Schluss gekommen, dass es an der Art liegt, wie einige unserer Universitäten und die meisten unserer Business Schools funktionieren; und auch daran, dass die Lehrkräfte derart wenig Kontakt haben mit den Realitäten in der Wirtschaft und lieber Fragebögen in der Welt herumschicken, um herauszufinden, wie sie denn funktioniert, als sie selber real zu erleben.

Maucher: Ja. Nun, eine andere Frage ist auch, inwieweit uns unsere Jugend geprägt hat. Ich bin in einem Dorf mit tausend Einwohnern groß geworden. Da kannte man jeden, der stirbt, der geboren wird; man wusste, wer ein Halunke und wer keiner ist. Man hat eigentlich in einem kleinen Mikrokosmos der Welt mit all ihren Stärken und Schwächen gelebt. Man hat sich nicht völlig daneben benehmen können, weil alle im Dorf das gesehen hätten. So hat man gelernt, gewisse Dinge nicht zu tun. Also, ich glaube, dass mich all das geprägt hat – unabhängig von meiner Genetik und von meinen Eltern, die mich anständig erzogen, mir aber auch Freiheiten zugestanden und darauf geachtet haben, dass ich – wie sie auch – ein guter Schüler gewesen bin.

Malik: Das glaube ich auch und würde das auch für mich in Anspruch nehmen. Sodann kommt hinzu, dass einem vielleicht auch das Alemannische gut tut.

Maucher: Ja eben. So ist es.

Wirksames Management und Führungsalltag

Die Rolle von Ausbildung und Mitarbeiterauswahl

Farschtschian: Lassen Sie uns also bei der Ausbildung ansetzen, dem Thema, das wir eben zu besprechen begonnen haben. Welche Rolle spielt eine Ausbildung an der Universität für gute Manager, Herr Maucher?

Maucher: Ich würde sagen, dass jemand, der ohnehin etwas taugt, viel davon hat. Zugleich gilt es aber, vorsichtig zu sein, da es Leute gibt, die sich Dinge anderweitig aneignen, und die man nicht ausschließen sollte, nur weil sie aus irgendwelchen Gründen nicht die Möglichkeit hatten, eine Universität zu besuchen. Es gibt immer welche – wenn auch wenige –, die sich von den anderen abheben, gerade weil sie sich die Dinge in einer anderen Form aneignen, die man sehr gut gebrauchen kann. Ich selbst habe eine Menge von meinem Universitätsstudium profitiert. Ich hatte zuvor eine Lehre gemacht. Während meines Studiums habe ich meine theoretischen und viele anderen Kenntnisse erweitert – mir hat das geholfen. Aber ich hatte viele Kollegen, die das Gleiche gemacht haben, denen es nichts gebracht hat.

Farschtschian: Herr Malik vertritt hier eine dezidierte Meinung, insbesondere was den Inhalt der Ausbildungsprogramme (MBAs und so weiter) anbelangt. Herr Professor Malik, wenn Sie vielleicht Ihren Standpunkt hierzu äußern sowie kurz skizzieren könnten, in welche Richtung sich Ihrer Meinung zufolge die zukünftige Managergeneration entwickeln wird.

Malik: Ich meine, dass an vielen Universitäten und an den meisten Business Schools eine sehr einseitige Lehre vertreten wird, die den jungen Leuten noch dazu sehr unkritisch beigebracht wird. Es ist im Wesentlichen die angelsächsische Lehre, die rund um die Welt Dominanz erlangt hat. Viele schließen aus ihrer globalen Verbreitung, dass sie deshalb auch die beste sei – da sie sich ja sonst nicht so sehr verbreitet hätte. Das ist aber ein Fehlschluss. Sie hat sich deshalb so rasch verbreitet, weil sie das Einzige war, das sofort in Englisch verfügbar war, als die Globalisierung einsetzte und daher in China, in Indien und rund um die Welt Management immer wichtiger wurde.

Damit wird das Denken beherrscht durch die zumindest sehr einseitige, letztlich aber für das Führen eines Unternehmens falsche Lehre vom Shareholder Value. Das Unternehmen wird als Maschine missverstanden, die Gewinne maximiert. Dies wiederum führt zu Kurzfristigkeit und Kurzsichtigkeit. Es führt auch zu eineer systematischen Fehlallokation von Kapital und anderen Ressourcen.

Ferner wird relativ einseitig und beinahe exklusiv über die Großkonzerne gesprochen – was natürlich auch wichtig ist. Hingegen findet sich immer weniger, was für die Führung von Familienunternehmen nötig ist. Das sind in maßgeblicher Hinsicht zwei verschiedene Welten.

Und dann vermisse ich zum Beispiel auch, dass man sich nicht mehr auch mit anderen Fächern wie der Philosophie befasst. Wie sehr das fehlt, wird unter anderem daran ersichtlich, dass man einem Unternehmen künstlich eine Ethik aufpfropfen muss, obwohl diese ja integriert sein sollte.

Malik: Was außerdem in einem hohen Maße fehlt, sind Kenntnisse der Geschichte – sei es nun die Wirtschaftsgeschichte oder die allgemeine Staats- und Gesellschaftsgeschichte – und auch die Befassung mit Kultur. Sie, Herr Maucher, haben beispielsweise von Ihrer musikalischen Neigung gesprochen. Gerade in (hohen) Führungspositionen erachte ich das alles als sehr wichtig.

Hinzu kommt, dass die praktische Erfahrung der meisten Lehrenden in unserem Fach sehr gering ist und aus Gründen der universitären Strukturen immer geringer wird. Man hat die Fächer verwissenschaftlicht und sie damit dem gesunden Menschenverstand entzogen.

Es wird daher auch viel zu viel mathematisiert, wo doch gerade in Top-Positionen die Schärfung der Urteilskraft, die Menschenkenntnis und all diese Dinge eine zentrale Rolle spielen. Diese in mathematische Formeln zu kleiden, ist bis heute nicht gelungen; und ich zweifle daran, ob es je gelingen kann.

In der Beziehung, so meine ich, sollte man die Universitätsausbildung neu durchdenken – gerade weil jetzt mit der Schuldenkrise, mit all den Turbulenzen und mit der sich stets ändernden Globalisierung große und immer neue Herausforderungen auf uns zukommen. Darauf sind viele Universitätsjahrgänge schlecht vorbereitet. Andererseits hege ich natürlich die große Hoffnung – und Indizien dafür sind durchaus vorhanden –, dass die meisten jüngeren Führungskräfte sehr rasch umlernen können, wenn sie das müssen. Das ist so ungefähr meine Auffassung.

Eine spezielle Gefahr sehe ich mit Bezug auf die wiederkehrenden Modewellen, die im Management stärker grassieren, als in den meisten anderen Fächern. Wenn Ingenieure und Naturwissenschaftler nach ihrer eigenen fundierten universitären Ausbildung noch ein MBA-Studium in Angriff nehmen, lernen sie dabei zwar auch nützliche Dinge – wie das Lesen von Bilanzen, das Erstellen von Controllerreports et cetera. Ebenso übernehmen sie aber auch unkritisch alle möglichen Moden, weil sie glauben, dass alles in einem MBA-Programm dieselbe hohe Qualität habe, wie in ihren eigenen Fächern, und genauso kritisch geprüft sei wie das Wissen, das sie in ihren eigenen Universitätsstudien gelernt haben. Das ist aber ein gefährlicher Irrtum, der aber im Vertrauen auf die vermeintliche Qualität der MBAs nur selten hinterfragt wird. Mir ist es wichtig, hier die Unterschiede zu früher zu betonen, ohne nostalgisch zu werden. Herr Maucher, Sie als Betriebswirtschaftler: Stimmen Sie mir zu, dass die frühere Betriebswirtschaftslehre teilweise Besseres zu bieten gehabt hat als die heutige?

Maucher: Die Betriebswirtschaftslehre war konkreter.

Malik: So ist es.

Malik: In diesem Sinne habe ich meinen Gutenberg gerne studiert ...

Maucher: ... ich auch ...

Malik: ... und habe viel dabei gelernt.

Wichtige Literatur und Autoren

Farschtschian: Hiermit nehmen Sie die Frage schon vorweg, nämlich: Welche Autoren haben Sie am meisten geprägt und was würden Sie den Managern als Lektüre empfehlen? Vielleicht Herr Maucher: Wer hat Sie am meisten geprägt? Sie haben die Weltliteratur ja schon in jungen Jahren durchwegs durchgelesen gehabt ...

Maucher: Sie meinen in der Fachliteratur oder in der Betriebswirtschaft oder generell?

Farschtschian: Generell; was Sie am meisten beeinflusst hat ...

Maucher: Mich hat vieles geprägt. Ich hab in meiner Jugend, sagen wir vom Mittelalter bis zu Hesse, so ziemlich alles gelesen. Ich hab viel gelesen. Die Leute, die Betriebswirtschaft studieren, sollten in ihrer Ausbildung einen gewissen allgemeinen Fundus an Bildung mitkriegen. Je höher die Position, desto mehr müssen sie begreifen, wie die Welt tickt, weil sie sonst auch in ihrem eigenen Sektor irgendwo auflaufen. Und das zweite, das ich für ganz wichtig halte, ist – Sie haben es erwähnt –, dass wir keine Buchhalter als Professoren haben wollen, sondern Leute, die doch irgendwie im Laufe ihres Lebens gezwungen waren, auch ein bisschen mit der Praxis in Berührung zu kommen. Ein Schuss mehr Wettbewerb wäre vielleicht auch sinnvoll, da es Professoren gibt, die auf ihrem Wissensstand stehen bleiben und der Praxis und der Entwicklung hinterherlaufen. Sie bieten nichts Neues mehr, weil sie nicht dazu gezwungen werden. Einige bilden sich von sich aus weiter, weil sie gute Persönlichkeiten sind; andere bleiben auf einem Wissensstand stehen, an dem die Praxis längst vorbeigelaufen ist. Außerdem haben viele deutsche und schweizer Universitäten diesen ganzen Quatsch nicht vollumfänglich übernommen; sie haben nach wie vor ordentliche Sachen gelehrt. Also: Universität ja – obwohl sie kein Allheilmittel, letztlich aber nützlich ist.

Malik: Ich würde Führungskräften empfehlen, sich mit Peter Drucker zu befassen.

Maucher: Ja.

Malik: Drucker ist ein Mann, der sehr vieles sehr gründlich sagt. Er ist immerhin der Mann, der – als einer der ganz frühen – die Bedeutung von Management für eine moderne Gesellschaft erfasst hat. Auch die Bedeutung von Organisationen, insbesondere von Großunternehmen, was aus seiner damaligen General-Motors-Studie hervorgeht. Also ich kann jedem, der hohe Ämter in der Wirtschaft, aber auch in der Politik anstrebt, nur empfehlen, ausgewählte Werke von Peter Drucker zu lesen.

Maucher: Das ist richtig, dem kann ich mich nur anschließen.

Malik: Übrigens, ich habe mit großem Gewinn die Biografie von großen Unternehmerfiguren gelesen. Freilich muss man ein bisschen unterscheiden: Es gibt natürlich verherrlichende und idealisierende Schriften, es gibt aber auch gute, wie diejenige von Churchill beispielsweise. Auch etwas Geschichte ist wichtig; man muss etwas von der Wirtschaftsgeschichte verstehen.

Maucher: Das glaube ich auch.

Malik: Von Aufstieg und Niedergang. Von Reichen. Von Nationen. Von Unternehmungen; es gibt beispielsweise ein paar ganz interessante Dinge über die Fugger. Das sind doch Themen, deren Kenntnis jemandem, der Kariere machen will, im wohlverstandenen Sinne helfen können. Man kann dann weiter gehen und sagen, dass man vielleicht Machiavelli studiert haben sollte, um viele Dinge nicht so zu machen. Die Geschichte der italienischen Stadtstaaten also – nur, dass das kein Ende nehmen würde, und normalerweise niemand so viel Zeit hat. Aber ausgewählte Sachen würde ich da empfehlen.

Diskussion über Arbeitsmethodik und Effectiveness

Farschtschian: Gut, vielen Dank. Die nächste Frage vielleicht zunächst an Herrn Maucher gerichtet: Was hat Sie persönlich und auch als Führer effektiv gemacht, während Ihrer Jahre an der Macht? Um zu präzisieren: Hierbei geht es um Arbeitsmethodik – die bestimmte Art und Weise, wie Sie mit Ihrem Sekretariat zusammengearbeitet haben, Ihre Führungsweise, Ihr Arbeiten mit Stäben und so weiter und so fort.

Maucher: Ja gut, ich habe viel gearbeitet, und ich glaube, ohne viel zu arbeiten, kann keiner viel bewirken. Das ist einfach so. Das Wichtigste ist das, was am Anfang ist, welche Prioritäten man setzt. Betreffend dem, womit man sich selber beschäftigt, sind drei Dinge wichtig. Erstens: Man soll sich mit nichts beschäftigen, was andere genauso gut machen können. Zweitens: Man soll sich nicht nur mit Sachen beschäftigen, die für das Unternehmen von entscheidender Bedeutung sind. Und drittens: Man kann die Prioritäten nicht endgültig festlegen. Es gibt gewisse Sachen, die man festlegen kann, auf Jahre, da sie immer wichtig sind; und bei anderen muss man sich nach den Gegebenheiten richten. Meine Länderbesuche zum Beispiel: Ich habe die großen Länder bestimmt jedes Jahr einmal besucht. Die kleineren habe ich alle drei Jahre einmal besucht und die übrigen je nach Problemstellung. Wenn wir in ein neues Land gingen, wenn wir ein neues oder spezielles Problem hatten, bin ich dahin gegangen, unabhängig davon, ob es groß oder klein war. Es braucht also ein gewisses Maß an Prinzipien, das aber flexibel an die Bedürfnisse angepasst werden muss. Nun, was meinen eigenen Stab betrifft, so wissen Sie ja, dass ich nie Assistenten gehabt, sondern immer mit der Struktur gearbeitet habe. Und wenn ein Problem verschiedene Bereiche umfasst hat, habe ich jemandem die Federführung gegeben und gesagt, er solle das Problem mit seinen Kollegen koordinieren.

Man braucht eine gute physische Gesundheit und man braucht gute Nerven. Wenn ich auf Reisen war, bin ich abends um elf ins Bett, denn alles, was nach elf geredet wird, ist sowieso nur noch Quatsch. Dann habe ich bis morgens um sieben geschlafen und war wieder total erholt. Manche gehen aus, vergnügen sich – dieses Bedürfnis habe ich nie gehabt. Ich habe vernünftig gelebt und in Maßen. Und das sind alles Dinge, die am Schluss eine relativ große Rolle spielen. Ich hab von Haus aus oder von der Genetik her mitbekommen, dass ich in jedem Flugzeug schlafen kann, dass ich gute Nerven habe, dass ich nie unter Stress bin. Diese Eigenschaften spielen eine große Rolle, wenn man solche Jobs innehat. Was das Wichtigste ist, dass man sich neben den Problemen, die man hat, für Menschen interessiert. Wer sich nicht für Menschen interessiert, nicht mit ihnen arbeitet, ihnen nicht zuhört, sie nicht führt oder überzeugt oder irgendwas zu ihnen sagt – ich glaube, der läuft irgendwann auf. Das zu sehen, ist wahrscheinlich fast das Wichtigste.

Farschtschian: Wie haben Sie sich physisch fit gehalten?

Maucher: Ich habe gar nichts gemacht. Das heißt, ich habe vernünftig gelebt, ich habe in der Regel am Morgen fünf Minuten Gymnastik betrieben, um meinen Körper zu bewegen. Ich habe Golf gespielt. Wenn ich Zuhause war, bin ich geschwommen (wir haben ein Schwimmbad) und im Winter bin ich zum Skifahren gegangen.

Malik: Vernünftige Lebensweise, ja.

Maucher: Ich habe zudem Nerven gehabt, mit denen ich nicht unter Stress oder zur Erschöpfung gekommen bin. Ich glaube, so einfach ist es.

Malik: Von Natur aus?

Maucher: Von Natur aus, ja.

Malik: Aber doch vielleicht noch ein bisschen zur Arbeitsmethodik beziehungsweise dazu, dass Sie ja nicht wirklich mit Stäben im engeren Sinne gearbeitet haben.

Maucher: Nein, das habe ich nicht.

Malik: Sie haben direkt mit der Linie gearbeitet, wenn ich das recht verstehe.

Maucher: Also, ich habe erstens mal keinen persönlichen Assistenten gehabt, sondern eine Sekretärin, das hat genügt. Und zweitens habe ich Stäbe nur gehabt, um spezielle Sachen zu machen, wie zum Beispiel Logistik. Aber von all diesen darüber hinaus gehenden Sprücheklopfern habe ich relativ wenige gehabt. Im Zweifelsfall habe ich der Linie immer mehr Chancen gegeben und sie bevorzugt. Ich habe Stäbe gehabt, die echte Spezialisten waren, die echt etwas gemacht haben, was die Linie gebraucht hat.

Malik: Und die haben dann aber auch an sie rapportiert?

Maucher: Ich habe möglichst viel auch an die Bereiche delegiert – wenn es sich um spezifische Stäbe beispielsweise im Finanzbereich gehandelt hat. Übergeordnete Stäbe habe ich wenige gehabt. Auch Planungsabteilungen habe ich aufgelöst, weil ich sagte, dass die Chefs der Linien planen müssen und die nur einen qualifizierten Buchhalter brauchen, der allen das System von A bis Z vorschreibt – was in den Plan rein muss und so weiter. Ansonsten habe ich immer die Linien gezwungen zu planen und nicht die Stäbe. Weil die ja an der Spitze sind, und es eher wissen müssen. Außerdem gibt es ja Stäbe, die Fehler entdecken in Deutschland oder irgendwo und sagen: »Da ist etwas, wir müssen da eingreifen.« Da habe ich gesagt: »Nein, wir geben jedem die Chance, sich selbst zu verbessern.« Das ist die einfachere Methode. Es wird nicht etwas zentralisiert, weil einige ein paar Fehler gemacht haben. Dann muss man eben jemanden an die Stelle setzen, der weniger Fehler macht. Und ein paar Fehler müssen wir eben akzeptieren, da jeder, der im Geschäftsleben tätig ist, auch mal einen Fehler macht.

Farschtschian: Und das Einsetzen von Consultants, wie sind Sie damit umgegangen?

Maucher: Ja gut, ich war immer der Meinung, dass der Consultant-Beruf viele sinnvolle Aufgaben beinhaltet, weil ein Consultant einige Dinge mitbringen muss. Erstens ist er in der Regel ein wenig geschult darin, methodische Probleme zu analysieren. Zweitens bringt er Zeit mit, die die eigenen Leute nicht haben – wir zahlen ja auch die Zeit. Und drittens ist er unter Marktdruck, er muss auch Erfolge vorweisen. Diese Stäbe funktionieren umso besser, je mehr klare Aufgaben man ihnen gibt; je stärker man selbst den Kontakt mit ihnen in der Hand hält, damit sie nicht auswuchern; und je besser man darauf achtet, dass sie nicht da eingesetzt werden, wo sich ein Ressortchef mit der Arbeit der Stäbe gegen jemand anderen durchsetzen will. Vernünftig und dosiert eingesetzt, sodass sie nicht anfangen, die Firma zu leiten, sind Stäbe eine sinnvolle Ergänzung zum eigenen Betrieb. So habe ich es immer gesehen und auch praktiziert.

Malik: Ich möchte vielleicht nochmals auf ein paar scheinbar kleine Details betreffend Arbeitsmethodik und Zusammenarbeit mit einem Sekretariat eingehen, Herr Maucher. Welche Rolle haben Computer für Sie ganz persönlich gespielt, um wirksam zu sein?

Maucher: Keine.

Malik: Keine? Wie haben Sie dann Ihre Briefe ... Haben Sie die diktiert?

Maucher: Ich habe meine Briefe diktiert oder meiner Sekretärin den Inhalt mitgeteilt, damit sie sie selber schreiben konnte. Außerdem habe ich gesagt, dass ich Kommunikator und kein Schriftsteller bin. Deswegen habe ich nur solche Briefe geschrieben, die ich auch selber schreiben musste. Ich kann ja rasch diktieren. Zu meiner Zeit hat man das so gemacht; ich habe nicht selber angefangen zu tippen. Heute läuft es zum Teil anders.

Malik: Häufig, ja. Und wie musste eine Sekretärin bei Ihnen sein? Wie lange haben Sie mit ein und derselben Sekretärin gearbeitet? Waren diese Arbeitsbeziehungen von Dauer?

Maucher: Von großer Dauer.

Malik: Von großer Dauer, lange.

Maucher: Also, ich habe nie viele Wechsel gehabt. Ich habe, solange ich in

Vevey war, bis zum Ende dieselbe Sekretärin gehabt. Erst zum Schluss wurde sie pensioniert, worauf sie mir eine neue von Deutschland geschickt haben. Ich sagte, sie solle die Schweiz kennenlernen, ein bisschen die Sprache, und dann sei sie nützlich, wenn sie in Deutschland ihr Büro habe. Sonst habe ich niemanden gehabt.

Malik: Würden Sie sagen, dass Sie für Ihre Sekretärin ein verträglicher Chef gewesen sind?

Maucher: Ja, das bin ich wirklich.

Malik: Ohne Launen und Marotten? Ist das etwas, das es bei Ihnen nicht gab?

Maucher: Nein, eine Sekretärin hat es einfach mit mir gehabt. Ich bin tatsächlich nicht launisch, nicht gewalttätig oder Ähnliches. Sekretärinnen haben gerne für mich gearbeitet, und es war für sie auch nicht schwer mit mir. Ich kann erklären, was ich will. Sie wusste, dass in meinem Büro keine Jeans getragen werden. Wenn sie das nicht akzeptiert, kann sie nicht meine Sekretärin sein. Schluss.

Malik: Aber sie hat auch Ihre Reiseplanung gemacht.

Maucher: Alles.

Malik: Ihre Terminplanung.

Maucher: Alles.

Malik: Sie haben eine Person gehabt, die über alles Bescheid wusste?

Maucher: Sie hat das alles gemacht.

Malik: Die Geheimnisträgerin, Vertrauensträgerin; der klassische Fall?

Maucher: Alles. Die ganze Post. Da gab es nichts. Also die klassische Chefsekretärin. Diskret, gebildet, intelligent – und sie hat mit dem Haus einen guten Kontakt gehabt. Sie war im Hause beliebt, ohne dass sie sich mit jemandem verbrüdert hat. Ich habe immer solche Sekretärinnen gehabt. In Deutschland hatte ich eine, die ähnliche Qualitäten besass. Freilich, jede ist ein bisschen anders. Und der schreibe ich heute noch zum Geburtstag, und sie schreibt mir zum Geburtstag.

Malik: War ihre Sekretärin rund um die Uhr verfügbar? War das etwas, was nötig war? Sie haben ja in allen Zeitzonen gearbeitet.

Maucher: Eigentlich nicht. Und das lag an mir. Ich habe gesagt: »Ich möchte das nicht, das kann man anders organisieren.« Also habe ich meine Sekretärin nicht nachts um vier angerufen – und wenn, dann stand wirklich das Haus in Flammen. Aber ich habe auch, soweit es ging, ihre Freizeit respektiert. Wenn ich dann mal eine bis nachts um zehn brauchte, hat sie das auch ohne Weiteres gemacht, weil sie eben wusste, dass ich das nicht missbrauche.

Malik: Es gibt ja in einem Chefbüro so und so viele, dutzende oder auch mehr Pendenzen, die auf Termin liegen müssen und, und, und. Hat sie alles gemacht?

Maucher: Meine Sekretärin hat die Pendenzen gehabt und hat die Terminmappe verwaltet.

Malik: Ja, ja. Und auf Ihre Mitarbeiter, also die Linienchefs, nehme ich an, konnten Sie sich blind verlassen? Darauf, dass diese ihre Termine einhalten, und dass das einfach läuft?

Maucher: Ja, da hab ich wirklich keine Probleme gehabt. Muss ich wirklich sagen.

Malik: Und wie war das bei Ihnen mit dem Sitzungsrhythmus? Wie sah der aus?

Maucher: Also erstens galt: so wenige Sitzungen wie möglich. Ich habe die Vorstandssitzungen, die Generaldirektionssitzungen alle 14 Tage am Montag ab zehn gehabt. Und ich war dafür, durchzusetzen, dass wir uns generell – auch hinsichtlich anderer Sitzungen – nicht vor zehn treffen, damit jeder morgens von acht bis zehn Zeit hat für persönliche Lektüre, Zeit hat, um Einzelgespräche zu führen oder sonst etwas zu erledigen. So haben wir eine gewisse Disziplin in diese Richtung entwickelt, die zwar nicht vollständig, aber im Großen und Ganzen funktioniert hat. So wussten wir, dass wir gewisse Zeiten haben, wo es keine Sitzungen gibt.

Malik: Und die Sitzungen haben Sie auch geleitet?

Maucher: Ja, die Vorstandssitzungen habe ich geleitet.

Malik: Und vorbereitet? Die Tagesordnung wurde von Ihnen gemacht?

Maucher: Ja, wir hatten ein Generalsekretariat. Der Generalsekretär war zwar nicht mein Assistent, aber er hat Verwaltungsratsangelegenheiten und all diese Sachen, was man im Generalsekretariat macht, erledigt. Der war da. Der hat auch die Vorstandssitzungen vorbereitet.

Malik: Und protokolliert?

Maucher: Und protokolliert. Ja. Das braucht man in großen Unternehmungen.

Malik: Und eine rhetorische Frage, die Tugenden wie Pünktlichkeit betrifft: Sitzungen haben bei Ihnen pünktlich begonnen?

Maucher: Absolut.

Malik: Und auch pünktlich aufgehört?

Maucher: Ja, absolut. Da habe ich mich, glaube ich, gut diszipliniert. Also das lief eigentlich relativ gut.

Malik: Und im Ausland, wo die Dinge vielleicht ein bisschen lockerer gehandhabt werden als in der Schweiz, was nur natürlich ist? Aber mit Ihnen als Verwaltungsratspräsidenten und CEO, da waren die Leute sowieso da, nehme ich an?

Maucher: Die waren da. Ich habe außerdem immer gesagt, dass ich nicht stundenlang Charts lesen möchte. Die Charts und die Dokumente habe ich alle im Flugzeug gelesen, sodass meine Mitarbeiter davon ausgehen können, dass ich diese kenne, wenn ich ankomme. Mich interessierten folgende Dinge: Erstens möchte ich einen persönlichen Bericht vom Chef haben, in dem er schildert, wie er die Lage momentan sieht. Zweitens möchte ich das Management sowie einen oder zwei wichtige Kunden sehen. Ich möchte auch die Geschäfte sehen, wo unsere Ware verkauft wird. Ich möchte die Produkte, die wir dort verkaufen, aufgereiht sehen; möchte die Werbung sehen, die wir für die

Produkte machen und darüber hinaus möchte ich wenn immer möglich einen Abend oder ein Essen mit Leuten aus der Gesellschaft verbringen – also mit Konkurrenten, Ministerpräsidenten oder irgendwem. Wenn ich das gemacht habe, habe ich nach zwei Tagen Bescheid gewusst. Aber genau.

Malik: Jetzt erzählten Sie mir bei anderer Gelegenheit, Nestlé habe keine Firmenflugzeuge gehabt.

Maucher: Nein, das hatten wir nicht.

Malik: Sie sind Linie geflogen, wenn es ging?

Maucher: Ich habe ja auch die Ansicht vertreten, dass wir bescheiden sind, aber mit Stil. Das war ein wichtiger Grundsatz. Und ich habe gesagt, wenn ich nach Amerika fliege, nehme ich erste Klasse normale Airline. Wenn ich in Deutschland drei Orte verbinden muss, oder binnen zweier Tage nach Paris, Kopenhagen und Wien reise, dann habe ich eine Maschine geleast. Hauptsächlich aber in Europa. Denn wenn ich da in zwei Tagen an drei verschiedene Orte musste, hat es sich gelohnt, mit Privatflugzeugen in der Gegend herumzufliegen. Aber ich bin nicht ein einziges Mal mit dem Privatflugzeug nach Tokio oder Amerika geflogen.

Malik: Wer hat Sie bei solchen Reisen begleitet? War Ihre Sekretärin mit?

Maucher: Nein. Nie.

Malik: Und wer hat Ihnen die nötigen Dinge organisiert oder Schriften an Ort und Stelle erledigt, wenn es nötig war?

Maucher: Also, wenn ich in die Märkte geflogen bin, bin ich immer mit dem zuständigen Generaldirektor, Vorstandsmitglied, gegangen, weil ich nicht über dessen Kopf hinweg irgendwelche Entscheidungen treffen wollte. Und von ihm habe ich unterwegs Informationen erhalten, und er hat an Ort und Stelle alles mitgekriegt. Also bin ich ohne den zuständigen Regionalchef von Vevey in kein Land geflogen.

Malik: Und dann konnten Sie vor Ort natürlich die Infrastruktur der Firma mit benutzen und haben den nötigen Support und alles gehabt.

Maucher: Ja, sofort. Da war alles da. Wie hoch der Bestechungsgrad in dem betreffenden Land ist, hat man übrigens daran gesehen, ob es möglich war, mich ins Auto zu setzen und an allen Kontrollen vorbeizufahren, oder ob es durch das System ging.

Malik: Diese Sache, diese Bodenständigkeit, sage ich mal, dieser Pragmatismus, diese Direktheit und Geradlinigkeit, ist ja kein Pomp oder so etwas. Dieser Umstand ist ja möglicherweise auch auf Ihre Erziehung und das Aufwachsen im Dorf zurückzuführen. Arbeitsmethodik lernt man an Universitäten heute so gut wie gar nicht.

Maucher: Ich hatte ja kein Geld. Nach dem Abitur habe ich bei der Nestlé-Fabrik eine Lehre gemacht. Da habe ich Briefmarken geklebt und dem Prokurist das Fahrrad geflickt. Danach habe ich in Frankfurt gearbeitet; ich habe sechs Jahre lang studiert und voll gearbeitet. Da lernt man, sich zu rationalisieren, oder?

Malik: Ja.

Maucher: Dann ist es eine Überlebensfrage, ob man in der Lage ist, die Dinge rationell zu machen. So lernt man das einfach.

Malik: Jetzt zu ganz banalen Dingen, die aber, wie ich feststelle, bei jungen Leuten keineswegs einfach vorhanden, ja sogar eher eine Seltenheiten sind: saubere beziehungsweise perfekte Orthografie, perfekte Interpunktation, gutes, gepflegtes Deutsch. Man muss ja nicht gerade Schriftsteller sein. Aber Ihre Aufsätze schreiben Sie ja selber.

Maucher: Das habe ich alles von der Schule gehabt.

Die Wichtigkeit der PR- und Medienarbeit

Farschtschian: Haben Sie denn in diesem Sinne auch auf die Pressearbeit von Nestlé Einfluss genommen.

Maucher: Das geht ja gar nicht anders; darum: Ja, das habe ich schon. Ich habe selber viele Interviews gegeben, habe die Pressekonferenzen gemacht und habe mit dem PR- und Pressechef sehr eng zusammengearbeitet. Der war oft in meinem Büro, weil er wissen musste, was läuft. Er musste von mir wissen, wo wir ansetzen wollen. Bei meinem Nachfolger ist das noch wichtiger, weil die Intensität zugenommen hat. Ich kann Ihnen aber etwas sagen: Als ich am Ende meiner aktiven oder operativen Tätigkeit die letzte Pressekonferenz in Vevey gegeben habe, wusste ja der ganze Verein, dass es jetzt die letzte Pressekonferenz gewesen ist. Ich bin mit den Leuten allgemein gut klar gekommen; der Einzige, der immer fast einen Herzinfarkt gekriegt hat, war mein Pressechef, weil er immer Elaborate für mich hat schreiben wollen und ich gesagt habe, ich würde das alles nicht brauchen. Ich brauche einen Spickzettel, auf dem die wichtigsten Sachen draufstehen, etwas anderes brauche ich nicht. Er hat immer geschwitzt, weil ich das am Morgen um acht gemacht habe und um neun in die Pressekonferenz gegangen bin. Mit der Zeit hat er gewusst, dass das glänzend funktioniert. Dadurch waren meine Pressekonferenzen viel spontaner als bei anderen. Bei der letzten Pressekonferenz nun gab es einen Mann, der eine Zeit lang Cash geleitet hat. Er war auch ein bisschen aggressiv von Zeit zu Zeit, aber ich bin mit den Leuten gut klargekommen. Da ist der aufgestanden, am Ende, und hat gesagt: »Meine Herren Kollegen, wir haben heute die letzte Pressekonferenz von Herrn

Maucher in der Schweiz erlebt. Nehmen Sie zur Kenntnis, dass wir solche Pressekonferenzen wie mit ihm in der Schweiz nie mehr haben werden.« Dieser Mann war gar nicht unternehmenshörig, aber er hat gespürt, dass das keiner mehr so machen wird wie der Maucher. Aber dadurch habe ich die Presse, glaube ich, auch spontan richtig behandelt, was diese wiederum geschätzt hat, weil sie sonst überall Elaborate vorgelesen bekommen haben.

Malik: Was mich noch interessieren würde: Im Prinzip haben natürlich alle großen Abteilungen an Sie rapportiert, weil Sie der oberste Chef waren. Aber Sie haben sich ganz persönlich, wie Sie mir mal beeindruckenderweise erzählt haben, um die Markenfrage, um das Nestlé gekümmert.

Maucher: Das sind die wichtigen Sachen.

Malik: Wenn ich es richtig verstanden habe, um die Markenpolitik, das heißt darum, welche Marken autonom gelassen werden.

Maucher: Das können Sie nicht delegieren. Das sind die wichtigsten Fragen. Natürlich habe ich da im Laufe der Zeit Herrn Brabeck, als Marken- und Produktchef, nachgezogen, mit dem ich die ganzen Dinge behandelt habe. Wenn Sie in einem Markenunternehmen tätig sind, und sich damit befassen, wie Sie Marken behandeln, wie Sie Marken führen, welche Qualitäten Sie in die Marke setzen und welche Kundenbotschaften, dann können Sie das vom Prinzip her nicht delegieren. Wenn die Grundsätze stehen, können Sie die Aufgaben delegieren, aber vorher nicht. Das ist ja eine der wichtigsten Assets, die wir haben.

Malik: Sie betrifft vielleicht nicht gerade die Arbeitsmethodik, doch habe ich noch die Frage: Wie lief denn das mit dem Handel, Herr Maucher? Ich meine, dass Nestlé in den Marken so enorm stark ist, führt mich zu dieser Frage – Ihre Stärke gegenüber dem Handel, gegenüber den gewaltigen Preiskämpfen, die nötig sind, und gegenüber den Private Labels und all dem …

Maucher: Ja gut, das ist natürlich ein Thema, mit dem ich mich in Vevey nur politisch befasst habe. Aber wie ich Chef in Deutschland war, war die Macht des Handels, die Nachfragemacht des Handels, und wie wir damit umgehen natürlich enorm wichtig. Wie stark wir uns erpressen lassen müssen, wie stark nicht. Im Prinzip sind zwei Dinge wichtig: Erstens müssen Sie von der Policy her ein Kostengerüst haben, mit dem Sie keine zu hohen Preise anzusetzen brauchen. Denn wenn Ihr Abstand zu den anderen Billigprodukten zu groß wird, verlieren Sie einen Teil des Marktanteils. Kostenwettbewerb ist also eine wichtige Geschichte in diesem Kampf. Sie müssen auch die Marken so stärken, dass ein Händler nicht auf Sie verzichten kann, dass, wenn er die Marken nicht mehr führt, er Umsatz verliert. Das sind zwei ganz wichtige Grundsätze. Zudem dürfen Sie die Marke nicht schädigen, indem Sie an der Qualität drehen oder an der Höhe der Werbeausgaben.

Dann ist Zweitens das Aufbauen von Kundenbeziehungen wichtig – durch Ihre Verkäufer und Sie selbst. Ich habe in Deutschland die zehn wichtigsten Händler, die 80 Prozent des Umsatzes gemacht haben, persönlich gekannt. Ich habe die Familien gekannt, ich habe alle gekannt. Von denen wusste ich, wenn da was ist, mit irgendeiner unserer Firmen, die rufen mich zuerst an, bevor sie brutale Entscheidungen treffen. »Maucher, da ist was los, schauen Sie mal nach.« Und ich habe etwas ausgebaut, was mein Vorgänger in Deutschland angefangen hat: Wir haben ein Ehepaar-Seminar in Deutschland organisiert, anlässlich dessen die acht oder zehn wichtigsten Händler mit ihren Frauen acht Tage lang bei uns waren, und wir irgendwo in Afrika oder sonst irgendwo ganz interessante Themen diskutiert haben, mit denen sie sonst nicht konfrontiert gewesen sind, und die auch die Ehefrauen interessiert haben. Da war ich immer dabei, und habe es verboten, übers Geschäft zu reden. Ich wollte einen Anlass pflegen, bei dem wir mit den Leuten in Kontakt treten, und von dem die Leute sagen, dass es toll ist, dass die Nestlé das macht. Sie haben das so geschätzt. Erstens, weil ihre Ehefrauen auch etwas davon hatten. Und ganz nebenbei haben sie informell ihre Konkurrenten getroffen. Außerdem war es – entschuldigen Sie, wenn ich das sage – für die Leute eine Ehre, dass ich dabei war.

Malik: Sehr klug ...

Maucher: Im Übrigen muss man als Verkäufer Humor haben, Würde bewahren und freundlich sein. Manchmal habe ich das berühmte Chinesische Sprichwort zitiert: »If you cannot smile, you should not open a shop.«

Führungsstil, Motivation und angewandte Leadership

Farschtschian: Wenn ich vielleicht dieses Argument aufgreifen dürfte. Sie sagen ja auch, dass die Verkaufsabteilung nicht die ganze Firma ausmacht, die ganze Firma aber eine Verkaufsabteilung sein sollte. Das ist ein Zitat von Ihnen. Wie erreichen Sie das?

Maucher: Ja, ich muss den ganzen Laden so motivieren und mobilisieren, dass er sagt: »Wir wollen eine gute Firma sein. Wir wollen gute Produkte machen. Wir wollen dafür sorgen, dass die Firma gut läuft.« Um das zu erreichen, muss jeder, welchen Job er auch immer hat, ein bisschen daran interessiert sein, wie die Firma läuft. Und nicht nur in Bezug auf seine Spezialtätigkeit. Das kriegt man nur, wenn man an Kaderkonferenzen teilnimmt und über die Abteilungen geht. Dann sagen die Leute: »Jawohl wir gehen ran.« Diese Art von Begeisterungssubstanz ist für den Erfolg jeder Firma wichtig.

Malik: Also heute würde man vielleicht angewandte Leadership dazu sagen. Würden Sie das auch ...

Maucher: Ja genau; damit bin ich einverstanden.

Malik: In dieser praktischen Art und Weise.

Farschtschian: Das meint eben auch einen Führungsstil, mit dem Sie auf die Unternehmenskultur Einfluss nehmen können.

Maucher: Ja.

Farschtschian: Hier nun ein Thema, das sicherlich zu einer interessanten Diskussion zwischen Ihnen beiden führt: Sie, Herr Maucher, sagen, dass Sie, um zu führen, Charisma brauchen. Herr Malik aber hat das Wort an sich im Managerkontext kritisiert.

Maucher: Ja, das ist natürlich ein weites Thema. Weshalb Herr Malik eher gegen Charisma ist, liegt wohl daran, dass er von Hitler und anderen Führern mit Charisma ausgeht, die in der Geschichte Verbrechen begangen haben. Aber für einen guten Mann, der Charakter hat, der Persönlichkeit hat, ist Charisma notwendig. Wenn er gewisse charismatische Eigenschaften hat, dann betritt er beispielsweise einen Raum oder redet mit Leuten, die ihm zustimmen. Charisma ist vielleicht nicht das richtige Wort, vielleicht eher »die Kraft der Persönlichkeit«, oder »die Gabe der Überzeugung«; »die Sympathie, die Sie ausstrahlen«; »das Vertrauen, das Sie ausstrahlen«. Wenn das da ist, werden Sie mehr erreichen, als jemand, der reinkommt und sagt: »erstens, zweitens, drittens.« Es gibt Untersuchungen, die zum Teil Psychologen gemacht haben, in denen man zwei Personen vor Studenten hat reden lassen; sie kennen die Beispiele. Der eine hat eine tolle, rational erstklassige Rede gehalten. Und der andere hat lauter Quatsch erzählt, war aber charismatisch. Und es haben alle gesagt, der zweite hat toll geredet, der andere nicht. Das sind einfach Sachen, die im Leben so sind. Das ist im Übrigen ein gewisses Problem für Frauen. Weil Frauen ja von der Evolution her eine ganz andere Aufgabe haben, sind Frauen gleichwertig, aber nicht gleich. Eine Frau kriegt oftmals besondere Aufmerksamkeit, wenn sie einen Raum betritt und gut aussieht; nicht aber wegen ihrer charismatischen Persönlichkeit. Sie wird es im Vergleich zu mir immer schwerer haben, da ich in gleicher Form spontan die Leute überzeugen kann. Sie hat eine ganz andere Qualität, die man dann vielleicht eher Harmonie nennen würde. Einen Sinn für Dinge, der Männern oft fehlt. Dies soll keine Abwertung sein, aber dieses Charisma und Imponiergehabe, das Männer haben, spielt in der Führung eine Rolle. Ob wir es wollen oder nicht. Frauen haben dies in der Regel nicht in gleichem Maße und werden oftmals falsch eingestuft, obwohl sie das gar nicht verdienen.

Farschtschian: Herr Professor Malik, sind Sie gleicher Meinung? Abgesehen davon, dass Sie die Definition etwas spezifischer handhaben.

Malik: Mir ist aufgefallen, dass es »Charisma« als Begriff früher in der Führungslehre lange Zeit nicht mehr gegeben hat. Und plötzlich ist es wieder aufgetaucht. Das hat mich natürlich interessieren müssen, aus meiner Tätigkeit heraus. Ich habe erkannt, dass der Begriff in einer eigentlich überraschend und bestürzend naiven Weise aus Amerika herüber kommt. Verbrämt mit all den Dingen, die letztlich gerade in den totalitären Systemen vorgekommen sind, und dem wollte und will ich nicht auch noch Vorschub leisten ...

Maucher: Ja, genau.

Malik: Und dann wird gefordert, dass man Menschen mobilisieren, sie begeistern können muss und so weiter. Da habe ich folgende Frage gestellt: »Wo liegt dann der Unterschied zwischen den Verführern und den echten Führern, die es gerade heute so dringend braucht?« Ich bin aber übrigens einverstanden damit, dass, wenn jemand Charisma hat, es ihm enorm helfen kann, was in gewissen Situationen natürlich ein enormer Vorteil sein kann.

Maucher: ... Ja, das ist eben so. Wir müssen nur zwischen den Guten und den Rattenfängern unterscheiden.

Malik: Richtig. Wie unterscheide ich jetzt den Führer vom Verführer auf Basis der heutigen Art von naiven, aber deshalb auch gefährlichen Leadership-Theorien?

Maucher: Korrekt. Das sollte das Thema sein.

Malik: Man darf es zwar noch immer kaum sagen, aber man kann nicht leugnen, dass Hitler es verstanden hat, die Massen zu mobilisieren, Begeisterung zu erzeugen. Man muss sich ja nur diese Parteitage anschauen; den meisten läuft noch heute ein Schauer über den Rücken. Man sieht diese perfekte Organisation und ungeheure Disziplin und so weiter. Letztlich hat es dann doch zu Hekatomben von Toten geführt.

Maucher: Eben deswegen muss man unterscheiden.

Malik: Und diese Unterscheidung hat mir in den Führungstheorien gefehlt. Das heißt, mein Anliegen war es, eine Persönlichkeits- und Führungstheorie zu haben, die es mir ermöglicht, sauber zu unterscheiden zwischen den Hitlers, Stalins und Maos auf der einen und zum Beispiel einem Churchill oder – wenn man die Wirtschaft nimmt – Ihnen auf der anderen Seite.

Maucher: Churchill ist ein gutes Beispiel.

Malik: Diese Unterscheidung muss eben möglich sein.

Maucher: Und ohne die Gefahren.

Malik: Sie haben ein gewinnendes Wesen, das Ihnen anscheinend gegeben ist, Sie sprechen einfach, können bildhaft sprechen; das sind alles enorme Vorteile.

Maucher: Das sind alles Bestandteile einer guten Führung.

Malik: Natürlich! Nun sind das riesige Vorteile. Auf der anderen Seite gibt es wiederum ausgezeichnete Führungskräfte, die beispielsweise nicht Ihre Statur und vielleicht auch kein gewinnendes Wesen haben, die aber trotz alledem im

Unternehmen sehr anerkannt sind. Wenn man dann tiefer gräbt, gelangt man zu Eigenschaften, die Sie bereits häufig genannt haben: Offenheit, Vertrauen, Verlässlichkeit und charakterliche Integrität.

Maucher: Ja, absolut ...

Malik: In einem Ihrer Prinzipien schreiben Sie: »Walk your talk«, wie die Amerikaner sagen. Das sind die Dinge, die mich interessiert haben – was es ist, das auf andere Menschen in diesem Sinne gewinnend, beeindruckend und charismatisch wirkt? Dies sind die Dinge, die Sie eindrucksvoll geschildert haben.

Maucher: Also, ich würde sagen, dass, wenn es jetzt Richtung Show-Business geht, sich das langfristig nicht halten wird.

Malik: So ist es.

Maucher: Keiner kann überzeugen, der nicht selbst von der Sache überzeugt ist, da er dann nicht glaubwürdig sein kann. Ich denke, damit fängt es an.

Malik: Eine andere Frage, die ich an dieser Stelle gerne stellen will: Gab es eine Policy bei Nestlé, wie es sie in anderen Firmen gibt, dass, wenn zwei Mitarbeiter – Mann und Frau – eine private Beziehung eingehen, die in der Firma auch sichtbar wird – dass dann beide gehen müssen?

Maucher: Nein. Man muss menschliche Reaktionen verstehen und sie dann, wenn man Chef ist, sauber lösen. So einfach ist das.

Malik: Das bringt mich auf eine Führungssituation, die in verschiedensten Versionen auftauchen kann. Nehmen wir eine hierarchische, wenn auch flach hierarchische Struktur an: Sie haben unter sich einen Chef, und dieser Chef hat seine Mitarbeiter. Irgendetwas funktioniert nicht, aber es kommt nicht hoch zu Ihnen. Irgendjemand sucht dann doch den Kontakt zu Ihnen und sagt: »Herr Maucher, ich muss Ihnen jetzt etwas über unseren Chef erzählen: Es funktioniert nicht. Wie soll man damit umgehen?« Wie gehen Sie selbst mit einer solchen Situation um?

Maucher: Also, ich glaube, ich hatte eine derart gewichtige Position im Hause inne, und habe außerdem so Vieles gespürt, dass irgendein Arbeiter mir das

erzählt hätte, weil er sich gesagt hätte: »Der Maucher muss das wissen.« Mir ist Weniges verborgen geblieben, glaube ich. Und ich habe auch Verständnis für viele Dinge gehabt.

Malik: Das heißt, der Untergebene hatte die Möglichkeit, zu Ihnen zu kommen?

Maucher: Ja. Das heißt, ich habe ein Prinzip gehabt, auch im Markt, nebenbei bemerkt. Ich habe gesagt: »Jeder Nestlé-Angestellte, auch hohe Angestellte, hat loyal zu sein zu seinem Chef. Und zwar von Brasilien bis zum anderen Ende der Welt. Niemand darf illoyal sein. Es gibt eine einzige Sache, bei der er sogar die Pflicht hat, nach oben zu melden: Wenn nämlich sein Chef Sachen macht, die dem Unternehmen erheblich schaden können. Dann hat ein verantwortungsbewusster, leitender Mitarbeiter von Nestlé die Pflicht, seinen Chef zu umgehen und uns das zu melden.« Das habe ich gesagt.

Malik: Und wie sind Sie dann mit der Situation umgegangen? Wenn es vorgefallen ist, was haben Sie getan?

Maucher: Gut, wenn das so war, habe ich mit dem Chef gesprochen, und entweder habe ich den Chef versetzt oder den anderen. Ich habe in jedem Fall so gehandelt, dass das Problem gelöst war. Aber ich habe gesagt, dass die Loyalität da aufhört; dass es da eine höhere Loyalität zur Firma als zum direkten Chef gibt.

Malik: Und die Gefahr, die dann auftaucht – nämlich, dass es zu Intrigantentum kommen kann –, mussten Sie die der höheren Loyalität wegen in Kauf nehmen?

Maucher: Ja wissen Sie, wenn einer nur schwatzt, kriegen Sie das schnell heraus. Wenn er sich nur wichtigmacht und irgendwelche Märchen erzählen will, kriegen Sie das rasch raus.

Malik: Und da haben Sie dann sehr konsequent gehandelt?

Maucher: Absolut.

Malik: Das heißt, die Leute wurden versetzt oder gekündigt, oder ...

Maucher: Sofort. Ich habe immer gesagt, jeder kann Fehler machen, aber ich bin gegen Sünden wider den Heiligen Geist. Wissen Sie, da bin ich brutaler als die anderen; bei Fehlern bin ich vielleicht ein bisschen menschlicher, denn ein Fehler kann jedem passieren.

Malik: Diese Geschichten sprechen sich herum, und dann weiß man, dass Herr Maucher eben so handelt. Das geht weit über die übliche Behandlung von Unternehmenskultur hinaus. Das bringt mich noch zu einem weiteren Thema: Ich schließe aus Ihren Erzählungen, dass Sie mit den Leuten doch gar nicht oder nur sehr selten per Du waren oder diese mit Vornamen angeredet haben.

Maucher: Sehr selten. Wir haben in verschiedenen Kulturen gelebt. Ich habe ganz wenige ältere Freunde bei Nestlé, die zum Teil in der Generaldirektion waren, mit denen ich mich duze. Aber manche haben mich bis zum Schluss gesiezt. Also, ich war Monsieur Maucher. Und dann haben wir die verschiedenen Kulturen. In Frankreich war ich Monsieur Maucher, in Amerika war ich Helmut, und ich habe mein Gegenüber Joe genannt.

Maßnahmen, um Innovationen zu fördern

Farschtschian: Was die Unternehmenskultur im größeren Sinn anbelangt, sagen Sie ja – das geht auch aus Ihren Quellen hervor, die wir ja im Buch nennen –, dass Innovationsfähigkeit und Kreativität bis zu einem gewissen Grad durch Methoden, Systeme und Maßnahmen gefördert werden können. Es wäre interessant, wenn Sie ausführen könnten, wie Sie das gemacht haben. Wie haben Sie Innovation durch Ihre Maßnahmen und Methoden fördern können?

Maucher: Ja, also die generelle Haltung in der Firma war, dass wir Maßnahmen und Methoden nur in beschränktem Maß einsetzen. Das war das Klima. Sie schaffen Innovationen nicht durch Methoden, sondern durch ein Innovationsklima; und ein Innovationsklima schaffen Sie, indem Sie die Leute ermutigen, über das Leben nachzudenken: »Was machen wir denn?«, »Wo fehlt es?« Dann kann man natürlich gewisse Methoden anwenden, man kann in gewissen Kreisen zusammenkommen und sagen: »Verflixt nochmal, heute überlegen wir mal, wie das Geschäft weiter geht.« Ich bin jedes Jahr einmal – das habe ich in meiner Zeit eingeführt –, mit der ganzen Generaldirektion nach oberhalb von Montreux, nach Caux, zu einem guten Freund von mir, der dort ein Hotel und ein Restaurant hat, gegangen und habe zwei Tage lang nur darüber geredet: »Quo vadis, Nestlé?« Und zwar in einer beinahe unstrukturierten Art und Weise, was sich klimatisch hervorragend ausgewirkt hat. Die Leute sind enger zusammengewachsen, haben unstrukturiert geredet, und man musste die Leute ermutigen, zu sagen: »Ja, jetzt muss ich doch mal auf den Tisch hauen und sagen, zu diesem Punkt, da machen wir nichts.« Da sage ich: »Was ist los?« In diesen Diskussionen haben wir sehr viel innovativ zustande gekriegt; wir haben überlegt: »Wo versagen wir im Moment? Wo sind wir im Rückstand? Wo haben wir nichts?« Und wir haben dann da am Schluss auch Entscheidungen getroffen, haben gesagt: »Jetzt wollen wir mal mehr Geld in die Nutrition-Forschung stecken«, oder »Wir müssen die relativ schwache Marktposition in, was weiß ich, in Afrika, die müssen wir jetzt anpacken.« Da haben wir sehr viel getan, was innovativ war, also wo wir zu neuen Ideen, neuen Überlegungen gekommen sind.

Farschtschian: Das geht ja eigentlich in die Richtung der Syntegrationen von Herrn Professor Malik; sind das ähnliche Ansätze?

Maucher: Also, wenn Sie das als Methode bezeichnen, dann sage ich Ja. Methoden helfen da.

Malik: Ja, das geht in diese Richtung. Heute, wo man eben sieht, dass man sehr viele Menschen – jedenfalls immer mehr Menschen – braucht, um Konsens zu schaffen, und um eine tragfähige Basis zu bilden, damit jeder seinen Beitrag leisten kann und will.

Maucher: Sicher, ja klar.

Malik: Jetzt, wenn es in Ihrem Beispiel so läuft, dass man unstrukturiert, mit geringfügigen Guidances zu guten Ergebnissen kommt, dann ist das wunderbar. In unserem Falle gibt es jetzt ein bisschen mehr Guidance, damit eben die Selbstorganisation der Informationsflüsse zustande kommt.

Maucher: Ja gut, also die Organisation, die Umstrukturierung, ist eine andere Geschichte. Da muss man ja immer wieder die Firma anpassen, weil die Menschen sich verändern, die Struktur sich verändert, die Größenordnungen sich verändern – da muss ich immer wieder organisatorische Anpassungen vornehmen. Das ist ja nicht etwas, was man heute macht, und das dann zehn Jahre ruht, sondern das ist ein ständiger Prozess der Anpassung. Entsprechend der Menschen, entsprechend der Probleme und entsprechend der Größenordnungen. Da ist ein Chef ständig gefordert. Das muss er mit seinen Leuten besprechen, er muss es machen. Einer, der zehn Jahre wartet, bis die Katastrophe da ist, und dann einen riesigen Wirbel machen muss, um alles zu ändern, der zerschlägt in der Regel viel Porzellan, sodass es dann schwierig wird, nicht?

Malik: Auch noch von den Methoden her betrachtet: Wenn Sie Nestlé jetzt auf einen ganz neuen Kurs bringen müssten und sagen würden: »Wir wollen jetzt unser Geschäft in China massiv verstärken, und das bedeutet für uns, Ressourcen hier abzuziehen und dort aufzubauen, und es bedeutet viele und tiefgreifende Änderungen.« Das wäre eine Change-Herausforderung. Oder wenn man sagen müsste: »Wir müssen doch mal darüber nachdenken, wie das Geschäft aussehen würde, wenn wir mit 30 Prozent weniger auskommen müssten, wegen der Krise ... Wir wissen es nicht, wir hoffen es nicht, aber lasst uns mal darüber nachdenken.« Wir wollen als Leader ja auch vorbereitet sein.

Maucher: Also, das muss offen und lang mit dem gesamten Management diskutiert werden. Da müssen alle 100 Prozent dahinter stehen. Es muss alles auf den Tisch kommen (wer etwas dagegen hat et cetera), bis wir da einig sind. Und dann müssen die in ihren Kreisen genau dasselbe machen – Kommunikation, Überzeugung, Diskussion – und sagen: »Wenn aus euren Diskussionen in eurem Bereich Sachen herauskommen, wo wir sagen, wir liegen schief, das geht nicht so, dann kommt zurück, dann müssen wir uns korrigieren. Denn wir haben jetzt vielleicht etwas entschieden, von dem wir glauben, dass es geht.« Und dann kommt der asiatische Chef und sagt: »In Japan geht das auf keinen Fall so.« Die haben eine ganz andere Kultur, da müssen wir es ganz anders anpacken, oder sonst etwas unternehmen. Das muss alles auf den Tisch. Das erfordert viel Diskussion, Reden, Zusammenhalt, Konsens bilden und Offenheit, weil man sonst irgendeinen Fehler macht oder einer von den Leuten in Wirklichkeit nicht dahinter steht und das boykottieren wird.

Malik: Ja genau.

Maucher: Also, da muss man die Mannschaft hinter sich kriegen und sich selbst korrigieren, wenn man merkt, dass da Sachen kommen, an die man nicht gedacht hat.

Farschtschian: Herr Malik, wenn ich es recht sehe, sind gerade das Herausforderungen von genau jenem Typ, für die Sie Ihre innovativen Syntegrationsmethoden entwickelt haben? Für das Einbeziehen der größtmöglichen Zahl von Personen, die man für den Konsens braucht, und um das Wissen aller Beteiligten für die Gesamtlösungen zu nutzen auch um einen solchen Prozess zu beschleunigen und um dann auch das Umsetzen viel besser und schneller zu bewerkstelligen.

Malik: Sie sehen das richtig. Es sind die ganz großen, übergreifenden Herausforderungen, für die wir diese Methoden und Tools entwickelt haben. Mit ihnen verstärken sich Kraft und Effektivität des Topmanagements um mehr als das 80-fache, und es wird um etwa das 100-fache schneller. Zum Beispiel bei großen Restrukturierungen, Post-Merger-Integration, strategischen

Positionierungen, Eintritt in neue Länder und Märkte, Integration von Unternehmenskulturen, massive Ergebnisverbesserung, Stärkung der Innovationskraft und so weiter.

Diese Methoden sind genau besehen revolutionär innovativ, und schon rund 600 mal erfolgreich angewandt worden. Dabei gab es keinen einzigen Flop. Die Gründe für diese enormen Leistungen liegen in Naturgesetzen der Kommunikation und Kybernetik.

Um das noch etwas näher historisch zu erläutern:

Wir haben sie entwickelt für die ganz großen Herausforderungen, die man generell nur ganzheitlich meistern kann, weil sie das Unternehmen oder große Teile davon als Ganzes betreffen, weil sie in sich vernetzt sind, eine hohe Komplexität entwickeln und daher, weil sie sich vor allem auch dynamisch von selbst verändern, leicht entgleisen, meist noch schneller als man dafür Lösungen entwickeln kann.

Außerdem braucht man dafür eine absolut gesehen große Zahl von Führungskräften der obersten und oberen Ebenen – in Großunternehmen mehrere Hunderte, die sowohl das nötige Fachwissen haben, als auch die nötige soziokulturelle Überzeugungskraft in der Organisation. Wissen, Geschwindigkeit und soziale Energie sind für das Meistern solcher Herausforderungen erfolgskritisch. Die Kraft muss danach ebenso schnell und effektiv nach unten und bis in die Führungskapillaren einer Organisation gebracht werden. Mit herkömmlichen Vorgehensweisen stößt man dabei rasch brutal und wertevernichtend an die gnadenlosen Grenzen des Herkömmlichen.

Unsere Syntegrationsverfahren aber – der Name ist eine Kombination aus Synergie und Integration – eröffnen für die oberste Führungsebene ganz neue Möglichkeiten des Handelns. Mit ihnen können selbst die größten Organisationen leichtfüßig und schnell bewegt und verändert werden. In DAX-Unternehmen werden sie zum Teil bereits breitflächig eingesetzt. Eine der großen Automobilfirmen hat damit seine weltweit 450 obersten Manager multikulturell horizontal vernetzt, um Fragen der strategischen Positionierung neu zu beantworten.

Früher hätte das, wie Sie, Herr Maucher, das so trefflich beschreiben, sehr lange gedauert und viele Diskussionsrunden gebraucht. Hier ging das innerhalb von sechs Wochen über die Bühne, und die Ergebnisse waren hervorragend. Sowohl auf der Sachebene und auch auf der Kulturebene, die für solche Fragen oft noch wichtiger ist. Zusammenhalt, Schulterschluss, Gemeinschaftsgefühl, Offenheit, gemeinsamer Konsens auf der Ebene des größten gemeinsamen Faktors und das Freisetzen einer vorher fast unvorstellbaren sozialen Energie, gewissermaßen Kampfgeist für das Umsetzen.

Maucher: Ich möchte das unterstreichen. Ihre sogenannten »Malik-Lösungen« mit Ihrer Syntegrationsmethode vorneweg, sind von allergrößter Bedeutung, da sie auf eine geniale Art und Weise genau drei wichtige Elemente kombiniert: Dialog, Kybernetik und Organisations-Know-how.

Farschtschian: Herr Maucher, Sie haben ein Unternehmen aufgebaut, das am Ende Ihrer operativen Arbeit eine viertel Million Leute beschäftigte, heute sind es mehr als 330000. Wie viele Personen brauchen Sie, um einen solchen Konzern in solchen Situationen wirklich zu bewegen? Wie viele haben Sie gebraucht?

Maucher: In der Zentrale?

Farschtschian: Ja, also ich meine, Sie haben in 80 oder mehr Ländern gearbeitet, nicht?

Maucher: Erstens haben wir gewisse Prinzipien, wie viele wir in den Ländern brauchen. Ich habe aber einmal in meiner Zeit mit McKinsey eine Operation durchgeführt, bei der ich das Gefühl hatte, dass wir jetzt mit den jetzigen Methoden ein paar Leute zu viel in der Zentrale haben. Da waren wir so um die 1700 Leute. Ich sagte: »Wir müssen das mal ganz nüchtern untersuchen, was brauchen wir? Das heißt, was können wir wegdelegieren an die Märkte? Was machen wir einfacher? Wo brauchen wir überhaupt nichts?« Und ich habe diese Übung selbst geleitet. Mit McKinsey und zwar mit den besten Leuten, nur mit einem erstklassigen Chef. Und ich habe gesagt: »Untersucht das!« Wir sind dann zum Konsensus gekommen, dass wir in der Zentrale etwa 200 Leute weniger brauchen.

Dann habe ich gesagt: »Das wird nicht so gemacht, dass wir jetzt vor der Mannschaft stehen und sagen: ›Also damit ihr es wisst, ab morgen brauchen wir 200 Leute weniger.‹« Da hatte ich Kaderkonferenz gehabt und gesagt: »Wir werden wahrscheinlich etwas weniger Leute brauchen. So sieht es jetzt aus. Aber ich sage euch eins, es geht um eine Größenordnung, wo wir keine Katastrophe produzieren müssen. Wir haben Fluktuation, wir haben Umschulung, wir haben alles Mögliche, und wir brauchen das nicht in einem Jahr zu machen, wenn es auch innerhalb von drei Jahren geht. Hauptsache ist, es wird gemacht. Aber ich möchte die Sicherheit im Unternehmen behalten, und deswegen sage ich euch, es wird keiner rausgeschmissen, denn die Größenordnung, um die es geht, die können wir innerhalb von drei Jahren selber lösen. Lieber zahle ich noch zwei Jahre lang ein Knöllchen mehr.« Das ist die beste Investition in die Personalpolitik.

Farschtschian: Das machen die wenigsten Unternehmen.

Maucher: Das wird fast nie gemacht, und dabei ist es so simpel. Ich habe ja einmal gesagt: »Wo es schwierig wird, ist, wenn Sie eine Fabrik schließen müssen, weil Sie da nicht alle Leute irgendwohin versetzten können.« In England, wo ich relativ früh ziemlich viel rationalisieren musste, habe ich eine Fabrik geschlossen. In Grimsby.

Farschtschian: Die haben Sie, glaube ich, verschenkt oder?

Maucher: Und da habe ich gesagt: »Ich möchte eine Lösung finden. Ich möchte, dass sie einer übernimmt, der die meisten Leute weiter beschäftigen kann.« Das heißt, ich habe gesagt, dass ich die Fabrik verschenke an einen, der kommt und mir garantiert, dass er die Leute weiter beschäftigt – der kriegt sie für ein Pfund. Da haben wir einen Käufer gefunden. Ja, das hat mir mehr Image und Vertrauen eingebracht, als viele andere Sprüche. Das wird leider viel zu wenig gemacht.

Malik: Das würde uns vielleicht noch direkt zum Betriebsrat führen. Sie schreiben, dass Sie selbst in der Schweiz eine Personalkommission hatten.

Maucher: Ja.

Malik: In Deutschland, in der großen Organisation hier, hatten Sie einen Betriebsrat.

Maucher: Ja klar.

Malik: Und der hat bei solchen Maßnahmen vermutlich sehr auf Ihrer Seite gestanden.

Maucher: Ich habe nie Schwierigkeiten mit ihm gehabt. Aber ich habe gesagt: »Hört mal, es gibt viele Sachen, die ihr mir sagt, bei denen ich sage, dass ihr recht habt, weil wir es gar nicht wussten. Aber wenn ihr mich über den Tisch ziehen wollt, habt ihr ein Problem mit mir. Also bitte keine falschen Sachen.« Und ich habe glänzend mit ihnen gearbeitet. Wir haben vernünftige Leute gehabt, solche, die die Interessen der Leute vertreten haben, die auch, sagen wir, SPD gewählt haben oder so etwas. Fast alle Menschen sind ansprechbar.

Malik: Ja, wenn man es eben richtig macht, was anscheinend eine Ihrer großen Fähigkeiten ist.

Maucher: Wenn Sie mit denen anständig umgehen, gehen die auch mit Ihnen anständig um. Ich habe eigentlich nirgends in meinem Leben große Probleme mit Betriebsräten gehabt. Und ich habe immer gesagt, dass, wenn sie nicht da wären, sie erfunden werden müssten. Denn die Leute brauchen eine Möglichkeit, global mit uns zu kommunizieren, weil nicht alle Chefs in der Lage sind, mit ihren Mitarbeitern so zu kommunizieren, dass man einen Betriebsrat nicht braucht. Natürlich bin ich mit denen auch regelmäßig zusammengekommen und habe dem Chef gesagt: »Komm, sag' mir, was ist los? Was läuft in der Bude?« (lacht). »Wo drückt dich der Schuh?« und so weiter oder »Kommt, was machen wir?« Man muss auch wissen, dass wir oft Fehler machen, und dass die Leute im Prinzip recht haben. Ich erzähle Ihnen ein lächerliches Beispiel – ich meine, ich könnte Ihnen viele erzählen –: Da wurde in Deutschland nach den damaligen Gesetzen und so weiter ein Gesamtbetriebsrat gebildet, der dann zweimal im Jahr aus allen Fabriken aus ganz Deutschland zusammengekommen ist und seine Betriebsratsitzung abgehalten hat und so weiter. Deren Problem bestand darin, dass sie gesagt haben: »Mensch, wir würden ja schon verdammt gern mal Erste Klasse fahren, oder? Wir sind ja jetzt was, wieso sollten wir nicht Erste Klasse fahren dürfen?« »Personalabteilung, Vorschrift XY ... nein, Erste Klasse ist nur für sowieso vorgesehen, nicht?« Und dann haben sie gesagt: »Ja, geht das nicht?« »Sie können doch mit uns ...« Kurz und gut: Eines Tages habe ich das gehört und gesagt: »Ihr seid doch Idioten ...« Dass die Erste Klasse fahren dürfen, ist für die viel wichtiger, als 2 Prozent oder 0,5 Prozent mehr Lohn. Für die ist das Wichtigste in ihrem ganzen Leben, dass sie vom Allgäu nach Frankfurt Erste Klasse fahren dürfen. Da habe ich gesagt: »Das kostet ja fast nichts! Ihr seid solche Idioten ...« Dann habe ich das geändert und dadurch wieder mehr Zustimmung erhalten, als ich mit vielen anderen Geschichten erhalten habe. Ein solcher Vorfall ist zwar lächerlich, aber wenn sie so Bürokraten haben in der Administration, kann das passieren.

Malik: Aus solchen Dingen werden viel zu oft aus den falschen Gründen Prinzipfragen gemacht ...

Maucher: Diese lächerlichen Sachen spielen eine viel größere Rolle als man glaubt. Und im Übrigen, wenn ich mit dem Fabrikchef durch die Fabrik gehe, dann weiß ich ganz genau, wie er führt. Ich erkenne das daran, wie die Leute gucken, wie er die Leute anguckt, was für ein Kontakt besteht. Dann weiß ich genau, dass er nicht viel kann, dass er ein guter Technokrat ist, dass wir ihn vergessen können. Nachdem ich mit ihm durch die Fabrik gestiefelt bin, weiß ich, wie der führt.

Farschtschian: Anhand der Reaktion der Mitarbeiter, oder ...?

Maucher: Ja, daran, wie er sich verhält, wie die Mitarbeiter sich verhalten, wie die Mitarbeiter ihn anschauen. Das sieht man einfach.

Personalpolitik

Farschtschian: Interessant. In Ihrer Personalpolitik geht es um viel mehr als nur um die Checklist und um die Personalabteilung. Sie sagen auch: »look more in the eyes than in the files«. Wie erkennen Sie denn eigentlich gute Kandidaten, wenn Sie denen in die Augen schauen?

Maucher: Ja gut, es sind plastische Sprüche, ja? Aber es ist so. Die Checklist ist auch gut. Ich muss wissen, ob jemand drei Jahre im Zuchthaus war oder sonst was. Aber danach, wenn ich so jemanden vor mir habe und ihn anschaue ... den meisten Leuten sehe ich anhand der Art, wie sie gucken, an, ob sie falsch sind. Sie sehen es in ihren Augen, ob sie etwas tun wollen in ihrem Leben ... Jeder manifestiert sich, und Sie müssen ein Gefühl dafür bekommen. Man muss aber aufpassen, dass man nicht der Einzige ist, der den Kandidaten anguckt, weil dann subjektive Momente in die Beurteilung reinkommen können, da zwischen Ihnen und dem Kandidaten die Chemie stimmt oder nicht stimmt. Aus diesem Grund habe ich immer gesagt, dass ich möchte, dass ihn sich – zusätzlich zur »Überprüfung« durch Personal- und Checklisten – ein oder zwei andere erfahrene Leute ansehen, um zu checken, ob mein Urteil richtig ist, oder zu sagen: »Nein Maucher, da liegst du schief, das hast du falsch gesehen, ich glaube, da müssen wir noch einmal darüber reden ...« Wenn Sie aber zwei oder drei erfahrene Leute haben, die zu ähnlichen Auffassungen kommen, dann haben Sie ein sichereres Urteil über die Person, als Sie es mit allen Checklisten und Personalabteilungen je hätten erhalten können. Das ist so. Aber wie gesagt: Subjektive Urteile gilt es zu vermeiden.

Malik: Das haben Sie aber nicht an der Universität gelernt, oder?

Maucher: So ist es. Man lernt dort nicht alles, aber man kriegt ein Rüstzeug, das man brauchen kann. Zurück zum Führungsverhalten: Sie können tausendmal schreiben, der Mensch stehe im Mittelpunkt; wenn Sie selbst nur durch die Bude stolpern und niemanden sehen, dann haben Sie schon verloren.

Malik: Wie ist man denn in diesen engeren Kreis von zukünftigen Führungskräften, denen Sie sich persönlich gewidmet haben, hineingekommen? Sie können ja nicht hunderte von Menschen mit der Intensität betreuen, wie sie für die obersten Positionen erforderlich wäre.

Maucher: Ja gut, ich habe so etwa 300 Leute gekannt. Aber das ist natürlich sukzessiv geschehen. Ich habe an einer Besprechung der Marketingabteilung teilgenommen, bei der ich so und so viele Leute gesehen habe. Ich bin nach Brasilien gegangen und habe mit dem Management geredet. Dabei habe ich zehn Leute intensiv gesehen und vielleicht 25 in einer größeren Besprechung oder Konferenz. So sammelt sich bei mir im Laufe der Zeit ein Haufen an Informationen über Leute, die wir haben. Wenn dann jemand ausgewählt wird, bin ich ja nicht alleine, sondern da ist auch noch der Kollege, der für Lateinamerika zuständig ist, der noch einige Leute mehr kennt. Mit ihm unterhalte ich mich, und er sagt: »Ja, der und der würde sich dafür eignen.« Dann sage ich: »Ja, den habe ich auch gesehen. Ich glaube, das ist richtig.« Das Wichtigste also ist, dass Sie sich dafür interessieren. Wenn Sie sich dafür interessieren, sorgen Sie auch dafür, dass da was geschieht. Wenn Sie sich nicht interessieren und nichts sehen, dann passiert auch nichts.

Politik, Wirtschaft und Gesellschaft

Farschtschian: Diesbezüglich gäbe es generell viel Positives und Negatives zu berichten, was wir an dieser Stelle aber nicht detailliert ausführen, sondern bei ein paar Bemerkungen belassen wollen. Herr Maucher, wie denken Sie über unsere heutige politische Führung?

Maucher: Wir brauchen wieder mehr Staatsmänner und weniger Premierminister. Nur, wir sagen bei Nestlé: »Wir passen uns an.« Die Menschheit muss weiter ernährt werden.

Malik: Ja, das stimmt, welche Regierung wir auch immer haben.

Maucher: Zwei Dinge, die natürlich auch bei uns diskutiert werden: Das Erste ist, dass, wenn die Nahrungsmittelpreise weltweit weiter steigen (und das werden sie, weil das Angebot geringer ist als der zukünftige Bedarf), das zu weniger Wachstum bei unseren Entwicklungen in der Dritten Welt führt, weil die Leute heute schon 40 bis 50 Prozent ihres Geldes für Nahrungsmittel ausgeben, und wenn diese um weitere 10 Prozent steigen, sie noch weniger kaufen können. Das ist das Erste; eine einfache Tatsache, die man berücksichtigen muss.

Das Zweite ist, dass es in der entwickelten Welt gewisse Trends in Richtung Nutrition gibt, und die Leute zudem etwas genauer wissen wollen, woher ein Produkt kommt. Das heißt, dass die Imagebildung, die Marke Nestlé, unser Verhalten in der Welt für den aufgeklärten Konsumenten eine größere Rolle spielt. Ferner spielen Qualität und Conveniance eine große Rolle.

Malik: Aber Sie verlassen sich auf die Adaptivität von Nestlé, auf die Flexibilität ...

Maucher: Sicher, ich meine, wir haben 500 Fabriken auf der ganzen Welt, und wir passen uns in jedem Land an, indem wir schauen, wie es da läuft, ja. Nestlé braucht sich also im Prinzip keine Sorgen zu machen: Wir haben die Position, die Märkte, die Erfahrung. Jedoch wird das Wachstum in der Dritten Welt durch das Ungleichgewicht von Angebot und Nachfrage und die damit verbundenen Preiserhöhungen etwas beeinträchtigt werden, das ist ganz klar.

Farschtschian: Ich danke Ihnen beiden für die anregende Debatte. Wir haben durch diesen Dialog sehr wichtige Themen ziemlich detailliert behandelt, sodass viele der Leser vom Gesagten profitieren können.

Teil 4

Helmut Mauchers Gedanken über die Zukunft und Vorschläge zur Verbesserung unserer demokratischen Verfassungen

Einige Bemerkungen über zukünftige Entwicklungen

Zu den vielen Prognosen über die Zukunft möchte ich keine eigenen hinzufügen, aber doch Folgendes bemerken: *Es sieht so aus, als ob wir künftig keine Kriege zwischen den Großmächten mehr haben werden, aber nach wie vor viele lokale Kriege und Terror.*

Die *Weltbevölkerung* wird *weiter wachsen*, wobei ich der Meinung bin, dass sie *weniger stark wachsen wird als in den verschiedenen Vorhersagen prophezeit wird.* Die Gründe dafür liegen in der zunehmenden Verstädterung, in der weiter zunehmenden sozialen Sicherung (und dadurch einer geringeren Abhängigkeit von Familien), in der Aufklärung und der Abnahme von religiösen Bindungen (wie es weltweit tendenziell festgestellt werden kann), im Einfluss der Medien und in der demografischen Entwicklung in Richtung Zunahme der älteren Bevölkerung sowie der regionalen Verschiebungen in Richtung nicht europäischer Gebiete mit besonderem Schwerpunkt in Asien.

Die Globalisierung wird weiter zunehmen. Dabei wird es in einzelnen Weltgegenden *vorübergehende protektionistische Tendenzen* geben.

Die Demokratisierung und der Abbau beziehungsweise die Veränderung autoritärer Systeme wird weltweit zunehmen – siehe Entwicklungen im Mittelmeerraum.

Im Übrigen sollte die Menschheit endlich gelernt haben, dass große, *gesellschaftspolitische Entwürfe wie der Kommunismus und andere Utopien nie zur Lösung unserer Probleme beitragen, sondern im Gegenteil* meist in Katastrophen enden. Schon der Philosoph Karl R. Popper hat hierzu gesagt: »Der Versuch, den Himmel auf Erden einzurichten, erzeugt stets die Hölle.«

Wie bereits erwähnt, werden die Ressourcen *Wasser, Energie und Nahrung künftig äußerst knapp werden.* Es ist deshalb höchste Zeit, dass sich die Nationen und die regionalen Zusammenschlüsse (wie die EU, die Staatengemeinschaft der G20 sowie die UNO) neben den sicher wichtigen wirtschaftlichen und politischen Fragen mit diesen Themen intensiver befassen und Maßnahmen ergreifen. Hier müssen entsprechende Prioritäten gesetzt werden, und es muss irgendwann einmal begriffen werden, dass die genannten Probleme wichtiger sind, als die Entscheidung darüber, ob irgendein Monument oder ein Stadtteil durch die UNESCO zum Weltkulturerbe erklärt wird.

Die westlichen Demokratien scheinen bei allen Vorzügen Schwierigkeiten zu haben, gewisse notwendige Probleme anzupacken, weil sie fürchten, Wählerstimmen zu verlieren und deshalb abgewählt zu werden.

So stellen wir überall eine dramatische Verschuldung der Staatshaushalte fest, die so nicht weitergehen kann.

Deshalb möchte ich zum Schluss meiner Ausführungen einige Gedanken zu demokratischen Verfassungen und Gesetzgebungen äußern und Vorschläge machen, wie diese eine höhere Effizienz bewirken sowie zu einem besseren Funktionieren von Politik und Gesellschaft beitragen können.

Vorschläge zu demokratischen Verfassungen

Allgemeine Gedanken und Bemerkungen zur Einstimmung

Gemeinschaft ist mehr als die Wahrnehmung gemeinsamer Interessen.
Helmut Maucher

If the common sense were more common, the world would be wonderful.
Helmut Maucher

Jedes gesellschaftliche System geht an seinen Übertreibungen zugrunde.
Wilhelm Röpke

Bürokratie behindert, System befreit.
Helmut Maucher

Liberalisierung überfordert, Paternalismus entmündigt.
Unbekannt

Man muss die Menschen nehmen, wie sie sind, es gibt keine anderen.
Konrad Adenauer

Gewalt ohne Recht ist Tyrannei, Recht ohne Gewalt ist lächerlich.
Blaise Pascal

Zur Gestaltung und Effizienzsteigerung von demokratisch verfassten Gesellschaften

Trotz aller Schwierigkeiten bleibt es meine Überzeugung, dass demokratische Verfassungen für Staaten und Gesellschaften am besten geeignet sind, um das Zusammenleben der Menschen zu regeln. Wir wissen allerdings auch, dass die Demokratien besser funktionieren würden, wenn der Mensch allgemein einsichtig, intelligent, mit gründlichen Kenntnissen auf allen wichtigen Wissensgebieten ausgestattet, und gemeinschaftsbezogen wäre, und die politische Klasse außerdem mit professionell und charakterlich hervorragenden Menschen besetzt wäre. Da dies bekanntermaßen nicht immer der Fall ist, stecken wir in einem Dilemma. Politiker und Menschen ganz allgemein denken und handeln zu kurzsichtig, sind zu stark Stimmungen und modischen Strömungen unterworfen und handeln eher emotional als rational. Generell ist die Regierungsform Demokratie auch deshalb schwieriger geworden, weil die Probleme komplexer und weniger überschaubar geworden sind, und die Medien infolge der modernen Kommunikationsmittel und des hohen technologischen Standes einen größeren Einfluss haben. Die Macht der Medien mit all den damit verbundenen Begleiterscheinungen (wie zum Beispiel der Dramatisierung und Beschwörung von Ängsten bis hin zur Erzeugung von Untergangsstimmungen, den zum Teil verzerrten Informationen, dem sogenannten engagierten oder investigativen Journalismus und so weiter) war noch nie so groß. Viele Menschen sind nicht mehr in der Lage, die Unmengen an Informationen zu verarbeiten, um sich eine ausgewogene Meinung zu bilden. Auch ist zu beobachten, dass das linke Spektrum in der Medienwelt tendenziell stärker vertreten ist.

Das Nachgeben gegenüber den Forderungen der Bürger und der Wunsch, die nächsten Wahlen zu gewinnen, erzeugen tendenziell in allen Demokratien zudem eine unverantwortliche Verschuldung und eine hohe Staatsquote.

Was könnte man tun, um diese Schwächen der demokratischen Verfassungen wenigstens teilweise zu mildern, um zu besseren Ergebnissen zu kommen? Hier einige Vorschläge in Stichworten:

- Es sollte die Präsidialdemokratie mit längeren Wahlperioden eingeführt werden, um mehr Autorität, Stabilität und längerfristiges Handeln zu erzielen. Dazu gehört auch generell eine Stärkung der Spitze des Staates (wie immer sie auch organisiert ist) sowie eine emotionale Stärkung der »Symbolkraft« der Staatsspitze. Die Methode des konstruktiven Misstrauensvotums (wie wir es in Deutschland für die Kanzlerschaft haben) sollte man vermehrt anwenden.
- Ein Vielparteienstaat sollte verhindert werden: also mindestens (wie auch bei uns schon geschehen) die 5-Prozent-Hürde einführen oder aber noch stärker in Richtung des britischen Systems gehen.
- Insgesamt sollte mehr Sorgfalt auf die Auswahl der politischen Klasse verwendet werden, die aus meiner Sicht auch besser bezahlt werden

sollte. Die damit verbundene Betonung von mehr Führung und Autorität sollte aber ergänzt werden durch eine extensive Anwendung des Prinzips der Subsidiarität, der Dezentralisierung und der Förderung des Föderalismus. Die zentrale politische Macht sollte sich auf essentielle Aufgaben konzentrieren, in diesen Fragen jedoch handlungsfähiger sein. Wir brauchen also einen starken, aber trotzdem schlanken Staat.

- Ferner sollte man die parlamentarische Demokratie nicht aufweichen durch mehr direkte Demokratie, Volksbefragungen und mehr Möglichkeiten zu Einsprachen und Bürgerrechtsbewegungen in Dingen, die im Vorfeld bereits demokratisch entschieden worden sind (siehe »Stuttgart 21«). Diese Forderung ist auch notwendig, weil bei mehr direkter Demokratie auch mehr vordergründiger Populismus entsteht und der Einfluss der Medien noch verstärkt wird. Wir brauchen hier also eine bessere und vernünftige Balance zwischen Interessen der Gemeinschaft und partikularen Interessen. In diesem Zusammenhang bin ich natürlich für den klassischen Minderheitenschutz, aber vehement gegen »Minderheitenterror«.
- Um die von mir bereits erwähnte ständige Erhöhung der Staatsverschuldung unter Kontrolle zu bringen, ist es dringend notwendig, eine Schuldenbremse einzuführen.
- Des Weiteren müssen wir nach Möglichkeiten suchen – insbesondere in der Gesetzgebung und in gewissen Kontrollgremien –, die Medien stärker auf ihre eigentlichen Aufgaben hinzuweisen, also darauf, eine verantwortungsbewusste Informations- und Berichterstattungspolitik zu betreiben, wie auch ihre Funktion als Korrektiv wahrzunehmen und Staat und Gesellschaft zu kritisieren und zu kontrollieren, um Auswüchse und Machtmissbrauch zu vermeiden.
- Besorgt bin ich über einige negative mentale Veränderungen in unserer Gesellschaft, die unter anderem durch Wohlstand, Freiheit und soziale Sicherheit entstanden sind. Ich erwähne unter anderem die Zunahme von Egoismus und Rücksichtslosigkeit, zu wenig Respekt vor Autoritäten sowie die mangelnde Stärke, mit den Widrigkeiten des Lebens fertig zu werden. Auch ist insgesamt weniger Leistungsorientierung und mehr Anspruchsmentalität festzustellen. Ferner stellt man generell einen Rückgang der Bindungsfähigkeit und der Loyalität fest.
- Dies erfordert größere Anstrengungen in der Erziehung, im Elternhaus und in den Schulen, aber auch größere Bemühungen in allen gesellschaftlichen Institutionen einschließlich der Kirchen.

Weitere Vorschläge zur Verbesserung von demokratischen Verfassungen

- Auch wegen der Gefahr des Terrorismus bin ich für mehr Bürgerschutz und Datenvorratsspeicherung und weniger für generellen Datenschutz.
- Die soziale Marktwirtschaft sollte vermehrt auf ihre Ursprünge und ihren ursprünglichen Zweck zurückgeführt werden im Sinne des durch die Freiburger Schule entwickelten Ordoliberalismus. Das soziale Netz sollte nicht zu einer sozialen Hängematte verkommen. In diesem Zusammenhang sollten Mitbestimmungsrechte, Betriebsverfassungsgesetze und Ähnliches so gestaltet werden, dass die Arbeitnehmer ihre Interessen fair wahrnehmen können, wohingegen einige der machtpolitischen Komponenten dieser Gesetze zurückgenommen werden sollten.
- Ganz allgemein sollte die Balance zwischen Freiheit und Gleichheit sowie zwischen Ökonomie und Ökologie im Sinne der sozialen Marktwirtschaft optimal und möglichst objektiv gestaltet werden. (Mit dem neuen Energiegesetz und der damit verbundenen vorzeitigen Abschaltung der Atomkraftwerke ist diese Balance nicht eingehalten worden, ganz abgesehen davon, dass die Ziele zu einem schnellen Ausbau der alternativen Energien nicht realistisch sind und zu viel höheren Kosten führen, die unsere Wettbewerbsfähigkeit beeinträchtigen werden.)
- Betreffend Steuerpolitik rate ich zur Senkung der Staatsquote und zur Vereinfachung des Steuersystems. Trotz der Notwendigkeit einer maßvollen Umverteilung in einer sozialen Marktwirtschaft sollte mehr der Konsum denn die Leistung besteuert werden.
- Investitionen in Bildung sind notwendig und wichtiger denn je. Durch bessere Information und Ausbildung wird die Demokratie gefestigt. Je besser informiert und je vernünftiger, urteilsfähiger und rationaler die Menschen sind, desto besser funktioniert die Demokratie! Ziele und Inhalte der Demokratie sollten jedoch zum Teil überprüft werden. Zum Beispiel sollten die Menschen besser darüber Bescheid wissen, wie eine Marktwirtschaft funktioniert und welche Vorteile sie hat. Man sollte die Technikfeindlichkeit abbauen und auf Verhaltensregeln, wie sie in einer Gemeinschaft notwendig sind, bestehen. Menschen, die nicht Bescheid wissen und nicht verstehen, wie das Gemeinwesen und wie die Welt funktionieren, und in denen auch kein Interesse dafür geweckt wird, können keine mündigen Staatsbürger sein. In dieser Hinsicht ist es natürlich auch wichtig, die Lehrer entsprechend auszubilden.

- In der Jurisprudenz, besonders im Strafrecht, sollte der Opferschutz wieder stärker betont werden und nicht der Täterschutz. Die Polizei sollte mehr Möglichkeiten erhalten, bei Unruhen et cetera einzugreifen; der Schutz für Randalierer sollte dabei verringert werden.
- Generell sollte die folgende Frage im öffentlichen Raum und in der Wissenschaft wieder sachlicher diskutiert werden: »Wie viel Führung, Autorität und Regeln braucht eine Gemeinschaft, und wo fangen wir an, die einzelnen Menschen zu sehr zu gängeln?« Die Diskussion ist auch deshalb so schwierig, weil die Gesellschaft als Ganzes und die einzelnen Gemeinschaften in dieser Beziehung sehr unterschiedlich aufgestellt sind.
- Während ich meine bisherigen Bemerkungen weitgehend zur Bundesrepublik Deutschland gemacht habe, möchte ich doch anführen, was sich meines Erachtens weltweit grundlegend ändern müsste. Die modernen Kommunikationsmittel, die Finanzwelt sowie die zunehmende Globalisierung und Vernetzung der ganzen Welt erfordern eine Neuausrichtung der Frage, welche Aufgaben und Kompetenzen wir weltweiten Einrichtungen, regionalen Zusammenschlüssen wie der EU, den einzelnen Nationalstaaten sowie den föderalen Untergliederungen der Staaten übertragen wollen. Wir können beispielsweise der zunehmenden Globalisierung, dem freien Warenverkehr und der globalen Finanzwelt nicht freien Lauf lassen, ohne weltweit entsprechende Regelungen im Sinne des früher in Nationalstaaten entwickelten Ordoliberalismus einzuführen. Wir können auch Fragen, wie zum Beispiel die Knappheit von Energie, Wasser und Agrarprodukten oder viele ökologische Fragen et cetera nur optimal angehen, wenn wir sie weltweit diskutieren und regeln. Hier kommt der UNO und auch der G20 erhöhte Bedeutung zu. Andererseits gibt es viele Fragen und Probleme, die man im Sinne der Subsidiarität ohne Schwierigkeiten in einzelne Länder, Regionen oder auch Kommunen delegieren kann. Solche Regelungen werden dadurch bürgernäher und weniger bürokratisch. Je mehr die Welt zusammenwächst, umso mehr brauchen wir auch die Bereitschaft zum internationalen Dialog und zu Kooperationen mit dem Willen, partikulare Interessen stärker mit Gesamtinteressen abzustimmen.
- Bei der ständigen Zunahme und Aktivität der NGOs (Nichtregierungsorganisationen), von Bürgerrechtsbewegungen und Protestaktionen wird es noch wichtiger, dass die Durchsetzung von Verfassung, Rechtsstaat und Gewalthoheit durch Gesetze und entsprechende Kompetenzen von Regierungen gewährleistet wird.
- Schließlich ist es meine Überzeugung (die allerdings in vielen Kreisen umstritten ist, die aber meiner Lebenserfahrung entspricht), dass jede Ge-

meinschaft, jede Institution, ob öffentlich oder privat, besser funktioniert, wenn sie eine charismatische Führung hat, die aber zugleich – und das ist sehr wichtig – mit einem erstklassigen, untadeligen Charakter ausgestattet ist. Ich rede also nicht charismatischen Rattenfängern oder unverantwortlichen Populisten das Wort. Provokativ formuliert könnte man auch sagen, dass wir dafür mehr Staatsmänner als Premierminister brauchen.

Schlussbemerkungen

Generell sollte die politische und gesellschaftliche Gestaltung eher danach ausgerichtet sein, wie die Menschen wirklich sind, und nicht, wie sie sein sollten, um utopische Vorstellungen zu vermeiden. Schon der berühmte Philosoph Popper hat gesagt: »Bisher haben noch alle Gesellschaftssysteme und alle Propheten, die den Himmel auf Erden versprochen haben, letztlich die Hölle produziert.«

Im Übrigen hat der berühmte römische Politiker und Philosoph Marcus Tullius Cicero vor über 2000 Jahren schon gesagt: »Der Staatshaushalt muss ausgeglichen sein. Die öffentlichen Schulden müssen verringert, die Arroganz der Behörden muss gemäßigt und kontrolliert werden. Die Zahlungen an ausländische Regierungen müssen reduziert werden, wenn der Staat nicht bankrottgehen soll. Die Leute sollen wieder lernen zu arbeiten, statt auf öffentliche Rechnung zu leben.«

Teil 5

Epilog

Management – Das Richtige richtig tun

Zu Beginn dieses Buches schrieb ich, dass Management am besten verstanden werden kann als jene gesellschaftliche Funktion, die alles andere zum Funktionieren bringt. Das umfasst die vielgestaltigen Organisationen der Wirtschaft ebenso wie auch aller anderen Segmente der Gesellschaft. Management ist das Transformieren von Ressourcen in Resultate, und Manager sind hierbei die Menschen, die den Beruf ausüben, Resultate zu bewirken.

Die einzigartigen Managementleistungen von Helmut Maucher in seiner Aktivzeit bei Nestlé sind eines der bisher glanzvollsten Beispiele dafür, welch beeindruckende unternehmerische Ergebnisse mit so verstandenem Management erreicht werden können. Mauchers Vorbild ist daher auch Richtschnur für das Meistern der globalen Herausforderungen der am Anfang erwähnten »Großen Transformation 21«, wie ich sie bezeichne, mit ihren großen Risiken aber ihren noch weit größeren Chancen.

Die heutigen Top-Führungskräfte sind in der Zeit der kollektiven angelsächsischen Missverständnisse und Verirrungen über Management aufgewachsen und ausgebildet worden. Viele hatten daher kaum Gelegenheit, richtiges Management zu erlernen, wie es in diesem Buch beispielgebend und eindrucksvoll dargestellt ist. Nun geht jedoch die Zeit der Verwirrungen zu Ende, auch wenn ihre Folgen uns in Form jetzt weltweit auftauchender turbulenter Krisen noch für längere Zeit zu schaffen machen werden. Denn die scheinbar ultimativen Wahrheiten von gestern erweisen sich nun als falsche Wegweiser für die Zukunft. So gesehen haben Krisen dann ihr Gutes, wenn man sie im Kern versteht und zu neuem Handeln findet.

Umso größer sind daher die Herausforderungen für die heutige Generation der Führungskräfte. In diesem Sinne gibt es für richtiges Management mehr und dringlicheren Bedarf als je zuvor. Eine der zuverlässigen Navigationshilfen dafür ist Management, wie es Helmut Maucher über Jahrzehnte hinweg praktizierte und wie man es jetzt – in Verbindung mit den neuesten Methoden – schnellstens von ihm lernen muss.

Fredmund Malik

Teil 6
Anhang

Helmut Mauchers Kernaussagen aus schon früher Zeit

Aus Anlass des 60. Geburtstags von Helmut Maucher hat die deutsche Nestlé-Gruppe eine Schrift mit dem Titel *Weichenstellungen. Ein Unternehmer in Deutschland* herausgebracht. Diese Schrift enthält Aussagen von Helmut Maucher, die er bereits vor seiner Tätigkeit als Nestlé-Chef in Vevey, noch im Rahmen seiner Tätigkeit in Deutschland, gemacht hat. Der Charme dieser Kernaussagen ist, dass sie aus einer sehr frühen Zeit von vor mehr als 30 Jahren stammen. Sie veranschaulichen, wie tiefsinnig, umfassend und nuancenreich schon der junge Maucher in seinen damaligen ersten höheren Führungspositionen dachte. Helmut Mauchers Kernsätze aus *Weichenstellungen* werden hier wiedergegeben:

»In einer Marktwirtschaft wird die Welt jeden Tag neu verteilt.«

»Die eigentliche soziale Tat der Unternehmer und der freien Wirtschaft besteht in ihrer unternehmerischen Leistung und ihrer am Konsumenten ausgerichteten unternehmerischen Tätigkeit.«

»Wenn es nicht absolut notwendig ist, ein Gesetz zu machen, ist es notwendig, es nicht zu machen.«

»Reform kann und darf nicht heißen: jeden Tag ein bisschen weniger Kapitalismus und jeden Tag ein bisschen mehr Sozialismus.«

»Wir brauchen wieder mehr Engagement, ›Devotion‹ und Besessenheit für die Sache im Sinne der Ausrichtung auf den Unternehmenserfolg.«

»Mit kurzfristigen taktischen Maßnahmen gewinnt man allenfalls eine Schlacht, aber niemals den Krieg. Ich bin jedenfalls dafür, den Krieg zu gewinnen.«

»Wir wollen nicht protzig auftreten, sondern in unserem geschäftlichen und persönlichen Verhalten bescheiden bleiben, aber trotzdem Stil und Niveau haben.«

»Planen heißt aktives und rechtzeitiges Gestalten der Zukunft und Treffen von notwendigen Entscheidungen im Voraus.«

»Die Festlegung von Absatzzielen kann nicht ein selbstherrlicher Akt sein, sondern muss auf der Basis der exogenen Daten und der im Unternehmen liegenden Möglichkeiten geschehen.«

»Wir wollen nicht ein Team als Spitze, sondern ein Team mit Spitze.«

»Wir dürfen nicht Geld und Zeit und Management binden für Ballast.«

»Die Plankontrolle dient der elastischen Steuerung des Geschäfts und stellt ein ausgezeichnetes Führungsmittel dar.«

»Wenn Marketing das Umsetzen von Marktbedürfnissen und technologischen Neuerungen in unternehmerische Leistungen bedeutet, muss Marketing noch stärker mit der unternehmerischen Gesamtzielsetzung verknüpft werden.«

»Gerade in Zeiten geringen Wachstums müssen wir zur Gegenoffensive übergehen und mehr echte und aktive Dynamik entfalten.«

»Der Hersteller muss heute mehr vom Handel wissen. Es ist notwendig, Handelsmarketing und die Denkweisen des Handels zu verstehen.«

»Für mich ist klar, dass der Verkauf in seinem Stellenwert in den letzten Jahren zugenommen hat und weiter zunehmen wird.«

»Wer für ein Markenprodukt an werterhöhenden Kosten, also an Qualität und Werbung spart, begeht Selbstmord auf Raten.«

»Werbung muss im Sinne der langfristigen Strategie vor allem kontinuierlich in der Botschaft und glaubwürdig in der Aussage sein.«

»Ich bin eher für eine bessere Kondition des Unternehmens als für bessere Konditionen.«

»Wenn die Bemühungen um die Steigerung der Arbeitsleistung zum Erfolg führen sollen, müssen der Mensch und sein Wohlergehen in den Mittelpunkt gerückt werden und Richtschnur unseres Handelns sein.«

»Weder Kapital noch Arbeit können eigenständige oder interessensbedingte Beschlüsse gegen den Verbraucher fassen, ohne schließlich selbst Schaden zu leiden.«

»Die persönliche Achtung und Wertschätzung des Menschen ist nicht nur eine ethische und soziale Aufgabe, sondern absolut betriebsnotwendig.«

»In der Ernährungsindustrie haben Leistungen, Innovationen und Tüchtigkeit im weitesten Sinne auch in der Zukunft Chancen.«

»Es ist unser Bestreben, auch in den Entwicklungsländern einen Beitrag zu leisten für eine bessere Versorgung der Bevölkerung mit guten und ökonomisch erschwinglichen Nahrungsmitteln.«

Helmut Mauchers gesammelte Aphorismen, eigene Gedanken und Lieblingsgedichte

Gesammelte Aphorismen

Tradition heißt nicht, Asche verwahren, sondern eine Flamme am Brennen erhalten.
Jean Jaures

Zwei Dinge sollen Kinder von ihren Eltern bekommen: Wurzeln und Flügel.
J. W. von Goethe

Keine Festung ist so stark, dass Geld sie nicht einnehmen könnte.
Cicero

Ein bisschen Gutes von Mensch zu Mensch ist besser als alle Liebe zur Menschheit.
Richard Dehmel

Die Identität, die man wahren muss, ist schon keine mehr.
Gustav Seibt

Wo die Eitelkeit anfängt, hört der Verstand auf.
Maria Ebner-Eschenbach

Man gibt Almosen, um der Not abzuhelfen, aber nicht, um die Faulheit auf die Weide zu treiben.
Augustinus

Es ist unglaublich, wie viel Geist in der Welt aufgeboten wird, um Dummheiten zu beweisen.
Christian Friedrich Hebbel

Der Versuch, den Himmel auf Erden zu verwirklichen, produziert stets die Hölle.
Karl Popper

Gewalt ohne Recht ist Tyrannei, Recht ohne Gewalt ist lächerlich.
Blaise Pascal

Der Politiker denkt an die nächsten Wahlen, der Staatsmann an die nächste Generation.
William Gladstone

Gesetzgeber und Revolutionäre, die Gleichsein und Freiheit zugleich versprechen, sind Scharlatane.
J. W. von Goethe

Wenn der Teufel die Menschen in Verwirrung bringen will, bedient er sich dazu der Idealisten.
Nicolo Macchiavelli

Wir alle leben unter dem gleichen Himmel, aber nicht alle haben den gleichen Horizont.
Konrad Adenauer

Alle Männer haben eine Wirbelsäulen, aber nur wenige Rückgrat.
Nora Nielsen

Wenn Männer etwas besonders Dummes tun, dann meist aus besonders edlen Beweggründen.
Oscar Wilde

Demokratie setzt die Vernunft des Volkes voraus, die sie erst hervorbringen soll.
Jaspers

Barmherzigkeit gegen die Wölfe ist Grausamkeit gegen die Schafe.
Unbekannt

Jedes System stirbt an seinen Übertreibungen.
Wilhelm Röpke
Der Staat soll Armut verhindern, aber nicht den Reichtum.
Johannes Groß

Sie erinnerten ihn an eine Taube, die beim Fliegen die Luft als lästigen Widerstand empfindet und deshalb glaubt, sie könne besser fliegen, wenn nur die Luft nicht wäre.
Immanuel Kant gegen die Befürworter der absoluten Freiheit

Idealismus wächst mit dem Abstand vom Problem.
Rosa Luxemburg

Die am meisten geschätzte Fähigkeit ist die Zahlungsfähigkeit.
Unbekannt

Wohlstand ist der Übergang von der Armut in die Unzufriedenheit.
Unbekannt

Freiheit ist die Einsicht in die Notwendigkeit.
Hobbes

Wer seinen Feind und sich selbst kennt, kann alle Schlachten gewinnen.
Sun Tzu

Dieser Betrieb arbeitet ohne Gewinn. (Es war nicht so geplant, aber es ist so gekommen.)
Gesehen in einem Maleratelier

Wer nur in die Fußstapfen seines Vorgängers tritt, hinterlässt selbst keine Spuren.
Unbekannt

Leute, die jedes Risiko scheuen, gehen das größte Risiko ein.
George F. Kennan

Je planmäßiger die Menschen vorgehen, desto wirksamer trifft sie der Zufall.
Friedrich Dürrenmatt

Planung ist der Ersatz des Zufalls durch Irrtum.
Unbekannt

Der Mensch besteht in der Regel aus der Summe seiner Fähigkeiten abzüglich der Summe seiner Eitelkeiten, und der Saldo ist in der Regel negativ.
Alfred Mahler

Der Starke ist am mächtigsten allein.
Friedrich Schiller zum Thema Allianzen

Als Unternehmer oder Politiker braucht man manchmal »die geschulte Rücksichtslosigkeit des Weitblicks in die Realitäten des Lebens«.
Max Weber

Bei uns geht entweder der Mantel oder der Einkäufer.
Chef eines Textilgeschäfts

Viele Journalisten haben die Begabung, die Spreu vom Weizen zu trennen, um anschließend die Spreu zu drücken.
Adlai Stevenson

Es stolpern mehr Menschen über ihre Zunge als über ihre Füße.
Tunesisches Sprichwort

Das Denken strengt die meisten Menschen an, aber Turnen können fast alle.
Arthur Schopenhauer

Romantik ist notwendig. Ohne Kitsch ist das Leben unerträglich.
Friedensreich Hundertwasser

Ein Kompromiss ist dann vollkommen, wenn alle unzufrieden sind.
Aristide Briande

Wo alle loben, da muss man prüfen; wo alle verurteilen, da muss man prüfen.
Konfuzius

Einstweilen, bis den Bau der Welt Philosophie zusammenhält, erhält sich das Getriebe durch Hunger und durch Liebe.
Friedrich Schiller

Die Welt gehört den Begeisterten, die kühles Blut bewahren.
William McFee

Committee – a group of people who keep minutes and waste hours.
Fred Allen

Tritt' fest auf, tu's Maul auf, hör' bald auf!
Ratschlag von Martin Luther für das Halten von Reden

Ehe man anfängt, seine Feinde zu lieben, sollte man seine Freunde besser behandeln.
Mark Twain

Wen man Sümpfe trocken legen will, darf man nicht die Frösche fragen.
Volksweisheit

Lieblingsgedichte

Natur und Kunst

Natur und Kunst, sie scheinen sich zu fliehen
und haben sich, eh' man es denkt, gefunden;
der Widerwille ist auch mir verschwunden,
und beide scheinen gleich mich anzuziehen.

Es gilt wohl nur ein redliches Bemühen!
Und wenn wir erst in abgemess'nen Stunden
mit Geist und Fleiß uns an die Kunst gebunden,
mag frei Natur im Herzen wieder glühen.

So ist's mit aller Kunst wohl auch beschaffen:
Vergebens werden ungebund'ne Geister
nach der Vollendung reiner Höhe streben.

Wer Großes will, muss sich zusammenraffen;
In der Beschränkung zeigt sich erst der Meister,
Und das Gesetz nur kann uns Freiheit geben.

J. W. von Goethe

Ein Gleiches (Wanderers Nachtlied)

Über allen Gipfeln
ist Ruh,
In allen Wipfeln
spürest du
kaum einen Hauch;
Die Vögelein schweigen im Walde.
Warte nur, balde
ruhest du auch!

J. W. von Goethe

Eigene Aphorismen und Gedanken

If all human beings were human, the world would be wonderful.

We share hopefully more values than just the share value.
Ansprache vor Finanzanalysten

Wenn der Common Sense mehr »common« wäre, hätten wir wesentlich weniger Probleme und Konflikte.

Reform kann und darf nicht heißen: jeden Tag ein bisschen weniger Kapitalismus und jeden Tag ein bisschen mehr Sozialismus.

Ein funktionierender Wettbewerb ist immer noch das beste Mittel zur Machtverteilung.

Viele Tiere sind etwas klüger als wir glauben und viele Menschen etwas dümmer als wir glauben.

Querdenker sind manchmal sehr nützlich, die meisten sind aber leider nur Querschwätzer oder Querköpfe.

Manchmal muss man den Mut haben, Wahrheiten auszusprechen, auch wenn es nicht der sogenannten »political correctness« entspricht.

Gedanken zu Schillers Don Carlos: Früher wurde man als Kritiker oder bei geistiger Auflehnung bestraft, wenn nicht getötet. Heute bekommt man dafür Staatspreise.

Hauptunterschied zwischen meiner Generation und derjenigen, die heute an der Macht ist: Wir waren eine Generation der Commitments; und die heutige Generation ist eine Generation der Optionen (wobei zugegeben wird, dass jede Pauschalisierung und jede Generalisierung problematisch ist).

Der Erfolg beruht oft nicht darauf, dass wir gut sind, sondern dass die Konkurrenz noch schlechter ist.

Die wirkungsvollste Tarnung von Managementfehlern sind steigende Umsätze.

Konserven und Waschmaschinen haben zur Befreiung der Frau mehr beigetragen als alle Gesinnungsdemonstrationen.

Wer keine Sensibilität hat, kann nicht führen. Wer nur sensibel ist, kann auch nicht führen.

Alle großen Unternehmen tendieren dazu, der Stabsarbeit eine zu große Bedeutung beizumessen. In einem marktwirtschaftlichen System müssen wir aber alles unternehmen, um von der Stabsorientierung weg zur Kundenorientierung zu kommen.

Ich bin für Maß, aber nicht für Mittelmaß.

Mit der Werbung ist es wie mit der Forschung: Die Hälfte des Geldes ist herausgeschmissen. Man weiß leider nur nicht, welche Hälfte.

Appell an die Führungskräfte: »More pepper, less paper!«

Zur Problematik von Spezialisten: Wer nur etwas von Chemie versteht, beherrscht dieses Fach auch nicht richtig.

Opportunist zu sein, ist etwas anderes als opportunistisch zu sein.

Die Unzufriedenheit in Unternehmen lässt sich oft weniger auf ein Informations- als auf ein Vertrauensdefizit zurückführen.

Als Unternehmenschef ist es manchmal sinnvoll, so zu handeln, wie ein Raider nach Übernahme eines Unternehmens handeln würde, oder wahrscheinlich auch wie der eigene Nachfolger handeln wird!

Der strategische Weitblick: Für viele Dinge, die in einem Unternehmen aus einer Gelegenheit oder einer Augenblicksidee heraus gemacht worden sind, hat man erst später für die Universitäten oder für Journalisten Strategien erfunden.

Meinungsaustausch mit dem Chef: Der Mitarbeiter kommt mit seiner Meinung in das Büro des Chefs und geht mit der Meinung des Chefs wieder heraus.

Fehler lassen sich nicht immer vermeiden. Zur Katastrophe wird ein Fehler erst, wenn man nicht bereit ist, ihn zu korrigieren.

Meine Haltung im Kontakt zu Arbeitnehmern und Gewerkschaften: Ich verhalte mich wie der Schiefe Turm von Pisa: Ich bleibe geneigt, aber ich stehe fest.

Ein Weg zum Erfolg: Sage nie Ja, wenn du Nein sagen willst.

Ich bin für ethische und soziale Verantwortung, aber gegen das ethische und soziale Gesäusel.

Rat für die Unternehmensführung: »Keep head up and overheads down.«

Eine oft vorgefundene Verhaltensweise von Chefs: 50 Prozent der Zeit reden sie und die anderen 50 Prozent hören sie nicht zu.

Bürokratie behindert, Systeme befreien.

Der Weitblick mancher Leute besteht darin, die nächsten Probleme zu übersehen.

The average person: It is unfortunate that the average person usually is below average.

Wer jung ist, versteht die Welt noch nicht. Wer alt ist, versteht die Welt nicht mehr.

Wenn man Menschen motivieren will, muss man ihre Motivationen kennen. Vier solcher Motivationen sind: Liebe, Macht, Reichtum und Eitelkeit. Damit deckt man wahrscheinlich 90 Prozent der Grundbedürfnisse ab.

Jede Karriere und jedes Leben endet als unvollendete Sinfonie.

Grundsätze der Personalpolitik: More attention to people, less bureaucracy with people.

Eines der Probleme in Wirtschaft und Gesellschaft: Wir haben zu viele Regeln und zu wenig Prinzipien.

Meine niederdrückendste Erfahrung: Dass Leute aus Erfahrung wenig oder nichts lernen und eigene Erfahrungen nicht übertragen können werden.

Gegen unser kurzfristiges Denken und Handeln lohnt es sich, ab und zu die Dinge »sub species eternitatis« (unter dem Blickwinkel der Ewigkeit) zu betrachten.

Ein deutsches Sprichwort heißt: »Alter schützt vor Torheit nicht.« Ich füge hinzu: »Intelligenz auch nicht.«

Früher suchten die Menschen das Heil, heute das Glück.

Es gibt Dinge, die man nur versteht, wenn man nicht Fachmann ist.

Je mehr die Frauen wie eine »Festung« aussehen, desto weniger werden sie »eingenommen«.

Ein bekanntes Sprichwort besagt: »The way to hell is paved with good intentions.« Ich füge hinzu: »The way to hell is paved with nice temptations.«

Das Verhalten von manchen PR-Leuten ist wie dasjenige des Hahns, der morgens um 05:00 Uhr kräht und glaubt, er bewirke den Sonnenaufgang.

Ein Kompromiss kommt dann zustande, wenn alle gleichmäßig unzufrieden sind.

Paradoxon: Noch nie haben die Manager so kurzfristig gedacht und gehandelt seit dem das Wort »Nachhaltigkeit« in Mode ist.

Wenn man in einem Betrieb die Ausgaben erhöht, muss man genau prüfen, ob es sich um eine Investition oder einen Sargnagel für die Zukunft handelt.

Wer die Toten und die Alten ehrt, und die Jungen fordert und fördert, wird eine Gesellschaft stabil erhalten.

Ein Prinzip für erfolgreiche Unternehmensführung: Längerfristig denken, aber schneller handeln (nicht das Gegenteil!).

Eine Kommunikationsregel: Schreibe eher so, wie du auch sprichst, aber sprich nicht, wie du schreibst.

Statt »wishful thinking« sollte man eher Max Webers »Geschulte Rücksichtlosigkeit des Blickes in die Realitäten des Lebens« beherzigen.

Eine erlaubte und wirksame Form der Bestechung ist die Schmeichelei.

Wir brauchen wieder mehr von Friedrich Schillers Ode »An die Freude« und weiger »Bonjour Tristesse« (Françoise Sagan).

Biografien

Dr. h. c. Helmut Oswald Maucher, geboren am 9. Dezember 1927 in Eisenharz (Allgäu), Deutschland

Nach dem Abitur und einer kaufmännischen Lehre beim Nestlé-Milchbetrieb in seinem Geburtsort Eisenharz, startet Helmut Maucher Anfang der 50er Jahre eine auch für Wirtschaftswunderzeiten atemberaubende Karriere. Als ersten Nicht-Schweizer führt ihn diese bis an die Spitze des Nahrungsmittelkonzerns Nestlé. Das Studium der Betriebswirtschaft absolviert Maucher – parallel zu verschiedenen Positionen bei Nestlé – in Frankfurt. Ab 1975 leitet Maucher als erster Generaldirektor die Deutschlandgruppe, bereits seit 1964 gehörte er der Direktion von Nestlé in Frankfurt an.

1980 erfolgt die Berufung in die Schweiz als Generaldirektor der Nestlé AG und Mitglied des Exekutivkomitees. Es folgt 1981 die Ernennung zum Delegierten des Verwaltungsrats der Nestlé AG. Von 1990 bis 1997 ist Maucher zeitgleich Präsident und Delegierter des Verwaltungsrats. 1997 tritt er als Delegierter zurück, bleibt aber weiterhin bis 2000 Präsident des Verwaltungsrats.

Im Jahr 2000 beendet Maucher seine aktive Laufbahn als Verwaltungspräsident und wird gleichzeitig zum Ehrenpräsidenten des Nestlé-Konzerns ernannt. Die *FAZ* bezeichnet ihn als einen »der bekanntesten europäischen Manager der älteren Generation«; das Wirtschaftsmagazin *Fortune* kürt ihn zu einem der besten Manager Europas.

Maucher ist Autor der Bücher *Marketing ist Chefsache* und *Management-Brevier. Ein Leitfaden für unternehmerischen Erfolg.* Er hat sich auch stets über das Unternehmen hinaus engagiert, so beispielsweise als Präsident der Internationalen Handelskammer (ICC, Paris) oder als Leiter des European Round Table, eines Gremiums von etwa 50 Spitzenmanagern, die den Sachverstand aus den Topetagen der Wirtschaft in den Integrationsprozess der

Europäischen Union einbringen. Für sein unternehmerisches Gespür und gesellschaftliches Engagement hat ihm die Konrad-Adenauer-Stiftung 2004 den Preis Soziale Marktwirtschaft verliehen.

Aufsichtsratsmandate, Funktionen in Kontrollgremien und anderen Institutionen

- Vorsitzender des Kuratoriums, Stiftung Demoskopie Allensbach Vorsitzender des Kuratoriums, Universität Bayern e. V., München
- Mitglied des Stiftungsrats, »Frankfurt Institute for Advanced Studies« (FIAS)

Ehrungen

- »Fortune Magazine Gold Medal«" – 1984
- Verleihung Doktortitel honoris causa, Autonome Universität Guadalajara, Mexico – Juni 1989
- Verleihung des Ordens des Aztekischen Adlers Mexiko – April 1993
- Verleihung des Großen Goldenen Ehrenzeichens mit dem Stern für Verdienste um die Republik Österreich – August 1993
- «Leadership Award for Corporate Statesmanship«, International Institute for Management Development (IMD) – Oktober 1993
- IMD – Maucher Nestlé Chair – November 1993
- «Appeal of Conscience Foundation Award«, New York – Oktober 1995
- INTERNORGA Ehrenpreis, Hamburg – März 1996
- Verleihung Doktortitel honoris causa, European Business School Östrich-Winkel – Februar 1997
- Manager Magazin »Business Hall of Fame« – Mai 1997
- Das Große Verdienstkreuz mit Stern des Verdienstordens der Bundesrepublik Deutschland – September 1997
- Verleihung Doktortitel honoris causa, Technische Universität München – März 1998
- »Scopus Award«, Hebräische Universität Jerusalem – Mai 1999
- Das Österreichische Ehrenkreuz für Wissenschaft und Kunst 1. Klasse – August 1999
- »Preis Soziale Marktwirtschaft 2004«, Konrad-Adenauer Stiftung e. V. – November 2004

- Berufung in den »Club of Marketing Excellence (CME)« durch den Deutschen Marketingverband und die Zeitschrift absatzwirtschaft – August 2008
- «Bayreuther Vorbild-Preis« durch den Studiengang Philosophy & Economics der Universität Bayreuth – Oktober 2008

Prof. Dr. oec. habil. Fredmund Malik, geboren am 1. September 1944 in Lustenau (Vorarlberg), Österreich

Maliks bahnbrechende Managementinnovationen verändern die Welt, denn sie heben das Funktionieren von Organisationen auf eine neue Ebene vielfach potenzierter Wirksamkeit. Sie ermöglichen das verlässliche Meistern der großen Managementherausforderungen, unter anderem von globaler Vernetzung und beschleunigtem Wandel.

Nach Abitur und mehrjähriger Industriepraxis studierte Fredmund Malik Wirtschafts- und Sozialwissenschaften mit Schwerpunkt Management an den Universitäten Innsbruck und St. Gallen. Im Rahmen von zwei Forschungsprojekten des Schweizerischen Nationalfonds erlangte er 1975 sein Doktorat und 1978 seine Habilitation sowie die Venia Legendi für Unternehmensführung. Seine akademische Lehrtätigkeit übte er an der Universität St. Gallen von 1972 bis 2004 aus.

1984 gründete Malik seine eigene außeruniversitäre Organisation, deren CEO und Chairman er ist, um neben der akademischen Lehrtätigkeit seine Managementforschung zu intensivieren und praktisch nutzbar zu machen. Heute ist Malik Management mit internationalen Niederlassungen die größte Knowledge-Company für system-kybernetische Management-Systeme.

Malik hat erstmals eine universell gültige, wissenschaftliche Theorie für richtiges Management, gesellschaftlich verantwortliche Leadership und Advanced Governance geschaffen, wofür er über die Wirtschaftswissenschaften hinaus auch die Komplexitätswissenschaften, darunter Systemik, Kybernetik und Bionik einbezieht.

Ein wesentlicher Kern von Maliks Theorie ist seine Definition von Management als jene gesellschaftliche Funktion, die alle anderen Aktivitäten einer Gesellschaft zum Funktionieren bringt. Unter anderem gelingt dies durch das praktische Nutzen der Naturgesetze für kybernetische Selbstorganisation und Selbstregulierung von Organisationen.

Zu seinen Schlüsselergebnissen gehört auch das frühe Erkennen der heutigen Finanz- und Schuldenkrise, die Malik als Teil einer »Großen Transformation« der globalen Gesellschaften begreift, und als den Übergang der bisherigen Welt in eine neue Ordnung versteht. Bereits seit den frühen 1990er Jahren hat er regelmäßig darüber publiziert und den Krisenverlauf präzise vorhergesagt.

Besonders wirksam für das Meistern der heutigen Herausforderungen ist insbesondere seine weltweit einzigartige innovative Sozialtechnologie der Malik-Syntegrationsverfahren. Diese ermöglichen tiefgreifende Reformen durch transformationalen Wandel von privaten und öffentlichen Organisationen mit bisher für unmöglich gehaltener Geschwindigkeit.

Der mehrfach ausgezeichnete Bestsellerautor von mehr als zehn Büchern sowie Hunderten weiterer Publikationen gehört zu den profiliertesten Managementvordenkern. Peter Drucker, der Doyen des Managements, sagt über ihn: »Fredmund Malik has become the leading analyst of and expert on Management in Europe ... and a powerful force in shaping it as a consultant. He is a commanding figure – in theory as well as in the practice of Management.« *Business Week* bezeichnet ihn als »one of the most influential business thinkers in Europe«.

Mitgliedschaften (Auswahl)

- American Society of Cybernetics
- Europäische Akademie der Wissenschaften
- Verband der Hochschullehrer für Betriebswirtschaft e. V.

Auszeichnungen (Auswahl)

- 1984 Honorarkonsulat der Republik Österreich
- 2009 Ehrenkreuz der Republik Österreich für Wissenschaft und Kunst für die Entwicklung seiner Ganzheitlichen Management Systeme
- 2010 Heinz von Foerster-Preis für Organisationskybernetik der Deutschen Gesellschaft für Kybernetik
- 2011 Special Professorship of Management an der Beijing Capital University of Economics and Business

Dr. oec. Farsam Farschtschian, geboren am 28. Mai 1976 in St. Gallen, Schweiz.

Nach seinem Mathematik-Abitur studierte der multikulturell aufgewachsene, sechssprachige Farschtschian Politikwissenschaften, internationale Beziehungen und Betriebswirtschaft an den Universitäten Genf, Berkeley und St. Gallen (HSG).

Parallel zu seinem Studium in St. Gallen hat er als Business Development Manager wesentlich zum Aufbau und zu der Lancierung des später top-gerankten MBA-HSG-Programms beigetragen, und war als solcher auch zuständig für das internationale Marketing des Programms.

Seine internationale Karriere startete Farschtschian in der Politik als Legislative Aide eines texanischen Senators. Dabei hat er anlässlich des damals weltweit spektakulären Großbankrotts von Enron Texas die akut auftretenden Governance-Probleme aus nächster Nähe miterlebt. Daraus entstand sein Interesse für nachhaltiges Management sowie für Unternehmensführung und Corporate Governance, insbesondere für die Managementlehre von Fredmund Malik in St. Gallen.

Auf seinen Erfahrungen aufbauend schrieb er an der Universität St. Gallen bei den Professoren Martin Hilb und Fredmund Malik seine Doktorarbeit über die Rolle des Boards bei Firmenakquisitionen, da gerade für diese wichtige Strategie höchste Anforderungen an das Zusammenspiel der Spitzenorgane der Corporate Governance gestellt werden – und speziell an die Rolle des Boards als Gestaltungs- und Machtzentrum. Für seine Dissertation konnte Farschtschian durch seine spezielle Vorgehensweise hochkarätige Insider-Informationen aus Gesprächen mit zahlreichen bedeutenden CEOs und Board-Mitgliedern von Weltunternehmen legitim verwerten. Thema, Forschungsmethodik und Ergebnisse der Arbeit führten zu bedeutsamen Rückschlüssen auf das Funktionieren der heutigen Corporate Governance und erbrachten zahlreiche Verbesserungsvorschläge für das strategische Management, wodurch die Arbeit besondere Anerkennung durch hochrangige Wirtschaftsführer erfuhr.

Farsam Farschtschian war – teilweise parallel zu seiner Forschungsarbeit – langjährig bei der internationalen Investmentbank Morgan Stanley in London tätig, wo er als Berater bedeutende Unternehmerfamilien und CEOs bei deren Vermögensanlagen betreute. Zuletzt leitete er in London das Privatkundengeschäft für Deutschland, Schweiz und Österreich. Seit 2012 ist Farschtschian Direktor bei der Deutschen Bank und verantwortet am Hauptsitz in Frankfurt die strategische Beratung von internationalen

Unternehmern und Key Clients aus Europa, dem mittleren Osten und Afrika.

Farsam Farschtschian hat als Mitherausgeber und Co-Autor an der Realisierung dieses Werks maßgeblich mitgewirkt. Er ist ferner Autor der Bücher *The Secret of Successful Acquisitions. Abandoning the Myth of Board Influence* und *The Reality of M&A Governance. Transforming Board Practice for Success.*

Literatur

Interviews mit Helmut Maucher

Berdi, Christoph: »Mr. Nestlé«, in: *Absatzwirtschaft. Zeitschrift für Marketing*, 01.11.2008.

Brandwein, Dorit: »Tue nichts, was nicht morgen in der Zeitung stehen kann«, in: *Die Welt*, Ausgabe vom 23.09.1999.

Brors, Peter/Stock, Oliver: »Aus der Provinz in die weite Welt«, in: *Handelsblatt*, 16.05.2006.

Brost, Marc/Storn, Arne: »Man braucht Rückgrat«, in: *Die Zeit*, Ausgabe vom 01.12.2005.

Farschtschian, Farsam: *Reality of M&A Governance: Transforming Board Practice for Success*. Berlin/Heidelberg: Springer 2012.

Farschtschian, Farsam: *The Secret of Successful Acquisitions. Abandoning the Myth of Board Influence*. Frankfurt/New York: Campus 2011.

Fischer, Gabriele: »Ich habe keine Sehnsucht nach einfachen Lösungen. Aber ich sehe viele Dinge einfacher.«, in: *brand eins*, Ausgabe 01/2006.

Funk, Werner/Mahler, Armin: »Nestlé – ein Multi spielt Monopoly« und »Einige Players erobern die Märkte«, in: *Der Spiegel*, Ausgabe 20/1988.

Hank, Rainer/von Petersdorff, Winand: »Unsere Generation ist länger standhaft geblieben«, in: *Frankfurter Allgemeine Sonntagszeitung*, Ausgabe vom 06.08.2006.

Kaden, Wolfgang/Wilhelm, Winfried: »Man braucht Mut«, in: *manager magazin*, Ausgabe 12/1996.

Leutenegger, Max/Holec, Thomas/Z'Graggen Andreas: »Das Gesäusle liebe ich gar nicht!«, in: *Bilanz*, Ausgabe 12/1981.

Michel-Adler Elisabeth: »Ohne Druck keine Leistung«, in: *Tages-Anzeiger Magazin*, Ausgabe vom 29.08.1987.

Ramthun, Christian: »Ablass-Kapitalismus«, in: *WirtschaftsWoche*, Ausgabe vom 02.06.2005.

Rittmeyer, Florian: »Bleibt euch treu«, in: *Schweizer Monat* (Sonderdruck Nr. 4), Ausgabe Oktober 2011.

Seidel, Hagen: »Der Wind wird eisiger«, in: *Die Welt*, Ausgabe vom 09.03.2007.
Seidel, Hagen: »Top-Manager brauchen zwei oder drei Patriotismen«, in: *Die Welt*, Ausgabe vom 03.07.2006.
»Von der Kunst, ein Unternehmen zu führen«, in: *Ernährungswirtschaft*, Ausgabe 01/1996 vom 05. Februar 1996.
»Wer nicht glaubwürdig handelt, wird scheitern«, in: *Outlook*, Ausgabe 01/2006.

Reden, Schriften und Aufsätze von Helmut Maucher

»Auf schmalem Grat«, in: *Bilanz*, Ausgabe 20/2010.
»Bedeutung von Forschung und Innovation für die langfristige Wettbewerbsfähigkeit Europas«, Vortrag anlässlich der Verleihung der Doktorwürde im Februar 1998.
»Chefsache Markenführung«, Dinner Speech anlässlich der Jubiläumskonferenz »Die Macht der Marke« im Mai 2007.
»Das rechte Maß«, Vortrag anlässlich der Carl Friedrich v. Weizsäcker-Gespräche im Januar 2008.
»Die Aufgabe von Eliten in der heutigen Gesellschaft«, Vortrag vor dem Lions Club im September 2003.
»Die Bedeutung von Innovationen und Forschung für die zukünftige Entwicklung der Lebensmittelindustrie«, Vortrag anlässlich des »Forum Life Science 2007« im Februar 2007.
»Die Schweiz von außen betrachtet – Fazit eines Unternehmerlebens«, Vortrag anlässlich der Vortragsveranstaltung der Schaffhauser Gemeinschaft im Januar 2001.
»Die soziale Verantwortung der Konzerne im Zeitalter der Globalisierung«, Einführungsstatement im Rahmen der Podiumsdiskussion anlässlich der BKU-Tagung im Oktober 2001.
»Erziehung für die Zukunft. Gedanken eines Unternehmers«, Vortrag am Wirtschaftsgymnasium Wangen im Oktober 1998.
»Fast Moving Consumer Goods: Aktuelle und zukünftige Aspekte des Marketings«, Vortrag vor dem Marketing Club Düsseldorf im November 2006.
»Glaubwürdigkeit und Kommunikation als Elemente moderner Unternehmens- und Markenpolitik«, Keynote Speech anlässlich der Preisverleihung »best brands« im Februar 2006.
»Herausforderungen an die zukünftige Unternehmensführung«, Rede anlässlich des 60. Geburtstags von Professor Dr. Norbert Wieselhuber im Oktober 2009.
»Herausforderungen an die zukünftige Unternehmensführung«, Rede anlässlich

des Jahrestreffens des Vereins der Ehemaligen der Bischof-Neumann-Schule im Dezember 2011.

»Ist der Rheinische Kapitalismus zukunftsfähig?«, in: *Rheinischer Kapitalismus und seine Quellen in der Katholischen Soziallehre,* herausgegeben von Michael Spangenberger, Aschendorff, 2011.

»Langfristig denken – Werte schaffen für Unternehmen und Gesellschaft«, Rede anlässlich des Kongresses im Rahmen der 50. Veranstaltung »Goldener Zuckerhut« im November 2007.

»Lohnt sich Moral im Geschäft? Der Stellenwert von Moral für nachhaltigen Erfolg«, Vortrag anlässlich der Bayreuther Dialoge am 24. und 25. Oktober 2008 (abgedruckt in der Broschüre der Bayreuther Dialoge mit dem Titel *Moralisierung der Märkte. Neue ohnMacht des Konsumenten*).

»Marken- und Produktpolitik zwischen Profilierung und Verwässerung«, Vortrag anlässlich des 3. Internationalen Marken-Kolloquiums im Mai 2006.

»Marken richtig führen. Grundsätze für den internationalen Erfolg«, Referat anlässlich des 3. Deutschen Marken-Summits im Juni 2009.

»Marketing – alte Wahrheiten und neue Aspekte«, Anmerkungen anlässlich der Sonderveranstaltung der Wissenschaftlichen Gesellschaft für Marketing und Unternehmensführung e. V., anlässlich des 80. Geburtstags von Herrn Dr. Guido Sandler im Juli 2008.

»Nachhaltigkeit und wertorientiertes Management. Ein wichtiger Faktor für den langfristigen Unternehmenserfolg«, Vortrag anlässlich der IHK-Veranstaltungsreihe für junge Unternehmerinnen und Unternehmer im November 2010.

»Pflege der Einfachheit«, in: *Bilanz,* Ausgabe 13/2010.

»So etwas tut man nicht«, Vortrag an der Handelshochschule Leipzig im November 2010.

Stichworte für die Diskussionsveranstaltung »Hyatt Tischgespräch« der Konrad Adenauer Stiftung im November 2010.

»Unternehmensethik heute – ein Marketing- und PR-Gag oder Bestandteil einer sinnvollen Business Strategie?«, Rede vor dem Rotary Club im August 2010.

»Unternehmensführung in einer globalen Wirtschaft – Gedanken über zukünftige Führungsbedingungen und notwendige Führungseigenschaften«, Vortrag bei der Frankfurter Gesellschaft für Handel, Industrie und Wissenschaft im September 2007.

Vertrauen statt Krise – Wie man auch in schwierigen Zeiten Kunden gewinnen und Kunden halten kann!«, Vortrag anlässlich des Deutschen Supermarktkongresses im Juni 2009.

»Visionen und Innovationen als wichtiger Erfolgsfaktor bei fortschreitender Globalisierung der Lebensmittelwirtschaft«, Vortrag anlässlich der 3. Internationalen Molkenkonferenz (WHEY) im September 2001.

»Wachstum durch Übernahmen, Akquisitionen, Kooperation, Joint Ventures und Fusionen. Praxiserfahrungen prominenter Wirtschaftsführer«, Vortrag anlässlich des Goldmann-Kongresses »Managing Change«im Februar 1998.
Weichenstellungen. Ein Unternehmer in Deutschland. Frankfurt: Nestlé AG 1987.
»Wertorientierung als wichtiger Bestandteil moderner Unternehmensführung. Erfahrungen aus der Führung eines internationalen Konzerns«, Vortrag anlässlich des Personal Symposiums »Authentische und integrale Führung« im September 2005.
»Wie kann die Soziale Marktwirtschaft im weltweiten Kapitalismus gerettet werden?«, Hyatt Tischgespräch im November 2010.
Willkommensrede anlässlich des Gala Dinners in der Marmorhalle in Salzburg im August 1999.
»Wirtschaftliche Chancen für Oberschwaben in der heutigen Welt«, Rede anlässlich der Veranstaltung »Reden in Oberschwaben« im Mai 2010.

Literatur von Fredmund Malik (Auswahl)

Die Richtige Corporate Governance. Mit wirksamer Unternehmensaufsicht Komplexität meistern, Frankfurt/New York: Campus 2008 (überarbeitete und erweiterte Neuauflage von *Die Neue Corporate Governance,* FAZ-Verlag 2002).
Führen Leisten Leben. Wirksames Management für eine neue Zeit, überarbeitete Neuauflage, Frankfurt/New York: Campus 2006. (Die Erstausgabe ist im Jahr 2000 bei der Deutschen Verlags-Anstalt erschienen.)
Management. Das A und O des Handwerks (Band 1 der Reihe »Management: Komplexität meistern«), überarbeitete und erweiterte Neuauflage, Frankfurt/New York: Campus 2005. (Die Erstausgabe ist im Jahr 2005 im FAZ-Verlag erschienen.)
M.o.M – Malik on Management; monatlicher Letter für Führungskräfte für Richtiges und Gutes Management, 1993–2012.
Richtig denken – wirksam managen. Mit klarer Sprache besser führen. Frankfurt/New York: Campus 2010 (überarbeitete, erweiterte und neu zusammengestellte Ausgabe von Fredmund Malik: *Gefährliche Managementwörter. Und warum man sie vermeiden sollte.* Frankfurt/New York: Campus 2007).
Strategie. Navigieren in der Komplexität der Neuen Welt (Band 3 der Reihe »Management: Komplexität meistern«), Frankfurt/New York: Campus 2011.
Strategie des Managements komplexer Systeme, überarbeitete und wesentlich erweiterte Habilitationsschrift, veröffentlicht in der Schriftenreihe »Unternehmung und Unternehmensführung« des Instituts für Betriebswirtschaft an der Hochschule St. Gallen, 10. Auflage, Bern/Stuttgart 2008 (erstmals 1984 erschienen).

Systemisches Management, Evolution, Selbstorganisation. Grundprobleme, Funktionsmechanismen und Lösungsansätze für komplexe Systeme. Bern 2009. (1. Auflage 1993)

Unternehmenspolitik und Corporate Governance. Wie Organisationen sich selbst organisieren (Band 2 der Reihe »Management: Komplexität meistern«), Frankfurt/New York: Campus 2008.

Literatur von Farsam Farschtschian

Reality of M&A Governance: Transforming Board Practice for Success. Berlin/Heidelberg: Springer 2012.

The Secret of Successful Acquisitions. Abandoning the Myth of Board Influence. Frankfurt/New York: Campus 2011.

Register